国家出版基金项目
NATIONAL PUBLICATION FOUNDATION

"十三五"国家重点图书出版规划项目

中国特色畜禽遗传资源保护与利用丛书

敖东梅花鹿

胡鹏飞　邢秀梅　主编

中国农业出版社

北　京

图书在版编目（CIP）数据

敖东梅花鹿 / 胡鹏飞，邢秀梅主编 . —北京：中
国农业出版社，2020.1
（中国特色畜禽遗传资源保护与利用丛书）
国家出版基金项目
ISBN 978 - 7 - 109 - 26528 - 8

Ⅰ.①敖… Ⅱ.①胡… ②邢… Ⅲ.①梅花鹿－饲养
管理 Ⅳ.①S865.4

中国版本图书馆 CIP 数据核字（2020）第 021923 号

内容提要：目前人们对很多优秀梅花鹿品种的认知和了解极为有限，这极大地阻碍了
梅花鹿品种资源的有序开发和利用。敖东梅花鹿是 2001 年通过国家畜禽遗传资源委员会审
定的优秀梅花鹿品种。本书系统介绍了敖东梅花鹿的品种培育历史及特征特性，并针对目
前敖东梅花鹿驯养繁育现状，对敖东梅花鹿品种保护、选育与繁殖、饲料与管理、开发与
利用进行了全面细致的阐述。本书可作为从事梅花鹿教学、科研和饲养管理相关人员的参
考资料。

中国农业出版社出版

地址：北京市朝阳区麦子店街 18 号楼
邮编：100125
责任编辑：周锦玉 文字编辑：张庆琼
版式设计：杨 婧 责任校对：刘丽香
印刷：北京通州皇家印刷厂
版次：2020 年 1 月第 1 版
印次：2020 年 1 月北京第 1 次印刷
发行：新华书店北京发行所
开本：720mm×960mm 1/16
印张：13.5
字数：231 千字
定价：92.00 元

丛书编委会

本书编写人员

主　编　胡鹏飞　邢秀梅

参　编　吴　琼　薛　明　帕尔哈提·玉山　张正义

　　　　　赵　佩　田雪琪　刘汇涛　刘华淼　王洪亮

　　　　　王　磊　张然然　徐佳萍　鞠　妍　李　洋

　　　　　王天骄　孙丽敏

　　我国是世界上畜禽遗传资源最为丰富的国家之一。多样化的地理生态环境、长期的自然选择和人工选育，造就了众多体型外貌各异、经济性状各具特色的畜禽遗传资源。入选《中国畜禽遗传资源志》的地方畜禽品种达 500 多个、自主培育品种达 100 多个，保护、利用好我国畜禽遗传资源是一项宏伟的事业。

　　国以农为本，农以种为先。习近平总书记高度重视种业的安全与发展问题，曾在多个场合反复强调，"要下决心把民族种业搞上去，抓紧培育具有自主知识产权的优良品种，从源头上保障国家粮食安全"。近年来，我国畜禽遗传资源保护与利用工作加快推进，成效斐然：完成了新中国成立以来第二次全国畜禽遗传资源调查；颁布实施了《中华人民共和国畜牧法》及配套规章；发布了国家级、省级畜禽遗传资源保护名录；资源保护条件能力建设不断提升，支持建设了一大批保种场、保护区和基因库；种质创制推陈出新，培育出一批生产性能优越、市场广泛认可的畜禽新品种和配套系，取得了显著的经济效益和社会效益，为畜牧业发展和农牧民脱贫增收作出了重要贡献。然而，目前我国系统、全面地介绍单一地方畜禽遗传资源的出版物极少，这与我国作为世界畜禽遗传资源大国的地位极不相称，不利于优良地方畜禽遗传资源的合理保护和科学开发利用，也不利于加快推进现代畜禽种业建设。

为普及对畜禽遗传资源保护与开发利用的技术指导，助力做大做强优势特色畜牧产业，抢占种质科技的战略制高点，在农业农村部种业管理司领导下，由全国畜牧总站策划、中国农业出版社出版了这套"中国特色畜禽遗传资源保护与利用丛书"。该丛书立足于全国畜禽遗传资源保护与利用工作的宏观布局，组织以国家畜禽遗传资源委员会专家、各地方畜禽品种保护与利用从业专家为主体的作者队伍，以每个畜禽品种作为独立分册，收集汇编了各品种在管、产、学、研、用等相关行业中积累形成的数据和资料，集中展现了畜禽遗传资源领域最新的科技知识、实践经验、技术进展与成果。该丛书覆盖面广、内容丰富、权威性高、实用性强，既可为加强畜禽遗传资源保护、促进资源开发利用、制定产业发展相关规划等提供科学依据，也可作为广大畜牧从业者、科研教学工作者的作业指导书和参考工具书，学术与实用价值兼备。

丛书编委会

2019 年 12 月

序言

　　我国是世界畜禽遗传资源大国，具有数量众多、各具特色的畜禽遗传资源。这些丰富的畜禽遗传资源是畜禽育种事业和畜牧业持续健康发展的物质基础，是国家食物安全和经济产业安全的重要保障。

　　随着经济社会的发展，人们对畜禽遗传资源认识的深入，特色畜禽遗传资源的保护与开发利用日益受到国家重视和全社会关注。切实做好畜禽遗传资源保护与利用，进一步发挥我国特色畜禽遗传资源在育种事业和畜牧业生产中的作用，还需要科学系统的技术支持。

　　"中国特色畜禽遗传资源保护与利用丛书"是一套系统总结、翔实阐述我国优良畜禽遗传资源的科技著作。丛书选取一批特性突出、研究深入、开发成效明显、对促进地方经济发展意义重大的地方畜禽品种和自主培育品种，以每个品种作为独立分册，系统全面地介绍了品种的历史渊源、特征特性、保种选育、营养需要、饲养管理、疫病防治、利用开发、品牌建设等内容，有些品种还附录了相关标准与技术规范、产业化开发模式等资料。丛书可为大专院校、科研单位和畜牧从业者提供有益学习和参考，对于进一步加强畜禽遗传资源保护，促进资源可持续利用，加快现代畜禽种业建设，助力特色畜牧业发展等都具有重要价值。

中国科学院院士
中国农业大学教授 吴常信

2019 年 12 月

前言

　　我国人工饲养的鹿类主要为茸鹿，其主要产品是鹿茸。鹿茸是高级保健品、中药和生物制药的重要原料，同时也是我国出口创汇的重要产品。全国茸鹿养殖和鹿产品深加工的龙头企业——吉林敖东药业集团股份有限公司，为了培育出稳产、高产、优良的梅花鹿品种，于1970年将敖东梅花鹿品种选育列为企业内部科研课题，并聘请吉林省有关茸鹿育种专家，组建课题研究小组，有计划地进行了敖东梅花鹿品种选育研究工作。

　　敖东梅花鹿品种的选育工作历经30年，几代科技人员和现场管理人员经过共同努力及合作，完成了预定研究任务和各项技术指标。敖东梅花鹿是我国单独由企业出资立项所培育出的梅花鹿品种，也是继双阳梅花鹿、长白山梅花鹿选育成功后的又一个梅花鹿品种。目前，敖东梅花鹿在产茸量、鹿茸品质、繁殖力、抗病力、饲料转化率、生产利用年限等方面都具有明显优势，这对提高梅花鹿养殖业的经济效益起到了积极作用。

　　本书内容包括敖东梅花鹿品种选育过程、品种特征和性能、品种保护、品种繁育、营养需要与常用饲料、饲养管理、保健与疾病防控、养殖场建设与环境控制、开发利用与品牌建设等。本书收集了敖东梅花鹿的新理论和新成果，将理论和实践相结合，对敖东梅花鹿品种培育、种群繁育、饲养管理和品牌建设进行了系统的总结，并对敖东梅花鹿品种资源开发利用提出建设性意见，以期能为梅花鹿产业的发展壮大提供帮助。

本书在编写的过程中得到有关领导、同行专家、科研学者的大力支持。广大的养鹿工作者、教学人员及科技人员在对敖东梅花鹿的生物学、生理学、养殖和鹿产品加工利用等方面进行了广泛的研究，在科研、生产上取得了巨大成就，撰写了数以千计的论文和专著，这些都为本书的编写奠定了坚实的实践和理论基础，在此一并致谢。

本书是从实践中总结出来的，实用性强，可供养鹿饲养人员、技术人员阅读和科研院所、大专院校师生参考。由于本书编者水平有限，谬误之处在所难免，恳请广大读者批评指正。

编　者

2019 年 10 月于长春

目 录

第一章
敖东梅花鹿品种选育过程

敖东梅花鹿品种选育最初的目标是：选育出本品种梅花鹿 2 500 只，上锯公鹿成品茸（干茸）平均单产 1.0 kg，繁殖成活率 80%，生产利用年限公鹿平均为 6 年，母鹿为 5.5 年。1985 年，为了迎合吉林敖东药业集团股份有限公司对梅花鹿茸日益增长的需求，将选育目标重新修改为：选育出本品种梅花鹿 3 000 只，上锯公鹿成品茸平均单产 1.20 kg，繁殖成活率 80%，生产利用年限公鹿平均为 6 年，母鹿为 5.5 年。

第一节　敖东梅花鹿产区自然生态条件

敖东梅花鹿多分布于吉林省东部山区敦化等地，目前已被引种到全国各地。敦化市位于延边朝鲜族自治州的西部，与吉林市相邻，四面环山，东有哈尔巴岭，西有张广才岭，北有老爷岭，南有牡丹岭，中部沿牡丹江、沙河流域有多条带状平原和台地，总的地貌近似盆地。平均海拔 756 m，最高 1 696 m，大部分处于海拔 500～1 000 m。年平均降水量 620.4 mm，平均相对湿度 70%，年平均日照时数 2 477 h，年平均温度 2.4～2.6℃，无霜期 120～129 d。土质属于山地土壤、暗棕壤、白浆壤。主要农作物有大豆、水稻、玉米、小麦、马铃薯等。水源有 1 条江 17 条河，水源总量约 38 亿 m³，水域面积 0.77 万 hm²。森林面积为 651.6 万 hm²，草地面积为 110.7 万 hm²，植被覆盖率 84.9%，呈"八林一草一分田"的地貌结构，为敖东梅花鹿的培育提供了良好的生态条件和饲料资源。

第二节　敖东梅花鹿品种培育过程

一、选育鹿的来源

1957年11月14—30日，吉林敖东药业集团股份有限公司（前身为敦化梅花鹿养殖场，以下简称敖东集团）从东丰县第一、二梅花鹿养殖场调入梅花鹿500只（其中成年公鹿60只、成年母鹿120只、育成公鹿50只、育成母鹿60只、仔鹿210只），1958年11月15日又从东丰县梅花鹿养殖场调入梅花鹿141只（其中成年公鹿14只、成年母鹿40只、育成公鹿22只、育成母鹿5只、仔公鹿30只、仔母鹿30只），1959—1960年先后从辉南县梅花鹿养殖场、辽源梅花鹿养殖场有选择地调入梅花鹿368只（其中成年公鹿26只、成年母鹿125只、育成公鹿35只、育成母鹿92只、仔公鹿33只、仔母鹿57只）。到1970年梅花鹿存栏1 338只（其中成年公鹿789只、成年母鹿350只、育成公鹿100只、育成母鹿99只）。当时从整个鹿群情况来看，表现出耐粗饲、抗病力强、死亡率低（死亡率为5.5%）、母鹿的繁殖力较高等特点。但是公鹿的产茸量和茸型参差不齐，上锯公鹿成品茸平均单产仅有503.5 g，三杈茸畸形率高达29%。根据这种情况，鹿场领导和有关技术人员决定，1970年开始在场内立项，并上报延边朝鲜族自治州科学技术局。在稳定和进一步提高母鹿繁殖力和抗病力的同时，以提高鹿群整体产茸量为主要目标，有计划地开展梅花鹿育种工作，进而培育出优质高产的梅花鹿品种。

二、选育方法、步骤和技术措施

梅花鹿的主要产品是鹿茸。鹿茸是公鹿的主要经济性状，因此敖东梅花鹿品种选育主要选择茸重性状这一表型值高的个体作为种公鹿，通过个体选择、单公群母配种，采用本品种选育和适当引入外血并举的育种方法。整个选育过程大致分为建立核心群、引入外血、自繁定型和扩繁提高4个阶段。

（一）建立育种核心群和育种群后代扩繁阶段（1970—1980年）

1970年，吉林敖东药业集团股份有限公司对场内鹿只进行个体鉴定，将全场1 338只梅花鹿按性别、年龄和等级进行分群；并从可繁殖鹿群中筛选出130只优良个体，分别在一、二、三分场建立了育种核心群。其中，母鹿

120 只（2~5 产），种公鹿 8 只（2 锯、4 锯、7 锯、8 锯各 1 只，3 锯、6 锯各 2 只）。每年共设 8~10 个配种群，每个配种群各 15 只母鹿，采用单公群母的方法进行闭锁繁殖；并从育种核心群后代中挑选出 20 只作种公鹿，进行扩繁，其个体头茬鲜茸重最高的为 6 锯三权 4 025 g。该时期 11 510 只上锯公鹿成品茸平均单产达 603 g，比选育前的 503.5 g 提高 99.5 g，即提高 19.80%，茸的鲜干比为 2.8：1，全场可繁殖母鹿的繁殖成活率为 73.8%。其中育种核心群母鹿的繁殖成活率为 75.6%。到 1980 年年底，鹿存栏达 2 243 只，其中 384 只（种公鹿 34 只，母鹿 350 只）为育种核心群，占全场总鹿数的 17%。此期公鹿的留种率为 4.8%。

（二）引入外血杂交改良和后代自群繁育阶段（1981—1989 年）

经过第一阶段（1971—1980 年）的选育，敖东梅花鹿的产茸量和茸型方面有了一定程度提高，但提高的幅度不大，与当时好的梅花鹿养殖场相比（双阳三场平均单产 911 g）还有一定差距。针对这一情况，鹿场领导和课题小组决定，为了进一步提高鹿茸单产，提高鹿茸嘴头的围度，适当引入外血对育种核心群进行杂交，并对鹿群进行整群。1981 年 8 月从双阳三场引进 15 只 2 锯、3 锯种公鹿，从中严格挑选出 0 号、1 号、15 号、27 号、77 号、97 号、115 号、243 号和 311 号 9 只种公鹿，采用单公群母的配种方法，连续 4 年对从育种核心群中挑选出 160 只 2~4 产母鹿进行杂交改良。到 1985 年年底，共繁殖杂交后代仔鹿 462 只。其中，母鹿 230 只，公鹿 232 只。到 1989 年，所繁殖的杂交一代、二代和三代达到 1 018 只。其中，公鹿 515 只，母鹿 503 只。1~6 锯杂种公鹿平均鲜茸单产为 3 134 g，比生产群 1~6 锯公鹿平均鲜茸单产 2 410 g 提高 30.04%。该阶段 8 041 只上锯公鹿，其鲜茸平均单产为 2 320 g，比第一阶段提高 630 g，即提高 37.28%；母鹿繁殖成活率为 77.0%，比第一阶段高 3.2 个百分点，提高了 4%。该阶段公鹿的留种率为 7.0%。到 1989 年年底，鹿存栏为 2 500 只，其中育种核心群 500 只（种公鹿 50 只，种母鹿 450 只），占存栏总数的 20%。

（三）自繁定型阶段（1990—1994 年）

通过第二阶段的引入外血杂交改良以后，鹿群的产茸量有了很大提高，但其后代个别出现体型外貌分离的现象。为了进一步提高其产茸性能，巩固育种核心群的遗传性能，1990 年，从三代杂种鹿中选出了体型外貌基本一致、产茸量高、锯别小（2～4 锯）的 3 号、7 号、17 号、21 号、69 号、71 号和 211 号公鹿与 130 只优秀的杂种母鹿，采用单公群母的方式进行配种。至此梅花鹿的选育工作进入了自繁定型阶段。与此同时，还全面加强了全群的饲养管理和仔鹿培育。从 1993 年开始，敖东集团协助中国农业科学院特产研究所承担了"提高梅花鹿繁殖力综合技术研究""茸鹿高效养殖增殖技术研究"两项课题任务。该阶段 6 175 只上锯公鹿鲜茸平均单产为 3 100 g，比第二阶段 2 320 g 提高 780 g，即提高 33.6%；母鹿繁殖成活率为 78.80%，比第二阶段高 1.8 个百分点，提高 2.34%。其育种核心群 1 锯和 2 锯三权鲜茸平均单产分别为 1 489 g 和 2 222 g，分别比生产群同锯别 1 030 g 和 1 600 g 提高 44.56% 和 38.88%。到 1994 年年底，全场鹿存栏数为 3 261 只，其中育种核心群鹿只数已达 685 只（种公鹿 75 只，种母鹿 610 只），占存栏总数的 21%。

（四）扩繁提高阶段（1995—2000 年）

1995 年对全场鹿群进行整理，扩大高产群的数量，同时应用人工授精技术，改善饲养管理条件，并建立严格的饲养管理制度，至此敖东梅花鹿的育种工作进入扩繁提高阶段。该阶段 8 240 只上锯公鹿成品茸平均单产达 1 200 g，比第三阶段提高 80 g，即提高 7.14%；母鹿繁殖成活率达 82.50%，比第三阶段高 3.70 个百分点，提高 4.7%。到 2000 年年底，敖东梅花鹿存栏总数已达 3 880 只，其中育种核心群 970 只（种公鹿 70 只，种母鹿 900 只），占 25%。

敖东梅花鹿各选育阶段鹿茸产量统计结果见表 1-1。

表 1-1　敖东梅花鹿各选育阶段鹿茸产量统计结果

阶段	时期	上 锯 公 鹿				鲜茸总平均单产（kg）	干茸总平均单产（kg）
		总数（副）	鲜茸总量（kg）	干茸总量（kg）	鲜干比		
建核心群	1970—1980 年	11 510	19 451	6 940	2.80：1	1.69	0.603
引入外血	1981—1989 年	8 041	18 657	6 741	2.77：1	2.32	0.838
自繁定型	1990—1994 年	6 175	19 139	6 898	2.77：1	3.10	1.120
扩繁提高	1995—2000 年	8 240	27 298	9 894	2.76：1	3.31	1.200

三、敖东梅花鹿选育结果

（一）体型外貌

1957 年，吉林敖东药业集团股份有限公司从吉林省东丰、东辽等地引入梅花鹿，在敦化这一特定的气候环境条件下进行培育。经过 40 多年的风土驯化，特别是经过 30 年连续 4 个阶段的系统选育，敖东梅花鹿已形成了特有的体质和体型外貌特点。

1. 敖东梅花鹿的体重、体尺及体格指数　见表 1-2、表 1-3。

表 1-2　敖东梅花鹿体重、体尺测量统计结果

鹿别	性别	数量（只）	项目	体重（kg）	体尺（cm）									
					体高	体长	胸围	胸深	头长	额宽	管围	尾长	角基距	角基围
初生仔鹿	公	60	均值	5.77	47.03	41.13	43.01	16.33	17.16	7.56	6.14	7.14		
			标准差	0.40	3.17	3.78	3.32	2.75	1.48	0.70	0.65	0.54		
			变异系数（%）	6.93	6.74	9.19	7.72	16.84	8.62	9.26	10.59	7.56		
	母	40	均值	5.18	45.81	38.64	40.51	16.20	17.00	7.05	5.86	7.06		
			标准差	0.51	3.89	2.11	1.94	1.14	1.00	0.66	0.48	0.61		
			变异系数（%）	9.85	8.49	5.46	4.79	7.04	5.88	9.36	8.19	8.64		
断奶仔鹿	公	40	均值	24.07	68.18	67.73	69.46	27.06	24.01	9.23	6.98	11.55		
			标准差	2.57	2.75	3.18	3.01	1.01	1.34	0.39	0.26	1.03		
			变异系数（%）	10.68	4.03	4.70	4.33	3.73	5.58	4.23	3.72	8.92		
	母	40	均值	21.35	64.00	62.14	64.76	25.67	23.38	8.22	6.56	10.96		
			标准差	2.24	3.09	3.14	3.23	2.15	1.98	0.56	0.34	1.31		
			变异系数（%）	10.49	4.83	5.05	4.99	8.38	8.47	6.81	5.19	11.95		
育成鹿	公	30	均值	61.04	88.6	89.46	92.05	37.25	28.65	12.53	8.93	12.75	4.94	11.55
			标准差	3.40	3.70	4.42	17.58	1.83	2.52	0.84	0.29	2.17	0.42	2.21
			变异系数（%）	5.57	4.18	4.94	19.10	4.91	8.80	6.70	3.25	17.02	8.50	19.13
	母	30	均值	50.65	80.27	82.47	84.40	32.72	27.58	11.14	8.08	11.99		
			标准差	4.57	4.33	4.01	3.48	3.74	1.86	0.93	0.36	1.19		
			变异系数（%）	9.02	5.39	4.86	4.12	11.43	6.74	8.35	4.46	9.92		

（续）

鹿别	性别	数量（只）	项目	体重（kg）	体尺（cm）									
					体高	体长	胸围	胸深	头长	额宽	管围	尾长	角基距	角基围
成年鹿	公	120	均值	125.9	104.1	105.3	113.1	46.91	34.57	15.06	10.92	15.53	5.54	15.4
			标准差	25.28	5.57	5.21	7.44	3.44	1.67	1.41	0.70	1.38	0.61	1.84
			变异系数（%）	20.08	5.35	4.95	6.58	7.33	4.83	9.36	6.41	8.89	11.0	11.9
	母	30	均值	71.9	91.05	94.29	100.6	39.23	32.60	13.07	9.62	14.25		
			标准差	5.84	3.72	3.05	3.70	1.45	1.70	1.07	1.34	2.82		
			变异系数（%）	8.12	4.09	3.23	3.68	3.70	5.21	8.19	13.93	19.79		

表 1-3　敖东梅花鹿主要体格指数统计结果（%）

指数名称	初生仔鹿		断奶仔鹿		育成鹿		成年鹿	
	公	母	公	母	公	母	公	母
肢长指数	65.30	64.63	60.31	59.89	57.96	59.24	54.94	56.91
体长指数	87.45	84.35	99.34	97.09	100.97	102.74	101.15	103.56
胸围指数	91.45	88.43	101.88	101.19	103.89	105.15	108.65	110.49
体躯指数	104.57	104.84	102.55	104.22	102.90	102.34	107.41	106.69
头长指数	41.72	43.99	35.45	37.62	32.26	33.44	32.83	34.57
胸围/胸深	263.38	250.06	256.69	252.28	247.11	257.95	241.10	256.44

2. 外貌特征　敖东梅花鹿夏毛多呈浅赤褐色，颈、腹和四肢内侧的毛色较浅，但体毛基本一致，距毛较高，梅花斑点均匀而不十分规则，大小适中，喉斑及背线不明显。体型中等偏下，体质结实、较疏松；体格健壮，无肩峰，公鹿颈短粗，体躯圆粗，四肢粗壮较短，蹄坚实，胸宽而深，腹围较大，背腰平直，臀丰满，尾长中等（图 1-1 至图 1-3）。头方正，额宽平，耳大小适

图 1-1　敖东梅花鹿公鹿

中，目光温和，眼大无眼圈；角基距较宽，角基围中等，角柄低而向外侧斜（图1-4）；茸主干较圆（个别为"趟茸"），上下粗细匀称，稍有弯曲，嘴头较肥大，眉枝短而较粗，弯曲较小，茸色纯正，细毛红地（图1-5）。

图1-2　敖东梅花鹿母鹿

图1-3　敖东梅花鹿仔公鹿

图1-4　敖东梅花鹿公鹿生茸期头部正面

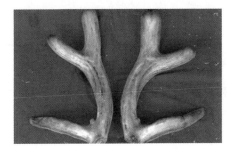

图1-5　敖东梅花鹿三杈鹿茸

（二）生产性能

1. 产茸性能

（1）育成公鹿初角茸　在5月中下旬到6月中旬出生的敖东梅花鹿仔鹿，一般到翌年2月下旬到3月上旬冒桃（冒桃，即初角茸开始萌生），最早冒桃时间为1月中旬，敖东梅花鹿仔鹿冒桃日龄平均为（245±10）d，其变异系数为4.08%。当初角茸生长到5～7 cm时，适时进行破桃墩基础技术。敖东梅花鹿育成公鹿初角茸鲜茸（包括再生初角茸）平均产量为525 g，长度平均为（12.5±1.5）cm，围度为（8.58±0.98）cm。

7

（2）成年公鹿的鲜茸和成品茸产量及茸鲜干比 1995—2000年敖东梅花鹿上锯公鹿鲜茸平均单产为3.31kg，成品茸平均单产为1.20kg，比选育初期平均单产503.5g高696.5g，即高138%，茸的鲜干比为2.76∶1（表1-4）。

表1-4 敖东梅花鹿各选育后鹿茸单产量统计

年度	上锯公鹿				鲜茸总平均单产（kg）	干茸总平均单产（kg）
	总数（副）	鲜茸总重（kg）	干茸总重（kg）	鲜干比		
1995	1 192	3 817.6	1 384.6	2.76∶1	3.20	1.16
1996	1 284	4 282.0	1 559.3	2.75∶1	3.33	1.21
1997	1 320	4 340.9	1 569.8	2.77∶1	3.29	1.19
1998	1 456	4 774.1	1 721.1	2.77∶1	3.28	1.18
1999	1 494	5 030.2	1 818.9	2.77∶1	3.37	1.22
2000	1 494	5 053.0	1 840.3	2.75∶1	3.38	1.23
合计	8 240	27 297.8	9 894.0			
平均	1 373.3	4 549.6	1 649	2.76∶1	3.31	1.20

（3）各锯公鹿鲜茸、成品茸平均单产及鲜干比 敖东梅花鹿1～12锯鲜茸和成品茸平均单产分别为3 346g和1 232g。从统计各锯龄鲜茸单产来看：平均各锯鲜茸变异系数为18.37%；2锯、3锯、4锯鲜茸重递增幅度较大，分别为88.0%、43.4%、37.6%，增重率均在35%以上；4锯进入生茸佳期，其生茸佳期长达8年（4～11锯），到12锯时鲜茸产量与4锯相当（但10锯以后茸的骨化程度较高，鲜干比在2.70∶1以下）；敖东梅花鹿6锯时的单产最高，鲜茸平均单产为4 152g，成品茸平均单产1 527g（表1-5）。敖东梅花鹿1～6锯鹿的鲜茸产量（y，g）与锯别（x，锯）之间呈强正相关（$n=1 680$，$r=0.97$，$P<0.01$），鲜茸产量与锯龄之间的线性回归方程为：$y=522.27+644.54x$。

（4）各锯鹿二杠茸和三杈茸的生长性状 敖东梅花鹿1～12锯二杠茸（$n=79$）的脱盘日期、锯茸日期、生长天数、平均鲜茸日增重分别为5月27日±5d，7月15日±5d，（50±3）d，（15.62±3.44）g，其中鲜茸日增重的变异系数为21.26%。1～12锯三杈茸（$n=360$）的脱盘日期、锯茸日期、生长天数、平均鲜茸日增重分别为5月1日±8d，7月10日±7d，（70±5）d，（40.14±7.15）g，其中鲜茸日增重的变异系数为17.94%（表1-6）。敖东梅花鹿锯三杈茸，6锯时鲜茸日增重最高，为45.15 g；1～6锯三杈茸日增鲜重（y，g）与锯别（x，锯）之间呈强正相关，其线性回归方程为：$y=22.35+4.38x$（$n=259$，$r=0.92$，$P<0.01$），6～12锯三杈茸日增鲜重（y，g）与锯别（x，锯）之间呈强负相关，其线性回归方程为：$y=53.93-1.19x$（$n=101$，$r=-0.98$，$P<0.01$）。

表1-5　敖东梅花鹿各锯公鹿鲜茸、成品茸平均单产

锯别	样本数（只）	鲜茸			成品茸平均单产（g）	鲜干比
		平均单产（g）	变异数系（%）	递增（%）		
1	398	968±213	22.0		332±73	2.92：1
2	334	1 822±337	18.5	88.0	651±120	2.80：1
3	279	2 612±460	17.6	43.4	947±167	2.76：1
4	248	3 594±568	15.8	37.6	1 292±204	2.78：1
5	232	3 941±631	16.0	9.65	1 456±230	2.71：1
6	189	4 152±839	20.2	5.35	1 527±306	2.72：1
7	138	4 095±778	19.0	—1.37	1 500±286	2.73：1
8	132	4 065±772	19.0	—0.73	1 495±282	2.70：1
9	115	3 937±693	17.6	—3.15	1 458±255	2.70：1
10	97	3 757±789	21.0	—4.57	1 406±292	2.67：1
11	80	3 635±698	19.2	—3.25	1 368±260	2.66：1
12	82	3 573±518	14.5	—1.71	1 352±196	2.64：1
平均		3 346±608	18.37		1 232±23	2.73：1

表1-6　敖东梅花鹿各锯别鹿茸生长性状分析

锯别	茸别	样本数（只）	脱盘日期	锯茸日期	生长天数（d）	鲜茸日增重	
						均值±标准差（g）	变异系数（%）
1	二杠	71	6月3日±6 d	7月23日±8 d	50±3	13.09±2.16	16.50
	三杈	23	6月2日±7 d	8月9日±4 d	68±3	22.79±4.36	19.13
2	二杠	8	5月20日±3 d	7月6日±2 d	49±2	18.14±4.72	26.02
	三杈	70	5月21日±12 d	7月30日±10 d	69±7	31.00±5.70	18.39
3	三杈	42	5月14日±11 d	7月21日±10 d	70±4	41.00±7.70	18.78
4	三杈	61	5月5日±9 d	7月14日±9 d	70±6	41.50±8.27	19.93

（续）

锯别	茸别	样本数（只）	脱盘日期	锯茸日期	生长天数（d）	鲜茸日增重	
						均值±标准差（g）	变异系数（%）
5	三杈	38	4月30日±13d	7月10日±12d	71±5	44.68±8.02	17.95
6	三杈	25	4月28日±5d	7月5日±6d	69±6	45.15±6.55	14.51
7	三杈	29	4月23日±7d	7月3日±6d	70±4	45.12±6.85	15.18
8	三杈	20	4月22日±6d	7月2日±7d	72±6	44.88±7.56	16.84
9	三杈	18	4月22日±8d	7月1日±5d	70±5	43.05±8.50	19.74
10	三杈	15	4月20日±5d	6月30日±7d	72±6	42.55±6.80	15.98
11	三杈	10	4月18日±7d	6月27日±6d	71±7	40.50±7.00	17.28
12	三杈	9	4月17日±5d	6月25日±4d	70±5	39.50±8.53	21.59
平均	二杠		5月27日±5d	7月15日±5d	50±3	15.62±3.44	21.26
	三杈		5月1日±8d	7月10日±7d	70±5	40.14±7.15	17.94

（5）各锯鹿三杈鲜茸的茸尺　敖东梅花鹿1～9锯三杈鲜茸的主干长度（44.71±2.81）cm，围度（15.48±1.14）cm；眉枝长度（22.49±1.91）cm，围度（11.17±0.99）cm；嘴头长度（12.33±2.27）cm，围度（14.39±1.27）cm；眉二间距（28.16±2.42）cm；6锯三杈茸茸尺的各项指标最大，其主干长度（51.75±2.74）cm，围度（17.05±1.48）cm；眉枝长度（24.35±1.92）cm，围度（12.68±0.98）cm；嘴头长度（13.78±1.54）cm，围度（15.93±1.48）cm；眉二间距（31.90±2.70）cm。具体见表1-7。

表1-7　敖东梅花鹿各锯别三杈茸尺测量统计（cm）

锯别	样本数（只）	项目	主干		眉枝		嘴头		眉二间距
			长度	围度	长度	围度	长度	围度	
1	20	均值	37.20	12.19	17.23	8.53	9.27	10.5	21.73
		标准差	2.53	1.06	1.98	0.75	1.32	1.01	2.82
		变异系数（%）	6.79	8.66	11.51	8.81	14.00	6.54	12.98
2	20	均值	37.55	12.63	18.88	8.40	10.15	12.65	21.93
		标准差	2.22	0.71	1.21	0.80	1.13	1.10	1.62
		变异系数（%）	5.89	5.58	6.42	9.58	8.56	8.07	7.41

（续）

锯别	样本数（只）	项目	主干		眉枝		嘴头		眉二间距
			长度	围度	长度	围度	长度	围度	
3	20	均值	39.63	13.43	21.55	9.28	11.00	13.35	22.78
		标准差	2.97	0.73	2.06	1.02	10.1	1.15	2.02
		变异系数（%）	7.49	5.32	9.58	10.98	9.18	7.48	8.88
4	20	均值	48.60	15.50	23.40	12.10	13.53	15.10	29.48
		标准差	5.80	1.45	2.06	1.73	1.39	1.52	4.54
		变异系数（%）	11.93	9.36	8.81	14.29	10.30	8.8	15.41
5	20	均值	50.45	16.40	24.20	12.48	13.08	15.68	29.85
		标准差	2.09	1.31	1.58	1.01	1.46	1.63	1.61
		变异系数（%）	4.14	7.99	6.53	8.10	11.12	9.22	5.39
6	20	均值	51.75	17.05	24.35	12.68	13.78	15.93	31.90
		标准差	2.74	1.48	1.92	0.98	1.54	1.48	2.70
		变异系数（%）	5.32	8.68	7.88	7.71	11.20	8.25	8.46
7	20	均值	51.45	18.00	23.93	12.40	12.93	15.48	32.33
		标准差	2.20	1.32	2.22	0.93	1.43	1.33	1.49
		变异系数（%）	4.25	7.33	9.28	7.53	12.80	7.61	4.61
8	18	均值	50.50	17.36	24.83	12.25	13.47	15.50	30.75
		标准差	2.18	1.44	1.83	1.09	0.90	1.48	1.83
		变异系数（%）	4.32	8.29	7.37	8.90	6.68	8.46	5.95
9	10	均值	35.25	16.75	24.00	12.45	13.80	15.35	32.70
		标准差	2.57	0.79	2.32	0.64	1.16	0.71	3.17
		变异系数（%）	4.83	4.72	9.67	5.14	8.41	4.09	9.69
平均		均值	44.71	15.48	22.49	11.17	12.33	14.39	28.16
		标准差	2.81	1.14	1.91	0.99	2.27	1.27	2.42
		变异系数（%）	6.11	7.33	8.56	9.00	10.25	7.61	8.75

　　（6）产茸记录分析　对 2011—2019 年 104 只敖东梅花鹿的 1～9 锯产茸数据进行分析，不同锯别产茸量方差分析，由表 1-8 可知锯别对产茸量的影响非常明显，1 锯、2 锯、3 锯极显著低于其他组（$P<0.01$）且 1 锯、2 锯、3 锯之间差异也极显著（$P<0.01$）；6 锯、7 锯、8 锯、9 锯之间无显著差异，均极显著高于其他组 $P<0.01$）；4 锯、5 锯之间无显著差异。

表 1-8 敖东梅花鹿 1~9 锯产鹿茸量统计结果

项目	锯别								
	1	2	3	4	5	6	7	8	9
样本数（只）	93	99	104	95	77	46	35	25	15
均值（kg）	0.81^E	1.52^D	2.92^C	3.67^B	4.21^B	4.57^A	5.11^A	4.91^A	4.75^A
标准差（kg）	0.27	0.76	1.22	1.57	1.63	1.72	2.27	1.89	2.00
变异系数（%）	33.9	50.1	41.7	42.8	38.7	37.6	44.4	38.4	42.1

注：同行比较，上标大写字母不同者差异极显著（$P<0.01$）。

锯别与产茸量相关性分析结果表明（图 1-6 至图 1-9），敖东梅花鹿产茸量与年龄关系为：1~7 锯为递增期，7 锯以后 8 锯、9 锯呈递减趋势，回归方程为：$y=-0.004\,3x^3-0.030\,2x^2+1.197\,3x-0.450\,2$，$R^2=0.991\,4$。1~7 锯敖东梅花鹿产茸量与锯别呈强正相关（$R^2=0.957\,5$），$\hat{y}=0.724\,6x+0.36$；与已有的研究结果基本一致。

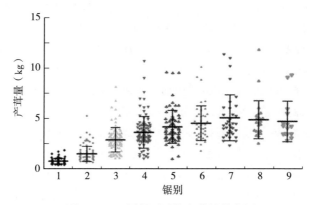

图 1-6 不同锯别平均产茸量散点图

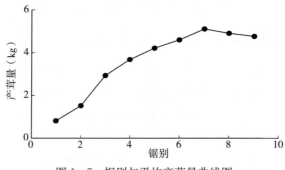

图 1-7 锯别与平均产茸量曲线图

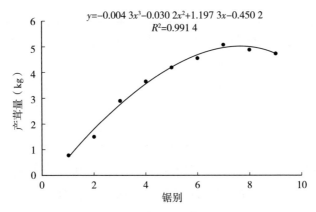

图 1-8 1～9 锯产茸量与锯别回归曲线图

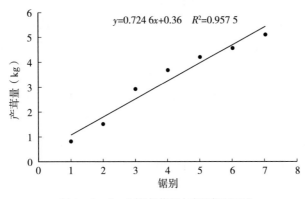

图 1-9 1～7 锯产茸量与锯别回归图

综上：敖东梅花鹿生茸佳期为 6～9 锯，生茸最佳年龄为 7 锯。

（7）畸形茸率 敖东梅花鹿畸形茸率很低，并逐年呈下降趋势，1995—2000 年各锯总畸形茸率平均为 12.87%，这说明敖东梅花鹿的优等品率很高。具体见表 1-9。

表 1-9 敖东梅花鹿成年公鹿鹿茸畸形率

年度	鹿茸总数（副）	畸形茸数（副）	畸形率（%）
1995	1 192	194	16.28
1996	1 284	201	15.65
1997	1 320	195	14.77
1998	1 456	221	15.18

（续）

年度	鹿茸总数（副）	畸形茸数（副）	畸形率（%）
1999	1 494	136	9.10
2000	1 494	93	6.22
合计	8 240	1 040	
平均	1 373	173	12.87

（8）茸料比　吉林敖东药业集团股份有限公司养鹿三场公鹿生茸期的饲料消耗总量为 104 029 kg，全年共产鲜茸 583 600 g，其茸料比（g/kg）为 5.61∶1。

（9）成品茸的化学成分　对敖东梅花鹿成品茸（二等品）的水分、灰分、粗脂肪、蛋白质、胆固醇、钙、磷、铜、铁、锌、锰、镁、钠、铅、牛磺酸和氨基酸等化学成分进行检测分析，并与双阳梅花鹿、长白山梅花鹿鹿茸的氨基酸含量进行比较。结果表明，敖东梅花鹿鹿茸上、中、下段的蛋白质含量分别为 63.87%、59.46%、57.38%，平均蛋白质含量高达 59.98%，较双阳梅花鹿鹿茸高 6.39%；敖东梅花鹿茸上、中、下段牛磺酸含量分别为 0.07%、0.04%、0.04%，平均含量为 0.05%；敖东梅花鹿茸上、中、下段氨基酸总含量分别为 57.37%、50.22%、47.79%，三段的平均含量为 51.49%，高于双阳梅花鹿（48.84%）和长白山梅花鹿鹿茸（51.34%）。具体见表 1 - 10 和表 1 - 11。

表 1 - 10　敖东梅花鹿鹿茸化学成分分析结果

序号	检验项目	鹿茸上段（33%）	鹿茸中段（22%）	鹿茸下段（45%）	平均（加权）
1	水分（%）	7.86	9.08	8.28	8.32
2	灰分（%）	24.55	30.90	35.78	31.00
3	粗脂肪（%）	2.92	1.57	2.81	2.57
4	蛋白质（%）	63.87	59.46	57.38	59.98
5	胆固醇（mg/g）	1 705.6	916	1 001.1	1 214.9
6	钙（mg/g）	70 926.9	82 798.7	90 568.7	82 377.5
7	磷（mg/g）	40 694	56 758.5	60 528.2	53 153.6
8	铜（mg/kg）	7.62	3.25	6.12	5.98

（续）

序号	检验项目	鹿茸上段 （33%）	鹿茸中段 （22%）	鹿茸下段 （45%）	平均 （加权）
9	铁（mg/g）	549.2	1 520.6	3 252.1	1 979.2
10	锌（mg/kg）	95.97	84.27	91.79	91.52
11	锰（mg/g）	12.5	17.5	30.0	21.5
12	镁（mg/g）	2 418	3 135.7	3 365.7	3 002.4
13	钠（mg/g）	8 927.1	7 720.6	7 208.5	7 888.3
14	铅（μg/g）	3.49	3.10	4.33	3.78
15	牛磺酸（%）	0.07	0.04	0.04	0.05

表 1-11　敖东梅花鹿鹿茸氨基酸含量及与其他梅花鹿茸含量比较（%）

检测项目	敖东梅花鹿鹿茸				双阳梅花鹿 鹿茸	长白山 梅花鹿鹿茸
	上段（33%）	中段（22%）	下段（45%）	平均（加权）		
天冬氨酸	4.860	4.122	3.634	4.15	4.59	4.09
苏氨酸	2.294	1.872	1.541	1.86	1.81	1.81
丝氨酸	2.485	2.071	1.908	2.13	2.092	2.19
谷氨酸	7.921	6.371	6.253	6.83	7.12	6.67
甘氨酸	7.929	7.807	8.797	8.29	8.74	8.66
丙氨酸	4.586	4.324	4.316	4.41	5.59	4.63
缬氨酸	2.699	2.419	2.031	2.34	2.04	2.67
蛋氨酸	0.791	0.245	0.391	0.49	—	0.45
异亮氨酸	1.464	1.056	0.985	1.16	1.11	1.22
亮氨酸	4.138	3.513	2.685	3.35	2.62	3.53
酪氨酸	1.551	1.045	0.763	1.09	0.67	0.86
苯丙氨酸	2.287	2.096	1.730	1.99	2.09	2.03
赖氨酸	3.521	3.171	2.710	3.08	3.84	3.09
组氨酸	1.206	1.157	0.782	1.00	1.71	1.14
精氨酸	4.040	3.676	3.745	3.83	4.82	4.12
脯氨酸	5.599	5.274	5.520	5.49	—	4.18
合计	57.37	50.22	47.79	51.49	48.84	51.34

2. 繁殖性能

（1）公鹿的性成熟期、配种适龄和种用年限 敖东梅花鹿公鹿 16 月龄达到性成熟，即生后翌年 10 月达到性成熟，但此时不能参加配种，适时配种年龄为 28.5 月龄。公鹿种用年限为 4 年（3～6 锯）。

（2）母鹿性成熟期、发情周期和发情持续时间 敖东梅花鹿母鹿到 16.5 月龄进入初情期，配种适时年龄为 28 月龄，发情周期为（13±7）d，发情持续时间为 24 h。

（3）母鹿的发情配种期、妊娠期和产仔期 敖东梅花鹿的发情配种期为每年的 9 月中旬至 11 月中旬，其发情旺期为 10 月；妊娠期为（235±7）d；产仔期为 5 月至 6 月末。

（4）母鹿的繁殖指标 1995—2000 年，敖东梅花鹿母鹿平均受胎率为 97.48%，产仔率为 94.60%。仔鹿成活率为 87.18%，繁殖成活率为 82.48%，比原育种方案所规定 80% 的指标高 2.48 个百分点（表 1-12）。

表 1-12 敖东梅花鹿母鹿繁殖指标统计结果

项目	1995 年	1996 年	1997 年	1998 年	1999 年	2000	合计	平均
参配母鹿数（只）	888	997	1 064	1 169	1 150	1 180	6 448	1 074.7
受胎母鹿数（只）	860	956	1 028	1 147	1 133	1 168	6 293	1 048.7
产仔数（只）	821	925	1 005	1 132	1 093	1 133	6 109	1 018
仔鹿成活数（只）	716	805	888	963	962	991	5 325	888
产双羔母鹿数（只）	31	20	23	35	32	36	177	29.5
受胎率（%）	96.80	95.9	96.6	98.10	98.50	99.00		97.48
产仔率（%）	92.50	92.80	94.50	96.80	95.00	96.00		94.60
仔鹿成活率（%）	87.20	87.00	88.40	85.00	88.00	87.50		87.18
繁殖成活率（%）	80.63	80.74	83.46	82.39	83.65	83.98		82.48
双羔率（%）	3.60	2.09	2.24	3.05	2.82	3.08		2.81

（5）仔鹿初生重 选育后的敖东梅花鹿的公、母仔鹿平均初生重为 5.38 kg，比选育前的 4.80 kg 高 0.58 kg，即提高 12%，差异显著（$P<0.05$）（表 1-13）。

表 1-13　敖东梅花鹿选育前后仔鹿初生重比较（kg）

项目	仔公鹿	仔母鹿	公母平均
选育前	5.00±0.42	4.60±0.41	4.80±0.41
选育后	5.57±0.40	5.18±0.51	5.38±0.46

（三）生产利用年限

依据敖东梅花鹿公、母鹿的产茸性能和繁殖性能的变化规律，确定其生产利用年限。敖东梅花鹿公鹿的产茸最佳利用时期为 4～12 锯，1～3 锯产茸量上升速度较快，到 4 锯时开始进入稳产、高产期，最高产茸锯龄为 6 锯，到 7 锯时产茸量开始呈下降趋势，到 12 锯时，产茸量与 4 锯基本相当，依此确定敖东梅花鹿公鹿的生产利用年限最长为 12 年。母鹿出生后第二年 10—11 月即可发情配种，第三年产仔称为 1 产，一直可持续利用到 9 产，所以母鹿的生产利用年限最长为 9 年。

（四）主要遗传性状稳定性

1. 茸重性状的变异系数　敖东梅花鹿 1～12 锯鲜茸重的变异系数平均为 18.37%。1～3 锯为 19.37%，偏高；但 4～12 锯较低，为 17.76%。这表明选育后的敖东梅花鹿体成熟后，茸重性状的遗传基础基本一致和稳定。

2. 茸重性状的遗传力　采用同父异母半同胞组内相关法，对敖东梅花鹿 1995—2000 年 10 只公鹿 93 只后代的遗传力进行了估测。结果表明，敖东梅花鹿 3 锯三杈鲜茸重的遗传力为 0.357，属高遗传力。

3. 茸重性状的重复力　采用组内相关法，对敖东梅花鹿 1996—2000 年 3～6 锯 9 只种公鹿鲜茸重的重复力进行估测。结果为 0.58（$P < 0.01$），属高重复力。这表明此性状可以进行个体选育，并可预测个体以后的产茸量。因此，对茸重性状的估测既达到了提早选种的目的，又明显地缩短了世代间隔，大大延长了种鹿的种用年限。

4. 调出鹿群的产茸量和繁殖力趋于一致　对敖东梅花鹿 1996—2000 年调出鹿群的调查分析表明，调出鹿群的产茸量和繁殖力基本与原场鹿群趋于一致。

（五）群体数量和规模

2000 年，敖东梅花鹿存栏总数已达 3 880 只，其育种核心群鹿只占 25％（种公鹿 70 只，育种核心群母鹿为 900 只）。

为了配合选育工作的顺利有效进行，应用茸鹿营养调控剂和人工授精等先进养殖技术，并建立严格的饲养管理制度，制定"敖东梅花鹿规范化生产操作规程"，并加强对仔鹿的培育，进而改善了饲养管理条件，加快了选育进度。

敖东种鹿场在整个选育过程中始终贯彻"预防为主，防重于治，防治结合"的疫病防治方针，建立健全并严格执行选育鹿群的兽医卫生管理规程和兽医卫生防疫制度；配备专职兽医，每年对鹿常患的传染病——结核病、副结核病、巴氏杆菌病、魏氏梭菌病和布鲁氏菌病等定期注射疫苗、定期检疫，鹿舍、饲料室、饮水槽、饲料槽和饲养用具做到保持经常性的清洁卫生，鹿舍定期进行消毒。在串换种公鹿时进行检疫，隔离饲养，在确保无病后混群饲养或种用；并且严禁饲养人员和养殖场工作人员进入正在发病的传染病疫区，也不准疫区的人员来场参观。饲养员、技术员、鹿茸加工员和兽医定期进行人畜共患传染病的体检，严禁有该方面疫病的人员出入鹿舍和从事饲养管理工作，并规定养殖场全体职工决不准吃患有传染病家畜的肉食品。在日常饲养管理过程中，有关人员注意观察鹿的行为表现和状态（精神、食欲、反刍、呼吸、鼻镜、运动和粪便），发现异常情况及时处理和治疗。以上做法保证了选育群体无结核病、布鲁氏菌病等传染病，一些常见病和多发病的发病率也明显降低，为鹿群的健康发展和品种选育的成功提供了专项保证条件。

第二章
敖东梅花鹿品种特征和性能

第一节　敖东梅花鹿的形态特征

一、敖东梅花鹿的毛色特征

敖东梅花鹿夏毛呈红棕色或黄棕色，背线呈褐色且宽度、长度极不一致，有的还缺失。白色花斑明显，靠近脊背花斑排列成行，靠下自然散布。四肢外侧毛色与体毛一致，四肢内侧与腹部毛色呈淡灰黄色，无花斑。鼠蹊部（下腹部与双侧下肢连接的部位）纯白色，细软。吻部深褐色，面颊、下颌浅褐色，嘴角、颌眼有淡黄色毛。鼻背、额部棕黑色，耳背棕色，耳内白色，颈毛灰棕，喉斑浅黄白色，大小不一。尾部有白色斑块，其上缘呈黑色，尾毛炸开时白色如扇。冬季毛密厚，栗棕色，花斑不明显，有的消失。史料记载白鹿是吉祥的预兆，目前养鹿生产中常常有白鹿出生，有的终身皆白，有的只存在第一次换毛前。

二、敖东梅花鹿的体型外貌

敖东梅花鹿体型中等偏下，体质结实、较疏松，体躯圆粗，胸宽而深，腹围较大，背腰平直，臀丰满，无肩峰，四肢粗壮较短，头方正，额宽平，耳大小适中，目光温和，眼大无眼圈，颈粗短，尾长中等，角基距较宽，角基围中等，角柄低而向外侧斜。成年公鹿体重为（125.9±10.28）kg，体（斜）长为（105.3±5.21）cm，体（肩）高为（104.1±5.57）cm，胸围（113.1±7.44）cm，胸深（46.91±3.44）cm，头长（34.57±1.67）cm，额宽（15.06±1.41）cm，角基距（5.54±0.61）cm，尾长（15.53±1.38）cm；成年母鹿体重为

（71.9±5.84）kg，体（斜）长为（94.29±3.05）cm，体（肩）高为（91.05±3.72）cm。

第二节　敖东梅花鹿生物学特性

野生梅花鹿多生活在山区和半山区有水源的地方。每逢天气炎热和秋季发情配种之际，到水库游泳或到沟塘处戏水泥浴。在雨雪天气到来之前及早晚时刻非常活跃，常撒欢狂奔或仰望天空。敖东梅花鹿具有爱清洁、喜安静、感觉敏锐、善于奔跑等特性，这些特性是在漫长的自然进化过程中形成的。这主要取决于环境条件如食物、气候、敌害等影响。敖东梅花鹿喜欢在晨昏活动，活动范围不是很大。敖东梅花鹿警觉性高、行动敏捷；嗅觉和听觉尤为发达，但视觉较弱。清晨和黄昏时分是采食高峰期，采食后都要卧地对食入的食物进行反刍。在愤怒时泪窝开张；在惊慌恐怖时两耳直立，臀斑或颈背的被毛逆立，尖叫，踩前足，或长声吼叫，或晃头以恐吓天敌，或尖叫一声逃遁。

（一）食性

敖东梅花鹿可采食400多种植物，也能大量采食其他家畜不喜采食的含单宁的栎属树和其他树的枝叶。这是由于鹿在进化过程中形成的适应广泛采食植物的复杂的消化器官的理化性质适于某些微生物共生要求，并能分解这些植物性饲料的结果。在圈养条件下，玉米秸秆（干玉米秸和青贮）是敖东梅花鹿的主要粗饲料。敖东梅花鹿属于反刍动物，对富含粗纤维的植物性饲料消化能力极强，能广泛利用各种植物，不仅吃草本植物，而且还能吃木本植物，尤其喜食各种树的嫩枝、嫩叶、嫩皮、果实、种子，还吃蕈类、地衣苔藓及各种植物的花、果和蔬菜。敖东梅花鹿对食物的质量要求较高，采食植物饲料时有选择性。选择采食的植物饲料的主要特点是鲜和嫩。各季节中萌发的嫩草和嫩枝、乔灌木的嫩枝芽，是鹿采食的主要饲料。在食物相当匮乏时，才采食植物的茎秆及粗糙部分。在喂食干草时也只采食叶，很少采食粗糙的茎秆。给敖东梅花鹿饲喂秸秆、落叶等，因营养不足而补饲多量的精饲料，鹿因脂肪沉积变得肥胖，体质与野鹿也有不同。无机盐是有蹄类动物必需的营养成分。为补充盐分，敖东梅花鹿会舔食含有盐分的泥土。

(二) 适应性

适应性是生物对环境的适应，是指过程，即生物不断改变自己，使其能适应于在某一环境中生活。敖东梅花鹿能够适应多种气候条件和饲料条件，尤其能适应北方气候和饲料条件，引种到广东、广西、海南等地也能正常繁殖和生长发育。仔鹿比成年鹿具有更好的适应性和可塑性。敖东梅花鹿适应性很强，在我国的广大地区均可饲养，特别是东北、华北、西北等地均适合敖东梅花鹿的饲养。敖东梅花鹿的可塑性很强，利用可塑性可改造野性。鹿的驯化放牧常利用这一特性，通过食物引诱、各种音响异物反复刺激和呼唤等影响，使鹿建立良性条件反射，使见人惊恐的鹿只达到任人驱赶、听人呼唤的目的。这种驯化工作在幼年时进行比成年效果好，如仔鹿经过人工哺育驯化。

(三) 群居性

鹿科动物的重要生活习性之一是群居性和集群活动。这是在自然界生存竞争中形成的，有利于防御敌害，寻找食物和隐蔽。敖东梅花鹿仍然保留着集群活动的特点。单独饲养和离群时则表现胆怯和不安。因此放牧时如有鹿离群，不要穷追，稍微等待，鹿便会自动回群。

(四) 防卫性

梅花鹿在自然界生存竞争中是弱者，是肉食动物的捕食对象，所以敖东梅花鹿具有高防卫性。突遇异声、异物会出现乱跑乱撞，即所谓"炸群"。它本身缺乏御敌的武器，逃避敌害的唯一办法是逃跑。行动敏捷，善跑跳，面临危险或受惊时入水能游泳，出水能奔，急奔时一步能跃出 9 m，高可达 2.5 m，在奔驰中能很快停住脚步，既不倾倒，又不滑动。善于利用环境隐蔽自己达数小时之久，以此躲避天敌或猎人。嗅觉和听觉十分灵敏，能感觉出周围 400 m以内的气味和微小的动静，并能分辨出熟悉的景物。在秋冬季节，公鹿的骨角十分坚硬和锋利，是梅花鹿的重要防卫武器，可以反击入侵的动物，也能同一些大型的猛兽进行搏斗。敖东梅花鹿有些公鹿在发情季节具有主动攻击性，在饲养实践中应该注意安全。产仔期间母鹿不愿让人接近属护仔行为，严重的甚至扒咬仔鹿。配种期间公鹿攻击人也是一种保护性反应。虽然敖东梅花鹿在家养条件下经过多年驯化，但这种野性并没有彻底根除，如不让人接近，遇见异

声、异物惊恐万分，产仔时扒咬仔鹿，对人攻击等。这对组织生产十分不利，由此造成的伤亡、损伤鹿茸等事故时有发生，经济损失很大。因此加强梅花鹿的驯化，削弱野性，方便生产，仍是养鹿生产实践中的一项迫切任务。

（五）体重季节性变化

公鹿在 8—9 月配种前期体重最高，比生茸期增重 20％，毛色变黑，脖颈增粗。11 月上旬至 12 月上旬体重最低，体重变化具有明显的季节性。敖东梅花鹿进入体成熟年龄（4 岁）后，公鹿在每年的冬末春初季节体重最高，在夏末秋初季节体重最低；母鹿较公鹿推迟 30～60 d。公鹿体重最重时比体重最轻时重 16％～20％，母鹿为 12％～15％。无论是公鹿还是母鹿，在野生植物繁多的夏季，摄食了丰富的食物后，体重会明显增加，膘情达到较佳或最佳状态，此时开始发情配种。仔鹿一般是在一年当中较好的季节——春末夏初出生，仔鹿出生 15 d 后就能获得较好的饲料和较佳的气候条件，待其能独立采食时正值秋季，此时各种植物的籽实及果实已经成熟，能为仔鹿提供丰富的营养，保证仔鹿幼龄期的生长发育。可见敖东梅花鹿的繁殖和体重的变化有明显的季节性，这是在长期进化过程中对生存条件的一种极佳的适应。

总之，敖东梅花鹿的以上 5 种较典型的生物学特性是它们在自然条件下长期生存并经过驯养形成的，饲养者可以根据需要对敖东梅花鹿的这些特性加以巩固、利用和发展，以便更好地对敖东梅花鹿进行驯化、饲养和管理。

第三节　敖东梅花鹿的生产性能

一、敖东梅花鹿突出的优良性状

敖东梅花鹿具有较高的遗传稳定性、生产性能和繁殖性能以及杂交优势明显等突出的优良性状，比如在 1993 年吉林省安图县福满林场梅花鹿养殖场饲养梅花鹿 200 余只，当时上锯公鹿成品茸平均单产为 0.82 kg，母鹿繁殖成活率为 64.1％。为了提高鹿群产茸性能和繁殖性能，提高鹿群的整体质量，1993 年吉林省安图县福满林场梅花鹿养殖场从吉林敖东药业集团股份有限公司养鹿一场引进梅花鹿育成母鹿 20 只，2 锯种公鹿 5 只。通过 7 年繁育，其纯繁和杂交鹿分别达到 150 只和 310 只。到 2000 年，吉林省安图县福满林场梅花鹿养殖场鹿群的产茸量和繁殖力有了很大提高，具体表现为：

（一）遗传稳定性高

所引进的 20 只敖东梅花鹿育成母鹿通过纯繁，其数量已达 150 只（其中公鹿 80 只，母鹿 70 只）。2000 年 1～5 锯公鹿成品茸平均单产分别为 353 g、684 g、1 008 g、1 350 g 和 1 587 g，分别比吉林敖东药业集团股份有限公司 2000 年 1～5 锯高 21 g、33 g、61 g、58 g 和 131 g。其纯繁后代的体型外貌特征为体型中等偏下，体质结实、体躯圆粗，胸宽而深，四肢粗壮较短，额宽平；角基距较宽，角柄低而向外侧斜。夏毛多呈浅赤褐色，背腹毛色基本一致，距毛较高；茸主干较圆（个别为"趟茸"），粗细上下匀称，嘴头较肥大，眉枝短而较粗，弯曲较小，细毛红地。成年公鹿体重为（127.5±11.02）kg，体长为（106.15±6.14）cm，体高为（105.20±5.28）cm；成年母鹿体重为（75.0±5.64）kg，体长为（93.59±3.15）cm，体高为（90.15±3.80）cm，保留了 1993 年所引进的敖东梅花鹿所固有的体重、体尺和基本外貌特征。因此，敖东梅花鹿具有较高的遗传稳定性。

（二）产茸性能和繁殖性能较高

1. 产茸性能　吉林省安图县福满林场梅花鹿养殖场引进的 25 只敖东梅花鹿，经 7 年的纯种繁育，公鹿具有较高的产茸量，其 1～5 锯鲜茸、成品茸的平均单产分别为 2 760 g、996 g，分别比本场的原场梅花鹿 2 271 g、820 g 高 21.53%、21.46%。

2. 繁殖性能　1993—2000 年纯繁的敖东梅花鹿，其母鹿的平均繁殖成活率为 80.3%，比本场的原场梅花鹿 64.1% 高 16.2%。

由此可见，敖东梅花鹿具有较高的产茸性能和繁殖性能。

（三）杂交优势明显

1993 年以来，以敖东梅花鹿公鹿作为父本，连续 7 年对吉林省安图县福满林场梅花鹿养殖场的梅花鹿母鹿进行杂交改良，其所繁 1～5 锯后代的成品茸平均单产为 1 025 g，比双亲均值（873 g）高 152 g，其杂种优势率为 17.41%；杂种母鹿的繁殖成活率平均为 84.25%，比双亲均值（72.2%）高 12.05%，其杂种优势率为 16.69%。

（四）抗病力强

引入纯繁的敖东梅花鹿的几年内群体平均死亡率仅为 4.85％，比本场的原场梅花鹿 8.7％的死亡率低 3.85％。由此可见，敖东梅花鹿具有较高的抗病能力。

二、敖东梅花鹿的生产性能测定

2000 年 11 月 15 日延边朝鲜族自治州畜牧管理局依据鹿群周转台账、收茸合账、鹿茸加工合账、繁殖记录、死亡记录以及现场考查，对敖东梅花鹿生产性能进行测定，结果如下：

1. 鹿群规模　2000 年吉林敖东药业集团股份有限公司的敖东梅花鹿饲养存栏为 3 880 只，其中公鹿 2 154 只（上锯公鹿 1 494 只、育成公鹿 300 只、仔公鹿 360 只），母鹿 1 726 只（成年母鹿 1 180 只、育成母鹿 230 只、仔母鹿 316 只）。

2. 生产性能

（1）产茸性能　1995—2000 年，吉林敖东药业集团股份有限公司养鹿一、二、三场上锯公鹿鲜茸平均单产为 3.31 kg，成品茸平均单产 1.20 kg，比选育初的 503.5 g 提高 696.5 g，即高 138％，茸的鲜干比为 2.76∶1。

（2）繁殖性能　性成熟期，母鹿为 16.5 月龄，公鹿为 16 月龄。受胎率平均为 97.48％。仔鹿成活率平均为 87.18％。繁殖成活率平均为 82.48％。

（3）茸料比　5.61∶1。

3. 体重、体尺、茸尺

（1）体重　初生仔公鹿为（5.77±0.40）kg，仔母鹿为（5.18±0.51）kg；成年公鹿为（125.9±25.28）kg，成年母鹿为（71.9±5.84）kg。

（2）体尺　成年公鹿体高为（104.1±5.57）cm，体长为（105.3±5.21）cm；成年母鹿体高为（91.05±3.72）cm，体长为（94.29±3.05）cm。

（3）茸尺　1～9 锯三杈鲜茸的主干长（44.71±2.81）cm，围度（15.48±1.14）cm；眉枝长（22.49±1.91）cm，围度（11.17±0.99）cm；嘴头长（12.33±2.27）cm，围度（14.39±1.27）cm；眉二间距（28.16±2.42）cm。

4. 角基距、角基围　成年公鹿角基距为（5.54±0.61）cm，角基围为

（15.40±1.84）cm。

三、敖东梅花鹿的鹿茸检测结果

农业农村部鹿茸产品质量监督检验测试中心对敖东梅花鹿的鹿茸水分、灰分、粗脂肪、蛋白质、胆固醇、钙、磷、铜、铁、锌、锰、镁、钠、铝、牛磺酸、氨基酸检测结果表明（表 2-1、表 2-2），敖东梅花鹿鹿茸质量优良，富含多种氨基酸和微量元素，具有极高的保健和药用价值。

表 2-1　敖东梅花鹿鹿茸检测结果

序号	检验项目	检测结果
1	水分（%）	9.08
2	灰分（%）	30.90
3	粗脂肪（%）	1.57
4	蛋白质（%）	59.46
5	胆固醇（mg/g）	916
6	钙（mg/g）	82 798.7
7	磷（mg/g）	56 758.5
8	铜（mg/kg）	3.25
9	铁（mg/g）	1 520.6
10	锌（mg/kg）	84.27
11	锰（mg/g）	17.5
12	镁（mg/g）	3 135.7
13	钠（mg/g）	7 720.6
14	铝（μg/g）	3 095
15	牛磺酸（%）	0.04

表 2-2　敖东梅花茸鹿茸氨基酸检测结果（%）

序号	项目名称	实测数据
1	天门冬氨酸	4.122
2	苏氨酸	1.872
3	丝氨酸	2.071
4	谷氨酸	6.371

（续）

序号	项目名称	实测数据
5	甘氨酸	7.807
6	丙氨酸	4.324
7	缬氨酸	2.419
8	蛋氨酸	0.245
9	异亮氨酸	1.056
10	亮氨酸	3.513
11	酪氨酸	1.045
12	苯丙氨酸	2.096
13	赖氨酸	3.171
14	组氨酸	1.157
15	精氨酸	3.676
16	脯氨酸	5.274

第三章
敖东梅花鹿品种保护

敖东梅花鹿遗传性能稳定，茸重性状变异系数小，有较高的种用价值和饲养价值，建议保持种群稳定，提纯复壮。

第一节　梅花鹿种质资源特性

一、梅花鹿的遗传背景

梅花鹿的最早起源始于上新世晚期古北界三趾马动物群。早在更新世时期，亚洲出现了原始的鹿类祖先，中新世出现了有角的鹿，在鹿类的演化过程中，鹿体有向增大方向发展的趋势。古生物学者依据已发现化石的角、牙齿、头骨等形态将我国梅花鹿定为新竹斑鹿、台湾斑鹿、葛氏斑鹿、大斑鹿、北京斑鹿和东北斑鹿共6个种。更新世期间梅花鹿曾广泛分布于我国的东北、华北、华中及华南等地，形成了我国台湾亚种、东北亚种、华北亚种、山西亚种、四川亚种和华南亚种，目前我国野生梅花鹿6个亚种中仅存东北、华南和四川3个亚种，其分布区正在不断缩减，野生梅花鹿已处于濒危状态。系统进化关系分析显示，我国梅花鹿单倍型的系统地理格局与地理分布区或亚种划分之间不存在明显相关性，我国台湾种群与东北和四川种群间亲缘关系较近，与华南种群间亲缘关系较远。

目前我国饲养的梅花鹿鹿种的主要来源为从东北地区自然环境中捕捉。多数国内外的研究报道认为我国东北地区的梅花鹿只有1个亚种，即东北梅花鹿（又称乌苏里梅花鹿），但有学者提出东北地区的梅花鹿不只1个亚种，并得到相关研究的证实。对我国长白山区野生东北梅花鹿的调查研究表明，野生梅花鹿东北亚种有2种类型，即体大型和体小型，且二者在被毛特征上存在差别，但后来有学者证明上述差异是亚种内的个体和性别差异。

野生东北梅花鹿经过长时间的人工驯养繁育，在躯体结构方面有所改变，生理机能、生长发育等方面与野生类型相比有了显著提高，并形成了性状不同的群体类型，如伊通型、抚松型、龙潭山型、双阳型、东丰型等，具备了稳定的生产能力。从体型上看，伊通型、龙潭山型较大，抚松型、双阳型居中，东丰型最小。从毛色上看，毛色深的类型如伊通型、抚松型，梅花斑点较小，条列性强，背线及臀斑周缘的黑毛圈完整；毛色浅的类型如双阳型、东丰型，梅花斑点大，色洁白，条列性差，背线模糊，臀斑周缘的黑毛圈不完整。从茸型上看，伊通型的鹿茸主干不弯曲，呈45°向外侧上方直伸；龙潭山型主干仅向内侧略有弯曲；东丰型的鹿茸属于典型的"元宝"形；抚松型与东丰型相近；双阳型主干基部外偏，角间距大。对不同群体的家养梅花鹿14个微卫星位点的分析表明，目前家养梅花鹿具有中等的遗传变异和多态性。

总之，家养梅花鹿长期在不同的自然环境、饲养条件、经济条件和文化背景中演化，形成现有的多种群体类型，以便与我国多样化的环境相适应，这是长期人工选育的结果，通过育种它们都有可能被分别育成独立的品种。

二、梅花鹿的杂交改良利用

自20世纪60年代，我国在加强梅花鹿品种（品系）选育的同时，开展了对梅花鹿各品种间及梅花鹿和马鹿种间杂交的研究。双阳梅花鹿品种（公）与长白山梅花鹿品系（母）间杂交结果表明，杂交F_1代鹿茸性状仅1锯杂种优势明显。这说明目前的家养梅花鹿品种或品系间差异较小，导致杂交后代杂种优势不明显。我国在1958年首次进行了梅花鹿和马鹿的种间杂交并获得成功，目前以梅花鹿与马鹿的种间杂交最为普遍。

（一）梅花鹿和马鹿种间差异

系统进化研究得出梅花鹿与马鹿是2个近缘种。马鹿是梅花鹿由中东向欧洲和北非扩展的过程中产生的一个新种，这种原始型马鹿到更新世中期返回中国。马鹿和梅花鹿的分化时间是在150万年前。研究指出，鹿的形态特征不一定能正确反映出其系统进化的关系，应从分子水平并结合形态研究结果来分析鹿的种和亚种间的系统进化关系。在鹿科动物中，种间的线粒体DNA序列差异应为 4%～12%，亚种间的 DNA 序列差异一般为 1%～3%。我国梅花鹿与马鹿线粒体 DNA 序列差异较小，平均只有 3.6%，证明二者之间存在较小的种间差异。

（二）梅花鹿和马鹿杂交的生物学基础

梅花鹿和马鹿不但在饲养条件下正反交的 F_1 代两性都可育，而且在自然界也发现了二者的杂交后代。核型分析表明，马鹿的 $2n=68$，核型中有 1 对大的中着丝粒染色体；梅花鹿的 $2n=66$，核型中有 2 对大的中着丝粒染色体；杂种鹿的 $2n=67$，核型中有 3 条大的中着丝粒染色体。对 F_1 代精母细胞联会复合体分析表明，在精母细胞粗线期，有端着丝粒染色体/中着丝粒染色体的三价体。这说明两种亲本鹿组型的区别与一个罗伯逊易位有关，而其他染色体的配对完全正常，形成典型的常染色体次缢痕（secondary constriction，SC）和横纵（XY）轴，因此这两种亲本鹿的染色体具有高度的同源性，这两种鹿的生殖隔离和遗传隔离的程度较浅，还未进化到"限制或停止基因交换"的阶段。

（三）杂交后代的遗传性能分析

通过对梅花鹿和马鹿种间杂交组合的筛选，得到东北梅花鹿（母）与东北马鹿（公）的最佳杂交组合方式，该组合杂交 F_1 代的形态特征介于双亲中间，体型较粗大，夏毛暗赤褐色，体躯两侧被毛具有较梅花鹿暗的白色斑点，臀斑呈浅黄色，边缘无黑毛，尾尖白色，但没有梅花鹿的黑尾尖，尾毛长。成年公鹿体高（123.3±5.24）cm，体重（190.0±6.58）kg；成年母鹿体高（103.8±5.18）cm，体重（123.3±13.31）kg。杂交 F_1 代的茸型根据单、双眉枝（门桩）和眉二间距的大小，分为马鹿茸型、梅花鹿茸型和中间型 3 种，且同一只鹿的茸型每年也存在变化。杂交 F_1 代鲜茸平均单产较母本高 64.6%，接近父本的产量，表现出较高的经济效益。此外，对东北梅花鹿（公）与塔里木马鹿（母）种间杂交研究表明，杂交后代的产仔成活率高达 98.6%，杂交后代的生长发育表现良好，生长速度较快，其对新疆地区的气候环境和饲料条件都表现出较强的适应能力，说明可以通过种间杂交手段培育出适应力强、耐粗饲、采食量相对少的高产优质的茸鹿品种。对东北梅花鹿（母）与天山马鹿（公）的种间杂交表明，以东北梅花鹿为母本、天山马鹿为父本来提高东北梅花鹿的生产性能也是可行的。

科学合理地开展梅花鹿各品种间及梅花鹿和马鹿种间杂交及其杂种优势的利用，对提高养鹿业生产效益具有积极的作用。

第二节　敖东梅花鹿种质资源的
保存和利用途径

敖东梅花鹿具有适应性强、耐粗饲、繁殖率高和产品质优等特点，其种质资源关系到养鹿业持续发展和生物多样性的重大问题，因此对敖东梅花鹿种质资源应进行合理有效的保存和利用。建立敖东梅花鹿保种场、保护区、基因库，对于保护其种质资源和提高品质十分重要。

家养梅花鹿培育品种（品系）是优良的种质资源，但现有的各品种梅花鹿基础群数量逐渐减少，育种单位为了进一步提高品种鹿的生产能力，盲目引进外血和杂交，生产性能虽有所提高，但各纯种培育品种（品系）存在消失的危险，因此对敖东梅花鹿品种的现状进行分析评价、保护和合理利用是十分必要的。

一、制定敖东梅花鹿的选种目标

我国具有丰富的梅花鹿资源和优良的地方品种，只有做好选种和育种工作，才能充分发挥地方资源优势。同时，对于梅花鹿养殖场而言，可以增加收益。小型和中型敖东梅花鹿养殖场由于资金限制，也可以引进中等或中等偏上敖东梅花鹿种鹿，即母鹿年龄 6 岁以下，种公鹿年龄 4～5 周岁（3～4 锯），鲜茸二杠 1.5 kg 以上，三权 3.5 kg 以上，至少不低于 3 kg。

对敖东梅花鹿进行正确选种可以使整个鹿群的质量得到提高，对于敖东梅花鹿个体的不断改善才能逐渐使整个种群的质量从根本上得到提高。引种要选择具有育种资格的信誉好的正规育种场，并且不能只注重种公鹿的挑选而不注重种母鹿的挑选。

（一）敖东梅花鹿的选种

鹿茸产量高、品质优是敖东梅花鹿的重要经济性状，同时作为培育品种，应具有稳定的遗传性能。鹿的世代间隔为 5～6 年，鹿的核心群选育必须经过4 个世代以上的连续选育，这就需要组建敖东梅花鹿品种培育的专业队伍，运用现代遗传学理论，有计划、有步骤地开展敖东梅花鹿的品种选育工作。首先要充分了解现有敖东梅花鹿种群的遗传结构和遗传多态性情况，进而掌握种群的近交系数，确定交配系统，采取合理的遗传管理，利用微卫星DNA分子标记对群体内的亲缘关系进行鉴定，避免近亲繁殖带来的种群遗传多样性降低的风险，最终提高种用个体的繁殖质量。

1. 体质外貌特征　敖东梅花鹿产于吉林省敦化地区，以引自吉林省东丰县等地的种鹿为基础，经过30年选育，于2000年通过了品种鉴定，品种群体规模为3 380只。其体型中等，夏毛多呈浅赤褐色。成年公鹿体高（104±5）cm，体重约为126 kg；成年母鹿体高（91±3）cm，体重约为71 kg。

2. 产茸性能　敖东梅花鹿鹿茸主干基部向外侧延伸，中部向内弯曲，茸毛浅黄色，细毛红地，色浅。主干粗短，眉二间距较近（拔、挺、短），根粗嘴短，角基间距小，围度较大，角基低。

3. 繁殖性能　敖东梅花鹿的繁殖规律除具有种的特性外，还受营养、健康状况、光照、气温等因素的影响。长期的选育和饲养管理条件的改善使得茸用鹿人工选育品种（品系）更有利于集中发情配种、集中产仔等繁殖管理措施的实施，且母鹿受胎率、产仔率、产仔成活率等均有明显提高。

（二）敖东梅花鹿选种原则

1. 敖东梅花鹿的群体选种和个体选种原则

（1）群体选种原则　通过以下几种方法进行选种：根据敖东梅花鹿的谱系进行选择，选择父代和祖父代都是优良品种的后代作为备选对象。根据家系谱系进行选择，主要是根据整个家族的平均评分值作为参考，因为家系平均值的高低基本可以代表家系内个体的优良。根据同代的同胞资料进行选择，利用同胞兄弟姐妹的评分值的高低来判断该个体性状的优良，这对于谱系资料不全或不详细的个体而言，是一种有效的方法。也可根据个体后代性状进行选种，但此法只适用于种公鹿。

（2）个体选种原则　个体选种对于中小型梅花鹿养殖场来说，由于养殖场规模小、资金不足等情况，若选错种鹿，则对于今后的生产必然造成较大的影响，直接影响梅花鹿养殖场的经营情况。所以对于中小型梅花鹿养殖场，建议通过个体进行选种，个体选种能直接观察梅花鹿个体的形态特征、产茸性能等。可以根据本养殖场的生产要求和资金储备，合理选择适合本养殖场的个

体，并对其进行引种。

2. 种鹿的选择原则

（1）种公鹿的选择　在种公鹿的选择上，虽然公鹿和母鹿都要重视，但是养鹿主要是为了获得鹿茸等副产品，而公鹿是鹿茸的直接生产者，所以公鹿的质量直接影响着梅花鹿养殖场的经济效益，在选种过程中，要特别注意种公鹿的选择。种公鹿的体质外貌往往能反映一个种群的类型特征，并且体型好的鹿所产出的鹿茸，一般质量较好、产量较高，所以应挑选体质外貌好的种公鹿，即具有敖东梅花鹿的典型特征，明显的雄性特征，体质健壮结实，有悍威，精力充沛，结构匀称，全身皮肤无褶皱，生殖器官正常、发育良好，被毛有光泽，毛色遗传具有品种特征，眼大明亮，结构良好，有强健的骨骼和肌肉。种公鹿应该具有角柄粗圆、茸型端正等品种特征：茸型美观整齐，左右对称，角杈排列匀称，主干粗，嘴头肥大，分支发育良好，鲜三杈茸产量应在 4 kg 以上。种公鹿最好应在鹿茸生长季节挑选，此时挑选鹿茸的大小、茸型的好坏都一目了然。梅花鹿养殖场应该根据本场鹿种的特征特性、类群的生产水平和公鹿数量，从鹿群中选择产量高、茸质好的公鹿作为种用公鹿。种公鹿的单产茸量应比本场同年龄公鹿的平均单产量高 20%～35%。除注重产量高外，还应注重茸的品质是否优良。根据以上条件的综合考量，选择出鹿茸产量高、质量好的公鹿作为种公鹿。

此外，选择种公鹿还要以体尺、体重、采食能力等作为选择的依据，要看其出生 6 月龄、12 月龄的体重，每日增加的体重及第一次配种时的体重，角基距、胸围、肩高等指标也要作为一定的参考。挑选种公鹿还要注意鹿的采食情况，一般选取采食能力强的个体。所选种鹿还应性欲旺盛，发情配种早，配种能力强。选择耐粗饲、适应性强、抗病力强、遗传力强的后代作为备选种用。挑选种鹿时，最好是挑选谱系清楚的种鹿，不仅种鹿本身优良，其祖辈和子代也应该是优良品种，因为它们的祖代品种好，在一定条件下，其遗传基础也比较好，则它们的后代表型也会较好，这样也有利于保证后代基因优良。最好能根据其后代的表型来评定其遗传性能。敖东梅花鹿的自然寿命一般为20～25 年，利用年限不宜超过 15 年。4～10 岁的公鹿三杈茸和二杠茸产量呈逐年增加的状况，当公鹿 10 岁时则基本达到最大值，此后则表现为逐年减少。这样种公鹿最优年龄为 5～8 岁，大于 9 岁原则上不应该参加配种。所以种公鹿应选择年龄在 3～7 岁的，个别优良的也可选择 8～10 岁的作为种鹿，种公鹿不足或者限于梅花鹿养殖场资金问题的，也可以挑选部分 4 岁的公鹿，要尽量利用种公鹿的配种年限和生产性能，从而获得较多较大的敖东梅花鹿副产品，同时生产出优良的后代。

（2）种母鹿选择　母鹿是子代的直接生产者和哺育者，所以种母鹿的选择对于后代生产性能的影响是十分重要的。选择优良的母鹿能提高种群的繁殖力，对于扩大种群的数量和质量是至关重要的。母鹿的生产年限原则上一般不应该超过 10 年，所以种母鹿的年龄应该在 3～8 岁，个别个体或不同品种也可根据实际情况改变种用年限，但对于已经产 7 胎以上的老弱母鹿应该坚决予以淘汰。种母鹿应该具有本品种体型特征，皮肤紧凑、体型适宜、结构匀称、体质健壮，四肢尤其是后躯发达有力，额宽、颈粗、代谢旺盛，乳房发育良好，乳头发育正常且分布均匀、大小适中，无盲乳头，繁殖力高，生殖器官正常、发育良好，母性强，性情温驯，泌乳力强，无流产或难产现象。对于年老体弱、有病、体型不好或繁殖力差的母鹿坚决不能选择。不管是小型还是大型梅花鹿养殖场都不能只考虑价格便宜，进而造成更大的损失。

（3）后备种鹿选择　梅花鹿养殖场通常还会引进适宜仔鹿，即优良母鹿哺育的仔鹿，由本养殖场饲养长大，作为后备种鹿。后备种鹿要选择优良公母鹿繁育的后代，且生长发育正常，体质强壮健康，轮廓清晰，四肢发育良好。对于不能自己采食初乳的仔鹿不予以选择。仔鹿的体尺、体长、体重要符合正常仔鹿的情况，但不能过长、过重。仔公鹿出生后第二年长出初角茸，此时可以根据其生长情况和茸型等初步判定以后鹿茸的生长情况，并可以将这一结果作为早期选择的一个依据。选择后备种鹿的优势在于仔鹿在本养殖场长大，适应本场的饲养方式和周边环境，更有利于发挥种鹿的优势作用。尤其是小型梅花鹿养殖场可以选用此种方法引种，这样可以大大降低前期投入成本，但是后期投入的饲养成本较大。所以梅花鹿养殖场在选择引种时，既要考虑前期投资，又要考虑后期投入。对于已经选作后备种鹿的仔鹿要加强培育和管理，使其能尽量充分发挥优良的遗传性能。种用价值高的后备种鹿才可以利用其进行繁殖，若种用价值较低则要坚决进行淘汰，因为即使是优良的种鹿也不一定产生优良的后代，后代的品质不仅取决于双亲的品质，还取决于多方面因素。在数量方面，场内种公鹿数量应不低于成年公鹿群的 5%。在育成公鹿中选择优良个体组成后备种公鹿群，经培育和筛选，作为补充种公鹿群。生产公鹿群一般占全群数量的 65%。

3. 其他原则

（1）鹿的产茸量和品质，要作为选择种鹿时的特别重要的性状。但选择产茸量和品质的同时，要辅以其他性状作为选种时的依据，不能从单一性状考量种鹿的好坏，要从多方面共同进行筛选。因为如果鹿的繁殖力不好或患有疾病等情况，即便其此次的产茸较好，也未必代表其以后的产茸质量和品质也相同。对于性状的选择，可以在要选择的多个性状中做排序，依其顺序进行选择；也可以对要选择的性状做出一个标准，按标准进行选择，对于有一个性状不合格的种鹿应予以淘汰。综合上述两种方法，根据实际情况进行择优选择，即可以通过不同性状的重要程度，进行综合考量再进行选种。

（2）在选种工作中，也要注意选种的科学性。在选种工作前，要学习掌握不同性状的遗传规律，以及各性状之间的遗传关系等。然后根据不同的遗传规律，对不同性状采取不同方法进行选种。对于受环境影响较小的性状，如体型和外貌特征、茸型、毛色等，可以直接通过梅花鹿表型进行筛选，这对于从鹿群中淘汰不利性状具有较好的优势。对于怪角和盲乳头这类性状，要坚决予以淘汰，以防止危害整个种群，使该性状扩散到整个种群。

（3）为了更好地做好繁殖工作，必须重视育种的各个环节，而其中最重要的是选种工作的进行，其对育种的影响最为明显。选种工作进行前一定要做出适合本养殖场的选种方案，包括选种标准、选种个数、选种方法、资金额度等。选种方案确定下来后不能随意更改，尤其是不能因价格便宜降低选种标准，除非选种方案存在严重错误时才能进行改变，否则在选种前所做的工作即失去了它的意义。

（4）选种前，在仔鹿期间可以开始做种鹿的选择，一方面可以选出后备种鹿，另一方面是在早期发现影响茸量的性状。早选也是为了通过其父代和同胞的性状分析其是否优良，以便尽早地确定种鹿，提高种鹿利用年限。有资料显示，一般鹿出生后体重大，育成后体貌特征好、无疾病、初角茸重量大的仔鹿，其日后的产茸量一般都比较高。所以也可以通过这些性状特征，在早期对种鹿进行筛选。

（5）目前在鹿选种过程中，可以通过测定一些生化指标，如不同激素的含量等，以确定鹿的品质。还可以用分子生物学技术从遗传物质的水平进行选种，此法能较准确地选出优良品种。但是由于此方法在生产实践中的技术和试验方案尚不成熟，且养殖人员对此法并不能完全接受和信任，所以该方法还没有得到普及应用。

（6）在选种时，要注意保持和发展本养殖场原有的优点，同时注意克服原有的缺点。但是这是一项长期的育种工作，不能操之过急，要稳步地按照选种依据，制订一系列适合本鹿场的选种方案，逐步改进种群的特征。

（7）选种还要与选配结合起来，对于近亲繁殖比较严重的种群，特别容易出现体质下降、生产能力降低等情况。所以，在选种时，要严格控制近亲繁殖，使选种和选配相互促进、相互补充。

（8）选种固然重要，但选育则要建立在良好的培育和饲养管理条件下，如果没有良好的饲养管理条件，即使是品质较好的种鹿，也不能发挥其种鹿的优良生产性能，无法体现它的优势所在，其优良特性甚至还有可能退化。鹿的高产基因占 35%～40%，环境条件占 60%～75%，良种良法同时具备才能高产。

（9）选种时，要走出鹿茸高产就是优良品种这一误区，鹿茸产量高只是优良品种的一个表现性状，鹿茸产量高的鹿并不一定是优良品种。要结合家谱、经济性状、外貌特征、生产性能和繁殖性能等综合因素进行选种。

二、敖东梅花鹿的保种技术

敖东梅花鹿保种技术包括活体（育种保护）、遗传与分子标记、冻精、活体细胞冷冻 和 DNA 保存。目前，利用分子标记对物种的种群结构、遗传多样性、迁移、杂交、基因交流以及分子系统地理等的研究已经成为保护遗传学和分子生态学的研究热点。该方法是划分种群保护管理单元和进化显著性单元、确定保护等级及制定优先保护管理措施的基础。敖东梅花鹿的圈养种群极易受人类活动的影响，通过对不同种群的进化和分类单元的正确界定有利于敖东梅花鹿的保护。

三、敖东梅花鹿的育种保护

（一）敖东梅花鹿的育种

1. 敖东梅花鹿的品种选育　在选育优良敖东梅花鹿品种时，不能单纯考虑产量，还应注重质量，培育适合市场需求的品种。研究证明，鹿茸尖部有机成分含量多，根部无机成分含量多，有机成分决定鹿茸的药用价值，因此在选种时应有计划地选育门桩短，茸根细短，茸粗、肥、嫩、上冲，主干骨豆少（骨化程度低）的个体，结合分子生物学技术手段，挖掘控制鹿茸产量、质量

的关键基因位点，筛选有效的分子标记，选育携带上述优异基因的公、母鹿群体，以"分子选育、公母并重"为原则，紧密结合常规育种，通过组建核心群、纯繁定型、扩繁提高3个阶段，培育优质高产的敖东梅花鹿。

2. 敖东梅花鹿的品种保存　对敖东梅花鹿优异基因进行克隆，并了解其基因结构和生物学功能是应用研究的基础。如近年来相继克隆的梅花鹿干扰素 α（IFN-α）、干扰素 β1（IFN-β1）、膜联蛋白 A1（Anxa-1）、骨形态发生蛋白 4（BMP-4）、胰岛素样生长因子 1（IGF-1）、天然 Toll 样受体 9（TLR-9）、核心蛋白多糖（DCN）基因，进一步地研究揭示了梅花鹿 IFN-α 和 IFN-β1 基因的抗病毒功能和分子机制。对脑源性神经生长因子（BDNF）基因多态性和圈养梅花鹿日常行为性状的关联分析，为深入研究 BDNF 基因在家养梅花鹿行为遗传特性方面的作用提供理论基础。微观的遗传数据与宏观环境参数相结合，是从机制上阐述敖东梅花鹿的保存与利用途径的有效方法。

（二）提高敖东梅花鹿种群的质量

1. 敖东梅花鹿开放式育种核心群（ONBS）的建立　根据外貌、生长发育、繁殖力、肉用性状、茸用性状等指标进行个体选择，组成开放式育种核心群，对于核心群内的个体进行系谱登记，在后代的生产过程中尽量避免近亲交配，防止近交衰退的产生；同时依据后代的外貌、生长发育、繁殖力、肉用性状、茸用性状等指标建立优质敖东梅花鹿核心群数据库和信息管理系统，为个体测定、（半）同胞测定、后代测定等打下基础。

2. 数量性状的选择和高产优质敖东梅花鹿选育　对核心群个体以及后代的外貌、体尺、生长发育、公鹿产茸性状、母鹿繁殖和乳用性状、肉用性状进行测定。根据逐代获得的资料进行统计学和数量遗传学分析，评价个体的种用价值，对核心群的个体进行选择和淘汰。根据获得的数据进行种用个体的选择，同时确定育种方向，培育高产优质敖东梅花鹿核心群，并且在品系内进行性状的固定。

3. 建立优良分子设计育种技术体系　根据已经获得的具有明确功能的其他畜禽类型的分子标记，在敖东梅花鹿中进行鉴定，确定影响敖东梅花鹿生长发育、繁殖性状、茸用性状的候选基因和遗传标记，建立基因诊断方法，并且在开放式育种核心群中进行应用，形成具有敖东梅花鹿选种选育特色的分子设计育种技术。

（三）引种

在敖东梅花鹿选种过程中，也有个别梅花鹿养殖场从外地将优良品种的鹿引入自己的养殖场内。可以引进个体或引进一个品种群，直接将其推广并作为养殖场育种的种鹿，也可以用种鹿的精液或受精卵。但是所引外源种鹿到一个新环境时，由于各方面都发生改变，种鹿容易出现对新环境条件和饲养管理条件的不适应。在这种情况下，就要人为地进行再次驯化，使其在新环境下能够正常地生长发育、生产和繁殖，并且能保证其原有的优良性状。对于新引进个体的驯化过程，一般有两种情况：一是引进的个体进入新环境中，马上能适应新的环境，直接能融入鹿群中，其后代在生长发育过程中也会越来越适应新环境，最终均融入大的种群中去。二是引入的个体对新环境产生了一系列不适应的反应，这种情况发生时要尽量使其生活环境和饲养条件与其引入前的养殖场保持一致，对其饲养也要格外细心，时刻注意观察它的情况变化，然后采取合理措施。对于其后代的调节，可以通过与本养殖场的种鹿进行交配的方法，在子代中留优去劣，然后经过不断地繁育使其能适应新环境，而又能保持原有的有利性状，最终也融入大的种群中。尽管引入外来种鹿对于养殖场内鹿群的繁育具有比较重要的作用，但是由于要求其对新的环境进行逐步的适应，所以在引种时还要注意以下几个方面：

（1）要考虑引入的鹿种或个体对当地的环境条件等的适应程度，能否较好地对其进行驯化，确定后再引种。

（2）要特别注意选择种群中的优良个体，保证没有遗传疾病和不良特征，体质差、生产水平低和繁殖力差等不正常的鹿只不能引入。在引种时，可以参考选种的条件来引种。引入多个个体时，要避免所引入的个体间有亲缘关系。

（3）如果将温暖地区的鹿引入寒冷地区，应在夏季进行引种；若是将寒冷地区的鹿引入温暖地区，则应在冬季进行引种，这样有利于鹿对新环境的适应。

（4）做好引入鹿只的检疫工作，防止将疾病带入本养殖场内。若检出有病的个体，坚决不能让其进入养殖场内，否则会造成巨大的经济损失。所引个体应该经过检疫确认无结核病、布鲁氏菌病、坏死杆菌病等疾病。

（5）要注意原有品种优良特性的保持，并注意克服原有品种的缺点和不足。

这是一项长期的育种工作，不能操之过急，也不能盲目引入新品种。

（6）引进外源鹿种，应以仔鹿和育成鹿为主，这样驯化会比较顺利，生产和种用年限也比较长，投入资金少，经济效益高。

对于新引进的种鹿，重点要做好饲养工作，由于每个梅花鹿养殖场的饲料各有不同，所以在更换饲料时要逐步进行，以便梅花鹿对新饲料有适应的过程，避免直接换料造成梅花鹿消化不良、厌食等情况的发生。换料后也要保证梅花鹿饲料的营养水平保持不变，以免因降低营养水平而导致产茸量下降或产仔率降低等。

（四）敖东梅花鹿的选配

选种重要，选配同样重要。在良种繁育过程中，选配也是重要的技术手段。选配能保证选种的作用、决定后代的质量、创造必要的变异、稳定遗传性，使理想性状固定下来，还能把握某种变异方向。在敖东梅花鹿良种繁育中主要采用同质选配。根据以往研究等总结了选配的原则：同质选配就是选择体型外貌、生产性能相似的公、母鹿交配，产生与双亲相似的同质后代，增加鹿群纯合基因频率，使优良特性得到巩固，增加遗传稳定性。敖东梅花鹿的良种繁育的配种也先后经历了群公群母、单公群母一配到底、单公群母定时放对的方式。经过实践证明采用同质选配、单公群母定时放对的方式可以较好地实现敖东梅花鹿的良种繁育。在敖东梅花鹿育种上，有品质选配、亲缘选配、种群选配、年龄选配等。在品质选配中又有同质选配和异质选配。这里重点介绍同质选配、异质选配和种群选配。

1. 同质选配　同质选配就是选择体型外貌、生产性能相似的公、母鹿交配。如棕红色公鹿与棕红色母鹿交配，背线不明显的公鹿与背线不明显的母鹿交配等。这样能产生与双亲相似的同质后代，增加鹿群纯合基因频率，使优良特性得到巩固，增加遗传稳定性。如母鹿的众多子代甚至孙代产茸量高，该母鹿与高产的公鹿交配，其后代产茸量较高。

2. 异质选配　一是选择不同优异性状的公、母鹿交配，以期获得具有双亲优点的后代；二是选择同一性状，但优劣程度不同的公、母鹿交配，以期在后代中得到较大的改进和提高。如母鹿后代中鹿茸嘴头肥大而门桩细长，该母鹿如果同门桩短粗的公鹿交配，就能获得鹿茸嘴头肥大而门桩较短粗的后代。在敖东梅花鹿的育种上，同质选配到一定阶段需进行异质选配；异质选配到一定程度需进行同质选配。

3. 种群选配 种群选配就是在选配时着眼于种群，根据与配鹿个体隶属种群的特性和配种关系、交配双方是属于相同还是不相同种群进行选配，鹿的选配大多属于这一类。如双阳梅花鹿与西丰梅花鹿或与长白山梅花鹿之间交配，实际上是品种间杂交，杂种优势明显。目前市场上出现的高产鹿大多都是杂交优势产生的。

4. 良种与良法相结合 鹿的选种与选配固然重要，但不能忽视环境的影响，还要做到良种和良法相结合。即实行科学的饲养与管理，包括饲料的合理加工与调剂，保证营养全价与充足，遗传因素与环境因素有机结合，仔鹿培育，合理分群和淘汰，加强卫生保健等，这样才能使优良的鹿种显现出高产优质的效果。

（五）敖东梅花鹿保种数量

保种数量即有效群体大小：预计所培育品种的敖东梅花鹿，在 120 年中，得到 20 个世代，世代间隔 6 年，近交系数 0.1，公：母＝1：1 时，理论值是 240 只，共计 6 个家系，其中每个家系 40 只，即 20 只公、20 只母。240 只占育成品种标准数量 2 000 只的 12%，占核心群数量 500 只的 48%。实际上考虑到鹿群周转，并按年初或品种遗传资源调查的最佳月份 6 月时存栏量算，应加上每年 3% 的死亡率，6 年递增累计数量共 46 只，有效的可繁殖母鹿 120 只，其繁殖成活率为 80%，和以育成率为 95% 所得仔鹿 92 只，两项计 138 只，合计 378 只，6 个家系，各家系是 63 只。

上述保种数量在漫长的保种期里，随着生物新技术进展与资金来源、社会和经济状况、自然条件变化，乃至国内外养鹿业及其鹿茸市场的起落等，保种方式会有变化，所以要做到动态保种。

敖东梅花鹿特性基本保持不变，总体无显著改变，但应让夏毛被毛颜色、茸型茸色逐代趋向一致，即一致性更强；而鹿茸茸型上冲、茸门桩小、茸质鲜嫩更适应于鹿茸市场，对这样的优良家系应重点保护。

第三节 敖东梅花鹿种质特性研究

一、良种敖东梅花鹿体型特征

（一）头颈部

头部轮廓清晰明显，额宽、端正、角柄粗圆；面部中等长度，眼大明亮，

鼻梁平直，耳大，内侧生有柔软白毛，外部被毛稀疏，眼睑腺发达，泪窝明显。公鹿额部分生角柄1对，左右对称；头大而强健，具有雄性姿态；母鹿的头则纤细清秀，均呈方形或长方形。鹿颈的长度与体长相称，公鹿的颈较粗壮，宽且厚，与头部及躯干连接紧凑适中；公鹿颈部毛的长短和颜色随季节发生明显的变化。

（二）躯干

肩部结合良好，皮肤无褶皱；肩胛宽度适当，肌肉丰满广平；胸宽，肋圆曲；背长、宽、平、直；躯干中部及腰部宽、平、直；荐股长、高、宽，骨盆关节的结节上方比较丰满，骨盆股骨关节坚实；臀部充满丰实；尾短粗。

（三）四肢

四肢坚实，排列匀称，关节明显，筋腱韧带发达，肌肉固着良好；蹄大适中，端正；后肢内侧丰满多肉，外侧深广，肌肉充实。

（四）外生殖器官及第二性征

公鹿的阴囊、睾丸发育正常，左右对称，季节性变化明显；母鹿生殖器官发育良好，乳房容积大，发育良好，乳头距离匀称，大小适中，无盲乳头。

（五）皮肤与被毛

皮肤厚度中等，有弹性，皮肤颜色米黄或灰黄色；被毛有光泽，夏毛鲜艳美丽，毛色遗传具有品种特征；体侧呈赤褐色，间有白色大斑点，除靠近背线两侧具有行列较规则的斑点外，还有3～4列行列不规则的斑点；白色臀斑周边围绕着黑毛，冬毛颜色变浅呈灰褐色，白色斑点隐约可见。

二、敖东梅花鹿产茸性能的影响因素

（一）内在因素

1. 品种　影响鹿茸产量和质量的首要因素是品种。饲养优良品种或品系鹿可大大提高鹿茸的产量和质量。西丰、长白山和双阳梅花鹿鲜茸单产分别为2.895 kg、3.160 kg和3.205 kg，在相同饲养管理条件下，可比未经培育的鹿

种鹿茸产量提高 $30\% \sim 60\%$。双阳、西丰和长白山梅花鹿茸重性状的遗传力和重复力分别是 0.53、0.49、0.36 和 0.67、0.63、0.64，属高遗传力和重复力，为茸重数量性状的表型选择提供了可靠的理论和实践依据。由于鹿茸的生长发生在茸尖端，因此鹿茸的茸尖数多和上部位茸比重大，是良种敖东梅花鹿的特征，这与其本身的遗传性有密切关系。生产中 10 kg、15 kg 以上的高产敖东梅花鹿茸几乎都具有此特征，其茸头多，生茸能力强，又称多杈茸、多枝茸或怪角茸，经济价值较高。

2. **体型外貌** 一般认为，鹿的体型大相对地产茸量高，所以早期选作种用公鹿的标准是体高应为 100 cm 以上，胸围 121 cm 以上，胸深 43 cm 以上，角间距 5.5 cm 以上，三杈型茸主干与眉枝间角度为 70°左右。由于营养水平和管理措施会影响梅花鹿成年后体型大小，因此单从体型外貌特征估测鹿茸产量有很大的局限性。在非生茸期判断公鹿是否高产，唯一的标准是看角柄（角基），一般角柄短粗的相对高产，而角柄细长的相对低产。但这也存在很大的误差，在西丰、长白山、双阳梅花鹿公鹿的体尺中，角基性状变异系数均较高，双阳、西丰梅花鹿角基距最大，长白山梅花鹿角基围最大。因此，角基性状与产茸量是否存在相关目前还不清楚，值得进一步研究。

3. **年龄** 年龄对敖东梅花鹿产茸性能的影响较大。对双阳、西丰、长白山和兴凯湖梅花鹿茸重性状与年龄的关系研究表明，在一定年龄段，茸重性状与年龄之间呈强正相关，并建立了相应的线性回归方程：双阳梅花鹿 $1 \sim 8$ 锯为 $y = 1.878 + 0.443x$，长白山梅花鹿 $1 \sim 11$ 锯为 $y = 1.423 + 0.440x$，西丰梅花鹿 $1 \sim 6$ 锯为 $y = 1.497 + 0.651x$，兴凯湖梅花鹿 $1 \sim 6$ 锯为 $y = 0.469x + 1.457$（y 为鲜茸产量，x 为锯龄），为预测并比较各年龄梅花鹿的茸重水平、制定各龄种鹿茸重标准提供了科学依据。对第 $10 \sim 11$ 锯梅花鹿产茸量的研究表明，产茸量缓慢下降后又表现出稍有回升趋势，这可能是由于保留了并加强了高产鹿的饲养管理，使得这部分鹿能继续正常高产，可见饲养管理对产茸量影响很大，对已过最佳产茸年龄的敖东梅花鹿加强饲养管理，则既可延长其生产年限，又能提高鹿茸产量。

4. **激素** 鹿茸角的脱落和再生由光周期诱导内分泌系统变化引起，受睾酮、雌二醇、催乳素和促黄体素等激素变化影响。春季鹿茸开始生长时，血浆中睾酮浓度降至最低水平，雌二醇含量在脱盘后 15 d 出现高峰，随后也不断下降。在生长期内睾酮和雌二醇含量一直处于较低水平。进入骨化期后，睾酮

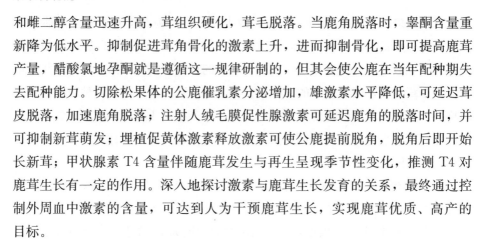

和雌二醇含量迅速升高，茸组织硬化，茸毛脱落。当鹿角脱落时，睾酮含量重新降为低水平。抑制促进茸角骨化的激素上升，进而抑制骨化，即可提高鹿茸产量，醋酸氯地孕酮就是遵循这一规律研制的，但其会使公鹿在当年配种期失去配种能力。切除松果体的公鹿催乳素分泌增加，雄激素水平降低，可延迟茸皮脱落，加速鹿角脱落；注射人绒毛膜促性腺激素可延迟鹿角的脱落时间，并可抑制新茸萌发；埋植促黄体激素释放激素可使公鹿提前脱角，脱角后即开始长新茸；甲状腺素 T4 含量伴随鹿茸发生与再生呈现季节性变化，推测 T4 对鹿茸生长有一定的作用。深入地探讨激素与鹿茸生长发育的关系，最终通过控制外周血中激素的含量，可达到人为干预鹿茸生长，实现鹿茸优质、高产的目标。

5. 细胞因子　研究推测鹿茸中可能存在某些控制并刺激鹿茸生长的活性物质，人们相继在鹿茸中发现并分离出一些具有细胞活性的生长因子，如胰岛素样生长因子、表皮生长因子、转化生长因子等。采用第二代高通量测序技术对梅花鹿鹿茸顶端组织转录组进行分析，发现了与生长发育过程密切相关的 22 种生长因子、39 种转录因子和 25 种细胞外基质。阐明细胞因子在鹿茸生长发育中的作用，将为提高鹿茸产量和质量提供重要的理论依据。IGF－1 的分泌高峰恰好与茸角生长高峰吻合。在鹿茸的顶部有大量 IGF－1 受体，离体试验证明 IGF－1 显著促进增生层间质和软骨细胞的增殖。IGF－1 和表皮生长因子等生长因子还参与鹿茸角不同细胞的增殖和分化。骨形态发生蛋白 2（BMP－2）能够诱导未分化的中间层骨膜细胞向成骨细胞及成软骨细胞分化，并参与膜内成骨过程，骨形态发生蛋白 3β（BMP－3β）可能在鹿茸成骨以及骨矿化中发挥作用。转化生长因子 β（TGF－β）在维持鹿茸间充质细胞的快速增殖以及诱导其向软骨细胞分化过程中具有重要的调控作用。

6. 基因　动物的生长是一个复杂的生物代谢过程，受多种因素的影响，各种因素对生长的调节最终是通过下丘脑—垂体—IGF－1 生长轴来调控实现的，其中生长激素和 IGF－1 作为生长轴的中心环节，在动物的生长调控中起着非常重要的作用。对梅花鹿生长激素基因单核苷酸多态性检测表明，其对产茸量有一定影响，G→A 突变产生的 3 种基因型中，BB 基因型个体在第 5 锯的产茸量与 AA 基因型个体之间有一定的差异。比较梅花鹿产茸量高、低 2 组的混合 DNA 扩增片段后发现，在 2 组里分别发现了 1.3 个随机扩增多态 DNA（RAPD）标记与产茸量相关联。将 11 个基因座的不同基因型与鲜茸重进行相关分析后筛选出 2 个微卫星位点作为鲜茸重的分子遗传标记。对梅花鹿鹿茸尖端组织 cDNA 文库随机测序获得了 39 条与鹿茸尖端组织生长发育相关的基因，包括细胞增殖与分化相关基因、细胞凋亡基因、骨组织矿化相关基因、肿瘤生物学相关基因，对这些基因的深入检测分析将得到更多有价值的分子标记来辅助选育高产敖东梅花鹿。

7. 小 RNA 小 RNA（microRNA，miRNA）是一种大小为 21～25 个碱基的非编码单链小分子 RNA，在生命活动中具有广泛的调节功能，对基因表达、生长发育等都有十分深远和复杂的效应。miRNA - 18a 作为 IGF - 1 的调节物在鹿茸增殖和再生过程中发挥作用，miRNA - 18a 的过表达会下调 IGF - 1 水平，显著抑制软骨细胞的增殖，抑制 miRNA - 18a 则能促进 IGF - 1 表达，促进软骨增殖。此外，miR - 1 能够与 IGF - 1 的 $3'$ - UTR 靶向结合并抑制梅花鹿鹿茸软骨细胞的增殖。microRNAlet - 7a 和 let - 7f 能够作用于 IGF - 1 受体而抑制鹿茸软骨细胞增殖，将两者抑制处理后促进了鹿茸软骨细胞增殖。小 RNA 作为鹿茸生长发育的调节因子，将为鹿茸产量和质量的研究带来新的思路和方向。

（二）外在因素

1. 营养 营养与鹿茸的生长发育关系十分密切，敖东梅花鹿鹿茸生茸期平均日增重 40～60 g，鹿茸中沉积的营养物质除一部分矿物质外均由饲料摄入，因此生茸期公鹿机体需吸收大量的营养物质，用以供应鹿茸的生长。实践证明，公鹿在越冬后加强饲养，特别是在生茸前期增喂全价蛋白质饲料和青绿多汁饲料，能促进鹿茸更快生长发育。在一定营养水平范围内，低蛋白质水平饲粮已经能够满足鹿茸生长的需要，过高的饲粮蛋白质水平对鹿茸生长无促进作用。通常情况下体质健壮、中等膘情的鹿产茸量较高，过肥或过瘦的鹿产茸量低。在鹿的饲料中添加鱼粉和微量元素可增加鹿茸头茬和二茬再生茸平均单产；使用鹿用加硒维生素和微量元素添加剂对鹿茸增产有明显效果；天然中草药添加剂可使鹿茸产量和品质得到提高。

2. 饲养管理 饲养管理不善，如鹿的运动量不够，公鹿经常顶架等，可造成鹿茸生长不良。良好的管理包括哺乳仔鹿的适时断奶、断奶仔鹿的适时分群、专人饲养管理、夜间饲喂草料等，应按鹿的种类、鹿别、性别、年龄、生产性能、健康状况等进行严格分群饲养，鹿组群要小、运动场要大。好的饲养

管理有利于鹿茸的生长。公鹿患病、体质衰弱、四肢受伤、严重骨折、鹿茸受损均能影响鹿茸的生长和发育，甚至使鹿茸生长停滞、萎缩变小、生长畸形茸，影响鹿茸的产量和质量。

3. 光照　鹿茸生长发育与光照有密切的关系。鹿角的脱落是对光照延长的反应，而其成熟和茸皮脱落则是对光照时间缩短的反应。这种光周期频率的变化影响了鹿的内在生理节奏，光照的变化会影响鹿脑垂体分泌黄体激素和催乳激素，进而影响睾酮的分泌水平，从而制约茸角的生长和脱落。通过人工控制光周期来提高鹿茸产量的研究表明，300lx是控光增茸技术中较适宜的光照度。

4. 气温　气温通过影响鹿的健康状况来影响鹿茸的生长发育。当鹿处在较适宜的外界环境中时，机体产热和散热较少，所摄取的营养物质能有效地用于鹿茸生长。我国南方养鹿高产的不多，温度是不可忽视的主要原因之一。早春气温低、阳光弱、湿度小，鹿茸生长缓慢。夏季气温高，温度、湿度适宜，鹿茸生长就快。若夏季干旱少雨，鹿茸生长发育则缓慢。温暖潮湿的气候条件是鹿茸生长的理想环境。试验表明，鹿脱盘期温度对产茸量影响较大，5月平均气温的增加有利于鹿茸的增产。

5. 收茸时期　生茸期的鹿茸形状、质量每天都在变化，锯茸时间不同，鹿茸产量明显不同。因此，适时合理地收茸也是保证鹿茸产量和质量的关键措施之一。研究表明二杠茸水分含量多，尚没有十分成熟，影响鹿茸产量。目前在生产实践中，头锯和二锯鹿以收二杠茸为主，二锯以上的鹿以收三权茸为主，壮龄公鹿和种公鹿应收取三权茸，上冲、多头肥大的畸形茸可晚收，对左右支生长不齐、差3d以上的三权茸，应收单锯支茸。

三、敖东梅花鹿遗传资源利用

我国养鹿历史久远，但发展较慢。直至20世纪50年代，养鹿业才得到迅速发展。1951年辽宁省西丰县率先建立了国营振兴梅花鹿养殖场，1953年吉林省相继建立了龙潭山、辽源、东丰、辉南、双阳、伊通等国营梅花鹿养殖场。21世纪初，全国养鹿逾150万只。

随着国民经济的发展，人民生活水平的提高，健康保健越来越受到人们广泛关注。在众多的保健品中，鹿茸仍然是佼佼者，养鹿有广阔的前途。敖东梅花鹿的可持续发展，要做好以下几方面的工作：

（一）加强领导

21 世纪初，养鹿业由国营向民营转化以来一直处于无宏观调控状态，由此引发的盲目性与无序性是养鹿业走向低谷的重要原因。行业组织要积极发挥作用，搞好调查，做好规划，加大宣传，强化管理与商品流通，加强与政府协调，争取政策倾斜与经济支持，解决养鹿业存在的问题，促进养鹿业健康发展。

（二）发挥龙头企业的带头作用

政府和有关部门应当大力培育、扶持养鹿龙头企业，使他们在完善自身的同时带动中、小养鹿企业，经过重组形成大的联合企业，甚至可以跨地区经营，改善盲目性与无序性的局面。提高其创新能力、竞争能力和抗风险能力。使分散的小规模养鹿业趋于集中，逐渐实现产业化、经营标准化生产。

（三）提高良种的利用效率

敖东梅花鹿高产个体三权鲜茸重 15 kg 以上。要做好种鹿鉴定和登记工作，重视种鹿选择和利用，大力推广人工授精技术，提高情期受胎率，加快低产鹿的改良步伐。

（四）降低饲养成本

饲料成本占饲养总成本的 80%，而精饲料是饲料成本的 70%。想要降低精饲料支出，就要提高粗饲料的营养水平。粗饲料的精深加工直接影响其利用率和消化率，一是要开辟粗饲料的来源，二是利用高新技术对秸秆进行加工处理，提高利用率和消化率。

第四章
敖东梅花鹿品种繁育

第一节　敖东梅花鹿繁育生理基础

一、敖东梅花鹿繁殖生理特点

（一）性成熟与初配适龄

性成熟的标志是开始产生成熟的、具有受精能力的生殖细胞，即精子和卵子，开始表现出性行为。此时，公母鹿出现交配欲，交配后受孕繁殖。到达性成熟时，表现为烦躁不安、食欲减退，公鹿尤其性凶好斗。如果鹿群中存在 2 头以上成年公鹿，它们会发生激烈的争斗，结果多为双方受伤或弱者被赶出鹿群。直至交配期过后，鹿群才慢慢恢复正常。敖东梅花鹿的性成熟也表现在第二性征上，如茸、乳房等都开始发育。鹿的性成熟与品种、性别、遗传性状、营养情况及个体发育等因素有关，敖东梅花鹿比马鹿早，雌性早于雄性，营养状况好和个体发育快的性成熟也早。一般情况下敖东梅花鹿母鹿约在 16.5 月龄达到性成熟，发育良好的母鹿 7 月龄就达到性成熟，公鹿为 16 月龄左右。即生后翌年 10 月达到性成熟，但此时不能参加配种，适时配种年龄为 28.5 月龄。公鹿种用年限为 4 年（3~6 锯）。母鹿到 16.5 月龄进入初情期，配种适时年龄为 28 月龄，发情周期为 6~20 d，发情持续时间为 16~32 h。妊娠期为 7.5~8 个月，每胎 1 仔，极少有 2 仔。仔鹿在 3 月龄以内增重最快，以后增重速度逐渐降低。

（二）敖东梅花鹿的性行为

性行为的表现形式为求偶、爬跨、射精、交配。发情公鹿追逐发情母鹿，闻嗅母鹿尿液和外阴之后卷唇,当发情母鹿未进入发情盛期而逃避时,公鹿表现为昂首注目,长声吼叫;若发情母鹿已进入发情盛期,则伫立不动,接受爬跨,公鹿两前肢附在母鹿肩侧或肩上,当阴茎插入阴门后,在 1 s 内完成射精动作。公鹿的交配次数,在 45～60 d 的实际交配期里,敖东梅花鹿达 40～50 次,高峰日达 3～5 次,每小时最高达 5 次。一般来说,敖东梅花鹿交配次数高于马鹿。

二、影响敖东梅花鹿发情的因素

(一)光照

鹿在长期的进化过程中适应了自然光照的周期性变化,形成了季节性繁殖特性,光周期成为调控鹿发情最重要的外界环境生态因子。每年的长日照时期是鹿的乏情期,而短日照时期则为鹿的发情期。进入 8 月后,日照时数逐渐缩短,光周期的这种变化通过视神经作用于下丘脑,下丘脑释放相应释放激素,经垂体门脉系统作用于腺垂体,使之分泌促性腺激素,从而促进性腺的活动,导致季节性发情。

(二)温度和湿度

温度和湿度是影响鹿发情的重要外界环境生态因子。温度和湿度的变化主要受地理位置(如纬度、海拔、地形地势以及坡向等)及当时气侯(如降水量等)的影响。在发情期,若某天气温突然变冷,鹿的发情表现明显。但在开始发情以后,如遇长时间降雨或气温急骤升高,鹿发情盛期会推迟。若遇持续阴雨天气,鹿的发情常延缓。

(三)饲养管理

若供给多样化、数量充足、营养水平高的混(配)合饲料,鹿的发情可适当提前;反之就会推迟。因营养不良而造成的瘦弱鹿或病鹿会出现发情较晚甚至不发情的情况。饲喂维生素 A、维生素 E 含量丰富的胡萝卜、大麦芽等可促进鹿提前发情。仔鹿断奶早、体况恢复快的经产母鹿发情较早;反之发情较晚。公母鹿混群饲养可使发情相对提前。

（四）激素

公、母鹿的发情是睾丸大量分泌雄激素或卵巢大量分泌雌激素的直接结果。睾丸发育不良或有缺陷的公鹿不发情或发情表现不明显。在生茸期给公鹿每日饲喂黄霉素 150～250 mg，经 7～15 d 后，试验鹿已停止鹿茸生长并出现骨化，而且很快有发情表现。给母鹿注射雌激素、孕激素、孕马血清、促性腺激素、前列腺素等可导致发情。

（五）性经验

配过种的种公鹿发情表现明显、充分，配种能力强。

另外，初配公、母鹿受到惊吓、鞭打，以及陌生人或景物的突然出现，轻者引起交配时机错后或错过，重者则使种公鹿失去配种能力。采取试情配种，迟放种公鹿，则引起种公鹿性冲动时间长。

三、敖东梅花鹿的发情规律

（一）敖东梅花鹿发情期和发情表现

敖东梅花鹿是每年季节性多次发情的动物。发情交配期是每年秋季 9—11月，有时可延续到翌年 2—3 月。敖东梅花鹿的正常发情交配期为 9 月 15 日至11 月 15 日共 2 个月，旺期为 9 月 25 日至 10 月 25 日约 1 个月时间。继发情期后，即从配种结束到翌年发情开始的这段时间为乏情期，在乏情期里鹿的性腺机能活动处于相对静止状态。

（二）敖东梅花鹿母鹿发情规律

1. 母鹿发情周期和发情表现　绝大多数敖东梅花鹿为季节性多次发情的动物。在一个繁殖季节，母鹿可以多次发情，母梅花鹿发情周期为 5 d。根据母鹿在发情过程中的生殖器官变化和行为表现，发情周期可以人为地划成以下4 个时期：发情前期、发情初期、发情盛期及发情末期。其中发情初期、发情盛期及发情末期统称为发情期，各时期之间没有十分明显的界线。

发情前期：为发情的准备阶段。卵巢中的黄体逐渐萎缩，新的卵泡开始生长；生殖道轻微充血肿胀，腺体分泌稍有增加；无性欲表现。

发情期：为发情周期中的主要阶段，分为以下 3 个时期：

（1）发情初期　此期母鹿刚开始发情但又表现不出显著的发情特征。母鹿的食欲时好时坏；兴奋不安，摇臀摆尾，常常站立或来回走动，有的低声鸣叫；与公鹿逗情，喜欢公鹿追逐，当公鹿停止追逐时，母鹿又回顾公鹿，期盼再次追逐，若公鹿爬跨，母鹿却又不愿意接受；外阴充血肿胀，有少量的黏液；卵巢的卵泡发育很快。此期母鹿可持续 4～10 h。

（2）发情盛期　此期母鹿的各种发情特征表现最为充分。母鹿急骤走动，频繁排尿，有时吼叫；主动接近公鹿，低头垂耳，有的围着公鹿转圈甚至拱擦公鹿外阴部或腹部；当公鹿爬跨时，母鹿便站立不动，两后肢分开，臀部向后抵，尾巴抬起，期待交配，个别性欲强的经产母鹿甚至追逐、爬跨公鹿和同性鹿；两泪窝（眶下腺）开张，排放出一种强烈难闻的特殊气味；此时母鹿外阴肿胀增强，达到高峰；牵缕状黏液流出增多，阴门潮红湿润；卵巢的卵泡发育成熟并排卵。此期为母鹿配种的最佳时期，母鹿持续 8～16 h。

（3）发情末期　此期母鹿的各种发情表现逐渐消退，活动逐渐减少，食欲逐渐恢复，如遇公鹿追逐，母鹿则逃避，有的甚至回头扒打公鹿。外阴肿胀逐渐消退，黏液减少。此期母鹿持续 6～10 h。该时期的最后阶段称为发情后期，此期母鹿已变得安静，无发情表现。卵巢排卵完毕，出现了黄体。

母鹿发情结束后的一个相对生殖生理静止期称为休情期。母鹿的性欲已完全停止，精神状态、行为表现以及生殖器官已完全恢复正常，卵巢的黄体已发育充分。

母鹿应在发情盛期中配种，若未受胎，则休情一段时间后便进入第二个发情周期；若已受胎，母鹿不再发情。个别母鹿（特别是育成母鹿）发情时的外阴部变化和行为表现均不太明显甚至缺乏，但其卵巢的卵泡仍发育成熟而排卵，这类发情称隐性发情或安静发情。有研究表明：发情季节的初期和中期约有 10% 的母鹿表现为隐性发情。母鹿接受公鹿爬跨时间为 10 h，排卵时间是在母鹿拒绝公鹿爬跨后的 3～12 h。

2. 妊娠　母鹿经过交配以后不再发情，一般可以认为其已受孕。另外，从外观上可见受孕鹿食欲增加，膘情越来越好，毛色光亮，性情变得温驯，行动谨慎、安稳，到翌年 3—4 月时，在未进食前见腹部明显增大者，可有 90% 以上判定为妊娠。茸鹿的妊娠期长短与茸鹿的种类、胎儿的性别和数量、饲养方式及营养水平等因素有关。平均为（229±6）d，怀公羔的（231±5）d、怀母羔的（228±6）d、怀双胎者（224±6）d，比单胎的短 5 d 左右。

3. 分娩 敖东梅花鹿的产仔期一般在 5 月初至 7 月初，产仔旺期在 5 月 25 日至 6 月 15 日。但是，产仔期也与鹿的年龄、所处的地域或饲养条件等因素有关。敖东梅花鹿的预产期可根据其妊娠期进行推算，一般应用"月减 5，日加 23"来计算。例如：某母鹿于 10 月 3 日配种，则其预产期为第二年的 5 月 26 日。即 10−5＝5，3＋23＝26，为 5 月 26 日；若日期相加后大于 30，则日期数−30，月份再＋1。例如：某母鹿配种日期为 10 月 10 日，则预产期月份为 10−5＝5，日期为 10＋23＝33。此时需 33−30＝3，月份 10−5＋1＝6，即预产期为 6 月 3 日。

母鹿分娩前乳房膨大，从开始膨大到分娩的时间一般为（26±6）d，临产前 1～2 d 减食或绝食、遛圈，寻找分娩地点，个别鹿边溜边鸣叫，塌胯，频尿，临产时从阴道口流出蛋清样黏液，反复地趴卧、站立，接着排出淡黄色的水胞，最后产出胎儿。个别的初产鹿或恶癖鹿看见水胞后惊恐万状，急切地转圈或奔跑。大部分仔鹿出生时都是头和两前肢先露出，少部分仔鹿两后肢和臀先露出，但也为正产。除上述两种胎位外都属于异常胎位，需要助产。正常产程，经产母鹿为 0.5～2.0 h、初产母鹿 3～4 h。

（三）敖东梅花鹿公鹿发情规律

1. 公鹿的发情周期和发情表现 在整个繁殖季节里，公鹿一直处于发情状态，发情的持续时间较长，一般达 60 d，有的直到第 2 年生茸前期性欲才逐渐消失。公鹿进入发情季节后，颈部变粗，颈部皮肤显著增厚，睾丸明显增大，活动逐渐增加，食欲逐渐减退。喜欢追逐发情母鹿，有时发出鸣叫，有时还攻击人，个别公鹿开始相互角斗。到发情盛期，公鹿活动频繁，食欲基本废绝，性情粗暴，磨角吼叫，行动分散，为争偶公鹿间常进行激烈的角斗，有的公鹿频频伸出阴茎并排尿，甚至发生公鹿间相互爬跨。公鹿伸颈嗅闻母鹿的外阴部，用卷唇反应来判断是否发情。公鹿逗引被选上的发情母鹿，或追逐或跟在母鹿后，用吻端碰撞或舌舔母鹿的肋部、颈部以及外阴部，直到爬跨。公鹿往往要爬跨多次才能达成交配。

敖东梅花鹿在配种旺季，应搞好同期发情、配种集中产羔工作，解决双位受胎、异常胎位等产科问题，提高整个仔鹿体质，以达到所产鹿茸量高质优的目的。为此，就要在发情、配种、受胎等方面进行探索。

2. 公鹿的发情配种　敖东梅花鹿是季节性多周期发情动物，而且其发情和配种是在日照时间逐渐缩短的季节里进行的，属于昼短型繁殖动物。于秋末冬初进入配种季节，公、母鹿出现发情表现。公鹿在配种期阴囊下降，睾丸增大，其重量比生茸期大，并可以产生成熟的精子。公鹿从 9 月中旬以后逐渐出现发情表现，性情变得暴躁不安，磨角鸣叫，精神紧张，兴奋好斗，喜欢在污水稀泥中"泥浴"。食欲减退，体况迅速下降，开始消瘦、肚腹卷缩、唯颈部显著增粗。经过一个配种期，公鹿体重比生茸期下降。发情期间，公鹿表现为爬跨其他公鹿、自淫、射尿，冲动时泪窝张开，散发出一种难闻的腥臊气味。发情季节里公鹿常袭击人，饲养人员和繁殖技术人员进圈工作时，应注意鹿群动向，避免被顶伤。敖东梅花鹿一般 9 月中旬开始发情，10 月为配种旺期。鹿类发情季节的来临受光照、温度、饲料供应等多种因素的综合影响。诸多外界因素通过神经、体液调节鹿的性季节，其控制中心在丘脑下部。公鹿的交配可分为求偶、爬跨、插入、射精和性失效等几个步骤。公鹿交配时，阴茎的感受器受到机械刺激，产生的兴奋传入射精中枢。射精中枢位于腰部脊髓，中枢兴奋后引起输精管蠕动和外生殖器官肌肉有节律地收缩，从而将精液射出体外。正常精液为乳白色或浅黄色，无味或微腥。

3. 公鹿生殖生理

（1）季节发情　在繁殖季节里，公鹿首先进入繁殖状态，表现出追逐和爬跨雌鹿等性行为，以及好斗、食欲减退等行为变化；并且睾丸增大，形成和储存大量成熟的精子。同时，在整个繁殖季节里，公鹿始终保持着这一状态，以确保发情母鹿成功配种。而母鹿在繁殖季节中，表现出周期性的发情规律。母鹿在发情之后，配种成功则将终止周期性发情；若配种不成功，将表现出多个发情周期，一般为 3~5 个，每个周期持续十几天。

（2）公鹿的初配年龄和使用年限　敖东梅花鹿发育到一定时期，生殖器官已基本发育完全，具备了繁殖后代的能力，在这一时期雄雌交配可使雌性受胎，这一时期即为性成熟。公鹿性成熟的标志主要有三个方面：①公鹿睾丸能产生成熟的有授精能力的精子，可通过精液品质鉴定来证实。②雄性第二性征的出现，如公鹿生出茸角等。③出现性行为。青年鹿第一次出现性行为的年龄称为初情期。鹿体在性成熟以后，虽然具有了繁殖的机能，但其他组织器官仍处于生长发育阶段，并不是参与繁殖的最佳时期，仍需要经历一段时间的生长发育过程才能达到体成熟。体成熟的标志是机体各组织器官发育的结构和机能达到完善，体型、体高和体长等基本定型。敖东梅花鹿公鹿初配年龄一般应为4岁，即3锯龄，此时公鹿达到完全性成熟，身体也达到成熟，生产性能得到充分体现，所育后代更容易达到育种的要求。若过早参加配种，会直接影响公鹿的生长发育及配种效果，缩短公鹿种用年限，同时也会影响仔鹿的生长发育和体质。1岁的敖东梅花鹿三杈茸和二杠茸的产量逐年增加，10岁以后趋于稳定且逐渐下降。

（四）注意事项

1. 正确选择配种时间　母鹿发情的季节，受着生理的限制，但与饲养管理水平和气候等条件也有直接关系。10月中旬是发情配种的高潮期，如遇阴雨连绵，则发情母鹿较多，但也有极个别母鹿在春季发情。因各种年龄母鹿排卵时间不同、卵排到输卵管里保持受胎能力的时间不长，所以配种要适时。初次参加配种的母鹿，排卵时间是在发情开始后几小时；3～7岁者，排卵时间是28 h；8～11岁者，排卵时间是85 h。总之，鹿在发情后，16～36 h排卵还是占大多数的，这个时间内交配易受胎。

2. 注意公鹿的营养　种公鹿身体健壮、精力充沛才能坚持配种，受胎率高，育出健壮仔鹿。而要使公鹿体格健壮，需供给多方面营养物质，如饲喂蛋白质、脂肪、维生素等含量丰富的饲料。饲料品种的选择应因地制宜。若饲料原料中脂肪含量过多，应榨取油脂后，再压碎浸后喂之。

第二节　配种方法及后期相关管理

一、敖东梅花鹿的配种

（一）配种准备工作

首先，应根据历年的产茸情况、种用能力及育种方向选择优秀种公鹿，选择3～7锯龄、精力充沛、性欲旺盛、精液品质好、产茸量高的作种公鹿，并要求三杈茸鲜重单产在3.5 kg以上。对繁殖母鹿应于8月中旬断奶，并按年龄、体况及育种规划组成配种群（15～18头/群）。同时加强种鹿的饲养管理，7月中旬后开始加强种公鹿的饲养。对母鹿也应加强饲养，进入配种期应达到中上等膘情，但不宜过肥，并且应合理地安排好公、母鹿舍，做好配种记录。

（二）配种方法

在圈养条件下采用本交配种有多种方法，例如群公群母、双公群母、单公群母配种方法等。敖东梅花鹿的配种方法有群公群母配种法、单公群母配种法（又分为一配到底和中间替换 2 种）、试情配种法、定时放对配种法和人工授精法。最常用的方法是单公群母一配到底法。具体方法是：于 9 月 10 日前后将 1 只种公鹿放入母鹿群内，如公鹿没有特殊情况，直至配种结束时赶出。但是，如果优良种公鹿较少，可以采用试情配种法或定时放对配种法，即将种公鹿和试情公鹿单独饲养在小圈内，于每天 4：00—6：00、16：00—18：00，定时将试情公鹿或种公鹿放入母鹿舍内寻找发情母鹿，然后配种，待每次确认没有发情母鹿时再将公鹿赶回小圈内，结束试情放对。这种方法可以最大限度地发挥优良种公鹿的种用性能。每只种公鹿可在 1 个配种期配 35 只左右母鹿，同时后代的系谱清楚，但是工作量大些。

1. 单公群母配种法　每年 9 月中旬向母鹿群中放入 2 只 2 岁公鹿、1 只 5 岁公鹿。开始母鹿发情较少，由年轻公鹿进行调情、诱情，促使大多数母鹿发情。10 月上旬，发情高潮期来临，将原来放入的 3 只公鹿移出，挑选 5 岁、7 岁种公鹿各 1 只，放入母鹿群进行配种。然后根据配种及发情实况、再循环调拨种公鹿 1 次或 2 次就可完成当年的配种任务。这种配种方法受胎率可达 98％以上。这种方法在配种期间不替换种公鹿，容易管理，损伤事故少，比较安全。根据母鹿的生产性能（主要是个体历年配种和产仔日期早晚，空怀、死产、死仔与否）及年龄、体质、健康状况等，分成 25 只的小群，放入 1 只特级或一级的种公鹿，并给予良好的饲料和饲养管理条件，受胎率可确保达到 90％以上。配种末期换上初配的预备种公鹿的配种方法，是在配种旺期过后，用年龄 4～5 岁、遗传性能好的高产鹿或特级种公鹿的后代作为配种期的收尾配种，这样做不仅有利于被替换下来的主配公鹿，而且可鉴定初配预备种公鹿的种用价值。

2. 群公群母配种法　根据母鹿群基数，将 60～80 只母鹿分成一群，配种期拨入 8～12 只种公鹿，进行群公群母配种。这种配种方法，相互争偶激烈，公鹿残伤严重，母鹿也易被抵伤肋骨。放牧时东奔西跑，困难重重，一般不采用这种配种方法。

3. 试情配种法　在 25～30 只的母鹿圈内，从调教驯养的特级种公鹿中选

1 只放入试情，若有母鹿发情，即可交配。采用这种试情法时，在配种初期和末期最好有目的地利用初配公鹿，而在旺期时采用主配公鹿。每天试情配种3～4 次，以早晚为好（4：00—7：00，16：00—22：00），配种率可达 95％左右。最近几年，更多的梅花鹿养殖场逐渐采用大圈大群、单公群母、定时试情的配种方法，用安静型年轻低产公鹿、输精管结扎公鹿、带试情布的公鹿、阴茎移位公鹿试情，使参配母鹿只数成倍增长，同时能够准确记录，使谱系清楚，且能保证妊娠率达 90％以上。

4. 诱情配种法　一般在 10 月，将当年出生的仔鹿拨离母鹿群，单独组群，但注意拨入 3～5 只经配母鹿，以减少炸群机会，起到稳群作用。第二年配种季节，这些初次参加配种的母鹿，在发情期惧怕公鹿，不敢接近公鹿。这时初配母鹿可参观经配母鹿交配，起到示范作用。由于初配母鹿生理发情的本身需求，加上见习经配母鹿的配种，对公鹿的惧怕也就会消失，愿意接受交配。实践证明第一种单公群母配种法和第三种试情配种法适用。初配母鹿群初次参加配种，如果单独组群，受胎率一般是 60％，而采用见习诱情配种法后，受胎率则提高，达 85％以上，这充分说明这种配种方法是行之有效的。

（三）敖东梅花鹿配种工作应注意的问题

1. 注意事项　在公母鹿选配时防止近亲，并防止有相同性状缺陷的种公、母鹿交配，初配公、母鹿也不应交配。中间替换出的种公鹿应单独饲养，否则因其带有发情母鹿的气味易遭到其他公鹿的攻击。配种结束时，选择晴天，于 8：00 以前将公鹿拨出，并委派专人看护，防止相互间强烈的争斗造成损失。

2. 母鹿不育的原因及对策　不育的原因是比较复杂的，但大致有以下几个：①先天性不育，主要因生殖器官发育不良造成，这样的个体应尽早淘汰。②营养性不育，因疾病或饲养管理差，母鹿的体况差，造成胚胎甚至卵泡不能正常发育，所以不能受孕或受孕后胎泡消失。这样的病鹿可通过疾病的治疗及加强营养，使其达到中等以上的营养水平，完全可以繁殖。但对某些患传染病，严重威胁鹿群的，应予以淘汰。③对于近亲繁殖、母鹿年龄过大或母鹿群太大等原因造成的不育，可针对性地采取措施，以提高鹿的繁殖成活率。

二、敖东梅花鹿各时期母鹿及仔鹿管理

(一) 配种期母鹿的饲养管理技术

8 月下旬至 11 月中旬为母鹿配种期。这时要饲喂蛋白质、维生素和矿物质含量丰富的饲料，日饲喂量 3.5～4.2 kg。其中，精饲料 1.1～1.2 kg，多汁饲料 1 kg，青粗饲料 1.4～2 kg，钙粉、食盐各 20 g。对配种母鹿分群管理，要有专人值班看管。注意母鹿发情表现，一般变现为兴奋不安，眼角流黏液，气味异常，伴随低叫，阴部黏液增多，喜接近公鹿。养殖人员需将配种控制在发情后 16～36 h 排卵，要掌握时机，适时配种，一个发情期的交配次数控制在 2～3 次。采用单公群母的配种方法，一配到底或中间交换公鹿。配种后要注意观察，发现没有受胎的要及时补配。

(二) 妊娠母鹿的管理

母鹿配种后进入妊娠期（11 月下旬至翌年 4 月下旬），这时要供给充足的营养，以利于胎儿的发育。饲料日饲量 3.8～4.7 kg，其中精饲料 0.7～0.9 kg，多汁饲料 1～1.2 kg，青粗饲料 1.8～2 kg。应该逐渐增料，在妊娠前、中期多供给青粗饲料，后期多给体积小、优质、适口性较好的饲料。精饲料每天饲喂 3 次，青饲料要多样化，不得饲喂发霉变质的饲料。公、母鹿分开饲养，不要惊吓和强行驱赶母鹿，要防病、防流产。一般从 5 月上旬分娩，至 8 月上中旬为哺乳期。这时饲料要含丰富的蛋白质、维生素和矿物质，日饲量 5.7～7.5 kg，其中精饲料 1～1.2 kg，多汁饲料 1～1.5 kg，并有充足的钙粉和食盐。精饲料每天喂 1～3 次，青粗饲料可让其自由采食。要保持圈舍清洁，地面平整干燥。

(三) 待产及哺乳母鹿的管理

5—7 月既是鹿茸的收获季节，又是母鹿的产仔阶段，此时是敖东梅花鹿养殖场比较繁忙的阶段。为了确保母鹿顺利分娩，要做好日夜值班护理工作。母鹿临产前，要做好接产的准备。如准备好生理盐水、注射器、液状石蜡、高锰酸钾、垂体后叶素、记录簿、耳钳、麻药等，同时要准备仔鹿栏。分娩后最初几天母鹿分泌的乳汁为初乳。初乳含有极其丰富的蛋白质、维生素、抗体和

无机盐类等多种营养物质，对仔鹿健康十分重要，且有轻泻作用。养殖人员应注意仔鹿是否正常吮乳，是否吃到足够初乳。若出现未进食初乳或初乳量不够，应及时予以帮助。但应注意，母鹿在带仔哺乳期间，性情凶恶，常攻击接近其仔鹿的人。养殖人员应注意自身安全，入圈及接近仔鹿时应先给信号，防止突然接近惊吓母鹿，造成炸群或踩踏仔鹿。

（四）仔鹿的管理

在生产过程中，有少数母鹿特别是初产母鹿，产后弃仔不带，对于这种情况，应及时找保姆鹿代养。在 2～3 h 用保姆鹿的胎盘液或尿液涂抹仔鹿易获成功。养殖场在驯养条件下，仔鹿的哺乳期长短不一，视各养殖场习惯而异。仔鹿在 3～4 周龄能随母鹿开始采食少量青饲料，1.5 月龄左右可以独立生活。为了让母鹿正常发情，应在 8 月中旬隔离母鹿，使其停止供乳。

三、提高敖东梅花鹿繁殖力的技术措施

影响敖东梅花鹿繁殖力的因素包括遗传因素、环境因素、营养因素、管理因素等。提高繁殖力的技术措施包括加强育种、充分利用杂种优势、改善饲养管理、增加适龄母鹿的比例等。

（一）影响敖东梅花鹿繁殖力的因素

1. 遗传因素　通常敖东梅花鹿的繁殖力比马鹿高，杂交鹿的繁殖力因遗传基础发生改变而高于双亲。

2. 环境因素　影响敖东梅花鹿繁殖力的主要环境因素有光照和温度。光照时数变化是调控敖东梅花鹿发情的重要的外界环境因素之一，除海南水鹿外的其他大多数茸鹿在光照时数逐渐变短的季节发情配种，逐渐变长的季节一般不发情。气温随纬度、海拔、地形地势以及坡向等的变化而变化，可影响整个繁殖过程。敖东梅花鹿属于气温逐步下降的秋季发情配种的动物，环境温度过高，可抑制性腺机能活动，降低繁殖力；环境温度过低，时间过长，超过代偿产热的最高限度，可引起体温持续下降，代谢率降低，而导致繁殖力下降。

3. 营养因素　营养因素可影响敖东梅花鹿繁殖过程中的各个环节，对其繁殖力影响很大。营养水平低，会导致繁殖力降低，甚至不繁殖。只要根据不同阶段的营养需要特点合理配制日粮，保证为种公、母鹿，妊娠母鹿以及

仔鹿供给质优量足的营养物质，特别是蛋白质、维生素、微量元素等，就可明显取得较好的繁殖成绩。试验证明，公鹿的精液品质主要取决于日粮的全价性。

4. 管理因素　敖东梅花鹿在人工饲养条件下的繁殖主要受人类活动调控。种公母鹿的选用、种母鹿群的年龄比例、配种方法和技术直接影响配种效果。合理的饲喂、放牧、运动、调教等不仅可提高敖东梅花鹿的繁殖力，还可促进胎儿的生长发育和仔鹿的培育。养殖场的兽医卫生制度和防病治病措施也都会直接或间接地影响敖东梅花鹿的繁殖力。

(二) 提高敖东梅花鹿繁殖力的综合性技术措施

1. 加强选育　选择繁殖力高的公、母鹿参加配种，严格淘汰生殖器官有缺陷和疾病（如布鲁氏菌病等）的个体，不允许射精少、精液质量差、配种能力弱的公鹿和发情障碍、屡配不孕、习惯性流产、母性不强的母鹿参配。值得强调的是，在搞好选种的同时，还应进行合理选配，避免过度近亲繁殖，可提高繁殖力。

(1) 鹿种的选择　应根据本地气候、饲养条件、鹿的生物特性来选择鹿种。敖东梅花鹿因其价格比较低，且饲养容易，深受养鹿者青睐。

(2) 敖东梅花鹿种鹿的选择　应根据本品种的优良特性及基本特性，选择双亲生产性能高、体型大、体质强健、体型优美、耐粗饲、适应性强、抗病力强的后代作为种鹿，并结合其后代测定选定。种鹿的年龄，一般公鹿在 3～7 岁，母鹿在 4～9 岁。公鹿要求头轮廓优美，线条清晰，头大额宽，草桩粗圆，花盘骨豆整齐，呈平环连珠状。前躯发达，结构良好。肩宽，腰背平直，肌肉丰满，胸宽而深，腹围适中。四肢发达，粗壮有力，蹄紧实规整。睾丸左右对称，发育良好。已配种的种公鹿性欲旺盛，受孕率高。产茸量比同龄生产群高 20%～30%。母鹿要求性情温驯，母性强，泌乳量大，繁殖力高，无恶癖，体型健美，被毛光滑，体躯长，后躯发达，乳房及乳头发育良好，背腰平直，四肢粗壮，蹄坚实，皮肤紧凑。

(3) 公、母种鹿选配　应根据母鹿的个体或等级群的综合特征，选择适当的种公鹿进行配种。一方面着重考虑交配双方的品质，选择具有相同生产特性和优点的公、母鹿进行配种（同质选配）；也可选择具有不同优点的公、母鹿进行配种，希望其后代结合双亲的优点。另一方面，着重考虑交配双方的血缘关系进行配种，但应避免近亲交配，防止生产性能退化。

2. 提高公鹿的配种能力

(1) 选择公鹿适合的繁殖年龄　在一般的饲养条件下，公鹿生后 36 个月，2 锯公鹿即可参加配种，最好是 3 锯时配种。

(2) 控制敖东梅花鹿的混群时间　一般在北方 8 月底至 9 月初，公、母鹿群开始配种繁殖，但实际发情配种要晚半个月，敖东梅花鹿比马鹿晚 10 d 左右，而育成鹿或初配鹿还要晚 10 d 左右。

(3) 加强敖东梅花鹿的调教，控制试情配种放对时间　可以充分发挥种公鹿的配种能力，加速鹿群的改良速度，提高繁殖力，种公鹿从 1 岁初配时开始加强调教。一般于 8 月下旬锯完再生茸以后，从公鹿有性行为表现时起，按照放对试情配种的次数和时间，由专人给予固定的口令或喊声，训练和控制其不良行为，引导其有益于配种放对的行为和条件的建立，保证放对配种的顺利进行。

(4) 定时放对配种　在种鹿配种旺盛时期，每天要保证 4 次试情配种，每次放对时间不少于 30 min。

3. 充分利用杂种优势　例如，敖东梅花鹿与马鹿杂交的 F_1 代鹿有很高的繁殖力，繁殖成活率和双胎率都高于双亲，在繁殖性能上呈现出显著的杂种优势。因此养殖场可根据杂种优势理论，通过种间杂交或亚种间杂交、品系杂交或类群间杂交来提高敖东梅花鹿繁殖力。

4. 改善饲养管理　敖东梅花鹿饲养时应以青粗饲料为主，然后根据不同时期（特别是配种前期、妊娠期、哺乳期）的营养需要，适当补充精饲料，并在日粮中添加食盐、骨粉、多种维生素和微量元素，尽量做到多种饲料搭配使用，以增加日粮的全价性、适口性和利用率。禁喂发霉变质、有害有毒（如未脱毒的棉籽饼等）、被病原污染过的饲料。注意饲料、饮水卫生和圈舍清扫消毒，遵守科学的饲喂制度。不同季节饲料种类和饲喂数量有所不同，应保持饲料种类的相对稳定，更换饲料要渐次进行。种鹿体况应保持中上等水平，不能过瘦或过肥，否则繁殖力较低。对于过瘦的鹿，要单独组群加强饲养管理；对于过肥的鹿，也要单独组群，减少日粮量，降低营养水平。

除按种用标准选择外，种公鹿年龄以 4~5 岁较好，因为此时种公鹿体态精盈、精力旺盛、动作灵敏、交配能力强。必须强调的是：种公鹿的精液品质要好，配种能力应强。有条件的养殖场可通过电刺激采精来检查精液品质，不具备采精条件的可参考上年公鹿所配母鹿的受孕情况来评定，或采取配后母鹿阴道黏液涂片镜检，经验上只要观察有活精子存在就可以。

配种方法最好采用单公群母法和单公单母配种法。配种时要有节制地使用种公鹿，禁止频配，常检精液品质，防止精液品质变差的公鹿继续参配。同时要注意观察种公鹿的配种情况，如果发现已不能再配种（膘情、交配能力、疾病等原因）的公鹿应及时调换，否则会延误配种。用试情公鹿为母鹿试情，结合直肠触摸法检查卵泡发育情况，再适时放对或输精，可进一步提高受胎率。妊娠产仔期要保持环境安静，无异常干扰，做好保胎工作，防止死胎、流产、难产、弃仔等发生。母鹿在妊娠中后期应合理运动并适当控制精饲料喂量，以减少难产。要保证初生仔鹿（特别是初产母鹿、难产母鹿、扒仔弃仔母鹿的初生仔鹿）能够吃上初乳，避免异味留在幼仔身上造成母鹿不哺乳。哺乳后期应设专槽补饲仔鹿，实行 8 月中旬一次性断奶分群，以减轻母鹿的营养负担，尽快恢复母鹿的体况。

5. 增加适龄母鹿的比例　要坚持以 2～6 岁的母鹿为主，有计划地培育后备母鹿。应保证适龄母鹿在繁殖母鹿群中占 60％ 以上的比例。青壮年母鹿的发情、排卵、体质都较好，配后受胎率也较高，而且产后哺乳能力也较强。因此，要有计划地选择优秀后备母鹿补充到繁殖母鹿群中去，严格淘汰繁殖力低的病弱老龄母鹿，使繁殖母鹿群的组成始终处于繁殖优势，这不仅可以大大提高养殖场的繁殖水平，而且可以减少饲养母鹿的成本。

第三节　人工授精技术

一、敖东梅花鹿的人工授精技术

我国于 1953 年开始进行鹿的人工授精研究，在吉林省的 3 个养鹿单位为 52 头梅花鹿进行人工授精，受胎率达 63％。哈尔滨特产研究所成功研制出马鹿的细管冻精，5 年来生产 3 000 多支。据黑龙江省 22 个养殖单位统计，人工授精能提高优良种公鹿的利用率，采用人工授精法，每头优良种公鹿一个配种期采精 20 余次，可给 500 头母鹿输精。人工授精可科学地选种选配，有计划地利用优良种鹿维持种鹿的健康，减少种公鹿间的顶架、伤亡。人工授精能克服区域、国家界限，扩大良种应用面积，同时减少疾病传播，顺利完成不同品种、品系类型的鹿的配种繁育工作。冻精能长期保存，运输方便，不受公鹿寿

命的限制。

（一）敖东梅花鹿采精法

1. 电刺激采精　此法应用最为广泛，成功率 20％以上；电刺激采精需使用电刺激采精器，电刺激采精器包括电刺激器和直肠探子两部分。电刺激器主要技术参数：电源电压为 220V，输出可调电压为 220V，输出电流 35 mA。直肠探子：利用一根硬质塑料管，其直径因鹿品种而异，上面装有 3 个固定的互相绝缘的金属环，由两根导线分两极引出，并由插销与电刺激器的输出插座相联结。直肠探子全长 36 cm，直径 562 cm，两个金属环间距离 26 cm，金属环数 3 个。

用二甲苯胺噻唑保定半麻醉，剂量每千克体重 51ng，待鹿处于半昏迷状态时，使鹿按已拟定的姿势和方向侧卧，或用保定器保定鹿。将鹿保定后，立即用肥皂水灌肠，排净直肠内粪便，将包皮洗净，挤出积液，用剪毛剪剪短尿道口附近的长毛，用刺激性较小的消毒剂清洁尿道口部位，导出阴茎并用绷带将龟头下端阴茎缠绕数圈，使龟头露出，将一条干净的毛巾覆盖在尿道口前部，准备采精。从肛门口慢慢插入直肠探子，插入 22 cm，调节刺激器，选择频率，接通电源，电压由开始反复刺激，每次通电持续 1 s，间隔 1 s，电压逐渐上升，增强刺激，刺激频率以通电 6 次为宜。在通电 3 次后，鹿阴茎开始排精，此时应小心收集，注意保温避光，集精瓶温度接近鹿体温 22℃，经检查合格后，加稀释液或冷冻保存。注意麻醉时环境要安静，以免受惊扰，在注射麻醉药后，不要抓鹿过早，待麻醉良好再行人工保定，以防过度挣扎损伤种鹿。采精后仍保持安静休息，防止伤害。将精液收集到温热的集精杯中，避免冷打击。

2. 假阴道采精　是较理想的采精方法，用木或铁材料制成形似母鹿的外形，包上鹿皮，在后臀适当部位留出安装假阴道及保温装置的孔道及空间。以硬质橡胶管做外壳、软质橡胶做内胎，中间设一注水打气阀孔做成假阴道。将假阴道安装在采精场内假台鹿的适宜部位，然后拨赶供试公鹿入采精场诱其爬跨假台鹿，使公鹿阴茎插入假阴道内射精。

（二）敖东梅花鹿精液检查及稀释

采到的精液立即送到实验室，先加少量稀释液，取 1 滴初步稀释的精液置于 400～600 倍显微镜下检查精子密度和活力，确定是否继续稀释或确定稀释倍数。原则是预计解冻后每管冻精含有的有效精子数不少于 1 500 万个。稀释时，将与精液等温（38℃左右）的稀释液用干净消毒后的滴管沿试管壁缓缓加入精液中，并慢慢转动试管使其混合均匀（不能摇动或剧烈震荡）。边稀释边镜检，直到稀释到适当的倍数。

（三）精液保存、运输及解冻

1. 常温保存　根据精液的活力和密度用常温稀释液将精液稀释，在无剧烈温度变化及相对稳定的情况下精液可在常温下保存 48～72 h。

2. 精液低温保存及运输　精液的冷冻保存是通过低温处理使精子存活更久，更适于远途运输和长期保存。可使优良种公鹿发挥更大的配种作用。安瓿冷冻方法：每支安瓿分装稀释 5～10 倍的精液 1 mL。火焰封瓶后，在 5～7℃环境下放置 2～6 h，再置于距液氮面 2～4 cm 处 6～8 min，之后浸入液氮内。将稀释好的精液装在经过消毒的小玻瓶或小试管内，不留空隙，加塞盖紧，以排净瓶（或试管）内的空气，然后将盛精液的瓶（或试管）放入盛水的烧杯内，放入冰箱中保存。精液低温保存的降温过程需 3.3 h，否则抑制不了精子的代谢与运动。不能低于 1℃，否则精子会死亡。冰箱内保存要注意停电时采取应急措施。冷冻精液用液氮罐可作长途运输。鲜精运输前应分装成小瓶，装满塞严盖紧，外用胶布密封。小瓶用纱布包好，以免温度变化和撞击，外层装冷水。

3. 解冻　冻精从液氮中取出后立即放入盛有（38±2）℃温水的杯中，经过 5～8 s 立即取出，待全部融化时，用吸纸或纱布擦干水，即可镜检，然后装入输精枪内等待输精。解冻后检查精子活力，精子活力达 0.3 以上，有效精子数 1 000 万个/支以上，有效使用时间（上限）1 h。

（四）敖东梅花鹿母鹿同期发情

同期发情能在短时间内使母鹿集中发情，使母鹿配种妊娠、分娩及仔鹿的培育在时间上相对集中，从而有效地进行饲养管理和人工授精，节约劳动力和费用，同时又因配种同期化，可为以后的分娩产羔、鹿群周转以及商品鹿的成批生产等一系列的组织管理带来方便，适应现代集约化生产或工厂化生产的要求。同期发情有两种方法：一种方法是促进黄体退化（前列腺素处理法），从

而降低孕激素水平；另一种方法是抑制发情（孕激素处理法），增加孕激素水平。目前敖东梅花鹿同期发情常用的是孕激素处理法中的阴道栓塞法。阴道栓为 T 形，中间有硬塑料骨架，外包被着发泡的硅橡胶，硅橡胶的微孔中有孕激素。用放置器将成品阴道栓送到母鹿的阴道里。11～13 d 取出阴道栓，同时每头母鹿肌内注射 250 IU 孕马血清，母鹿将在 58～60 h 后达到发情高峰，使用这种方法的同期发情率可达 80％左右。也可在取出阴道栓时用公鹿进行试情，母鹿在第一次接受爬跨后 12～16 h 输精，受胎率会有所提高，但操作烦琐。

（五）敖东梅花鹿的人工输精

敖东梅花鹿的人工输精，即把冻精注入母鹿子宫体内，对提高敖东梅花鹿鹿群质量和鹿茸产量有重大影响。此法好学易懂，可以全面普及。目前常用的人工输精方法有三种，即直肠把握输精法、开膣器输精法和腹腔镜输精法。可根据不同鹿种而采取不同方法，目前敖东梅花鹿母鹿常用开膣器或腹腔镜输精法。

1. 直肠把握输精法　适用于体型较大的母鹿或手小能伸入骨盆腔口的母鹿，将待输精的母鹿麻醉侧卧保定。操作者剪平指甲戴好长臂医用手套，并在手套表面涂上温热的专用润滑剂，插入直肠，排出宿粪，隔直肠壁握住子宫颈，使阴道和子宫颈大致成一条直线，另一手持装有细管精液输精枪，经由阴道前庭入口缓缓前伸插入子宫颈阴道开口，通过子宫颈管内 3～5 个皱褶，将精液输入子宫颈深部或子宫体内，然后撤出输精枪，同时给母鹿肌内注射促黄体素释放激素 A3 25 ng。

2. 开膣器输精法　此法适用于不能进行直肠把握输精操作的母鹿，其主要过程与直肠把握输精法相同，不同的是操作者使用专用的开膣器缓慢插入母鹿阴道，使开膣器前端紧靠子宫颈口处，借助灯泡光亮找到子宫颈口，然后将输精枪插入子宫颈阴道开口完成输精，同时给母鹿肌内注射促黄体素释放激素 A3 25 ng。

3. 腹腔镜输精法　将待输精的母鹿麻醉并保定在特制的手术架上，剪去腹中线到乳房前的腹毛，洗净消毒处理后，在母鹿腹部距乳房 15 cm 处腹中线左侧用 7 mm 的套管和探针打一孔，放入充气管，充入二氧化碳，将内窥镜管通过套管插入母鹿腹腔内，观察子宫角及排卵点情况，在对侧相同部位，用手术刀片划入一小口（约 1.5 cm），操作者用专用输精针从另一个小口将精液注入双侧子宫角远端 1/3 处，然后消毒缝合，肌内注射 25 ng 促黄体素释放激素 A3 和 160 万 IU 青霉素后完成输精。直肠把握输精法和开膛器输精法操作简单，而腹腔镜输精法解决了因梅花鹿体型小、子宫颈特殊导致的不易通过子宫颈输精的难题。另外，由于实行精准输精，还可以显著减少精液用量，进一步提高优秀种公鹿的繁殖效率，降低输精成本，特别适合极其珍贵的种公鹿精液或性染色体分离精液的输精。

4. 子宫内输精法　包括子宫角输精和子宫颈输精两种方式。子宫角输精是通过腹腔内镜将精液直接输到子宫角内，因技术关系，国内暂没有开展。子宫颈输精是将发情母鹿在特定的保定柜内站立保定或用麻醉药麻醉保定，用开膛器撑开母鹿阴道，用输精管吸取精液，对准子宫颈口并伸入 5.3 cm 输精。

二、敖东梅花鹿人工授精后期相关工作

（一）补配

人工输精结束后，对母鹿需进行查漏补配。第一种方法是用公鹿试情，查出的复发情母鹿继续实行人工输精，这样利于后代血统。第二种方法是采用试情查出复发情母鹿，利用本场的高产种公鹿进行本交。第三种方法是人工输精结束后 10～12 d 在母鹿圈中放入一只种公鹿让其自由交配，不用试情。这种方法可提高准胎率，但系谱不清。

（二）妊娠诊断

饲养者通常都想及早了解自己所饲养的母鹿是否妊娠及人工授精母鹿的受胎率。根据妊娠状况，饲养者可以对整个鹿群的喂养、繁殖和产仔管理做出相应的计划。因此，掌握母鹿妊娠状态是非常有价值的。

1. 直肠触诊技术　这项技术应用于敖东梅花鹿配种母鹿，一般是在妊娠的第 40～50 天进行，通过直肠壁感触子宫情况。技术员可以通过触摸来判断胎盘或胎膜是否形成。此法如操作不当，会对母鹿造成过度应激。

2. 超声波扫描技术　使用超声波扫描技术对母鹿进行妊娠诊断现已非常普遍，一般在妊娠第 45 天左右进行，方法是将探头从直肠伸进母鹿体内，探

头所发出的超声波到达子宫，如果子宫里的胚或胎儿在显示器上成像，就可以判定母鹿已经妊娠。该技术可区分人工授精后代和返情复配后代，准确率非常高。

第四节　提高敖东梅花鹿繁殖成活率的途径与技术措施

一、提高敖东梅花鹿仔鹿成活率的方法

1. 做好种鹿和母鹿的选择　选择优质健康的种鹿配种，产出的仔鹿体质优、活性强、成活率高。控制好母鹿的配种年龄，初产母鹿不能小于 16 月龄，最佳配种应控制在 28 月龄，这时母鹿不仅达到性成熟，同时达到体成熟，繁殖力较强。年老体弱、患病的母鹿应坚决淘汰；遗传疾病多出现在近繁殖列后代，养殖场应每年引进种鹿防止近亲繁殖，提高仔鹿成活率。

2. 做好妊娠期母鹿的饲养　母鹿妊娠期营养不良，易造成弱胎、畸形，仔鹿死亡率高。母鹿妊娠后营养需要量大增，特别是妊娠后期，不但母鹿本身需要充足的营养，同时还要有大量营养满足胎儿生长发育需要，因此要做好母鹿妊娠期的饲养。各种营养要合理搭配，妊娠初期要保证母鹿每天精饲料量达到 1kg 以上，并确保母鹿蛋白质、矿物质的摄入量；粗饲料要求品种多样化，质好量足，尤其夜间更要供给充足优质的饲料；妊娠中后期适当控制母鹿精饲料的饲喂量，可有效预防胎儿体重过大，防止难产。

3. 做好难产母鹿的助产和仔鹿的救治　母鹿产仔前要先准备好产圈，要求产圈消毒清洁、安静。产仔时饲养员应昼夜值班，如果发现母鹿有拒食、呻吟、回顾腹部等不安表现，说明母鹿即将临产，应马上将母鹿隔离到产圈。正常情况下不需助产，让其自行娩出。如果胎泡破裂，母鹿虽经努力，但长时间不见仔鹿娩出，可判定为难产，应立即由专业人员或有经验的饲养员进行人工助产。人工助产时要特别小心，尽量不用身体直接碰触仔鹿，因为母鹿的嗅觉非常敏感，当发现仔鹿身上带有异味时就会不认仔鹿，并拒绝给仔鹿哺乳。仔鹿产出后如果出现呼吸困难，可将其后肢吊挂并轻拍两侧胸壁，使之吐出黏液，用药棉蘸生理盐水擦净口腔和鼻孔；如果出现假死症状，有心跳、没有呼吸时，要立即施救，注射 0.2mL 尼可刹米。若在人工助产过程中给母鹿注射麻醉药，仔鹿在母鹿腹中会吸收一定量的麻醉药。此时，应将仔鹿后肢吊挂，

抠出仔鹿口腔及鼻孔的黏液，拍打挤压仔鹿两侧胸壁，等仔鹿喘上气，出现叫声后，可将仔鹿放在铺有干净垫草的圈舍内。

4. 确保仔鹿尽早吃到初乳　鹿初乳水分少，干物质多，乳脂含量多，含有丰富的蛋白质、维生素及各种营养物质、抗体和无机盐。初乳可以增强仔鹿的抵抗力，使仔鹿在哺乳期间不受传染病的侵害。仔鹿产出后很快可以站立吃乳，这时要注意观察，确保每只仔鹿都能吃上初乳。如仔鹿身上带有异味，导致母鹿拒绝哺乳仔鹿时，要及时进行人工辅助。此时可以由饲养员把母鹿驱赶到圈舍的角落，用药物或仔鹿黏液抹在母鹿的鼻端来干扰母鹿的嗅觉，同时引导仔鹿接近母鹿吃上母乳。一般经过几次调教，母鹿便可自行哺喂仔鹿。对泌乳少或母性不好的母鹿，要由其他母鹿代养或进行人工哺乳。对于人工哺乳仔鹿，最好是采用母鹿初乳。抽取母鹿初乳应在分娩后 1～5 h 进行，抽出之后即可哺喂仔鹿。因为抽取到鹿的初乳量不多，所以在母鹿产仔前，要先准备好牛、羊等动物的初乳来代替鹿的初乳。哺乳仔鹿用的初乳应是产仔母畜前 3 d 挤的乳，最好是前 3 次挤的乳，取到之后，用干净的容器按每份 100 mL 装好，放在冰箱中冻存备用。

5. 合理设置仔鹿保护栏并做好仔鹿的补饲建造　仔鹿保护栏是保障仔鹿安全成活的重要措施。没有保护栏，仔鹿容易发生踩、撞、夹、挤等意外伤亡。仔鹿保护栏应建在母鹿圈舍内高处的墙角，要求铺垫厚草，栏内温暖、干燥、清洁，光线较暗、适合栖息。这样仔鹿愿意钻进保护栏内休息，饥饿时会出来吃乳。仔鹿一般在出生十几天后，会跟随母鹿采食少量的精、粗饲料，同时出现反刍现象，这时应开始对仔鹿进行适量的补饲，在保护栏内设置料槽和水槽，料槽中放一些混合精饲料让其采食，同时注意补给适量的矿物质。初饲量不易过大，每天补饲 2 次，一次投放量以仔鹿正好吃完不剩余为宜，剩料要及时收回，防止饲料发生酸败，要经常洗晒饲槽，保证供给清洁新鲜的饮水。随着仔鹿日龄的增加，逐步补给青草、枝叶及优质的青干饲料。补饲能使仔鹿消化机能在哺乳期间得到充分锻炼，断奶后能尽快适应新的饲养环境。哺乳中期和后期，母乳的营养供给不能满足仔鹿生长发育的需求，如不进行人为补饲就会出现肢长身短、发育不良等现象。

6. 加强卫生防疫工作　敖东梅花鹿养殖场或养鹿户一定要建立严格的卫生防疫制度，出入门设防疫池。圈舍要勤打扫，经常消毒和更换垫草，保证圈舍清洁、干燥。饲料及饮水要清洁卫生，及时清除料槽中的剩料，水槽、料槽要经常清洗、消毒，预防疾病的发生。夏季母鹿舍要注意保持卫生清洁、干燥，避免有害微生物污染母鹿乳房及乳汁，引起仔鹿疾患。若发现仔鹿腹泻，要及时隔离饲喂，并进行治疗。

二、敖东梅花鹿仔鹿的管理

1. **产后饲养管理要精心**　母鹿分娩期间应有专人值班守护。仔鹿产下后，应将仔鹿身上的黏液擦干，让其尽快吃上初乳，然后剪耳编号，定时放回母鹿群喂乳。在仔鹿哺乳期间应避免有异味之物如酒精、香皂等触及仔鹿，否则母鹿会嫌其有异味而拒哺。

2. **人工哺乳要及时**　如果分娩后母鹿死亡、有病不能哺乳或乳汁不足，必须采取人工哺乳措施。通常用新鲜的牛乳或山羊乳代替，若不得不用奶粉，需将冲泡的奶粉浓度略微提高，以适应仔鹿生长发育的需要。人工哺乳的时间、次数和哺乳量根据仔鹿的日龄、初生重和发育情况来确定。在无经验标准的情况下，仔鹿人工哺乳的给量可参照犊牛的人工哺乳量。坚持乳汁、乳具的消毒，防止乳中细菌繁殖和乳汁酸败。

3. **逐渐过渡喂饲料**　仔鹿 30 日龄后可喂鲜嫩多汁饲料，并逐步补喂精饲料。精饲料可用高粱炒成煳香料，粉碎后再加上煮熟的玉米、大豆混拌即可，其中大豆占 10%，投喂量由少到多，每日每只喂 200～300 g，到断奶分群前达到每日每只 500 g。青粗饲料要切碎喂。实际上，仔鹿到了 20～30 日龄就开始寻找植物性饲料并能采食一些嫩绿草叶，但此时仔鹿的营养来源仍是以母乳为主。当仔鹿体重达到 25 kg 左右时便可离乳，转人工喂养。

4. **母仔分栏不可过急**　母鹿、仔鹿分栏时，可将相邻的两个圈中间设一个过门，将母鹿、仔鹿全部赶入其中一个圈，然后再将母鹿赶入另一个圈。刚开始可将母鹿留在仔鹿圈内 1～2 d；4～5 d 后，每天将母鹿、仔鹿分开 1～3 h；以后逐渐延长分开的时间，中午及晚间将过门打开，让母鹿和仔鹿自由活动，仔鹿吃奶。要增加人鹿接触机会，投料和给水时配以口哨，使仔鹿性情稳定。仔鹿圈舍要远离母鹿舍，以免母仔呼应造成仔鹿不安。断奶后的第 1 周内不要轻易地改变仔鹿的饲料，青饲料可选用优质牧草或青嫩树叶，任其自由采食。饲养员要加强责任心，耐心护理仔鹿，使仔鹿稳定地度过断奶、分栏时期。

5. **离乳之后慎管理**　仔鹿 3 月龄时就可断奶，以便更好地锻炼仔鹿胃肠机能和采食能力，同时可使母鹿尽快恢复体况，保证秋季正常发情配种。宜采用分批断奶、分栏方法，此方法有利于母鹿及仔鹿的健康。仔鹿断奶后要按照仔鹿的性别、体质强弱、个体大小等情况分群饲养。离开母鹿初期，仔鹿会鸣叫不止，精神状态、食欲都受到影响，饲养员要耐心护理。仔鹿食量小、消化快、采食次数多，离乳半个月内每日可喂 4～5 次，夜间补饲 1 次青粗饲料，以后逐步达到日喂 3 次。可将大豆、玉米煮熟，一部分玉米粒粉成玉米面、大豆磨成豆浆按比例混拌。同时粗饲料可以投给柞树叶、切碎的青玉米秸等，饮水要清洁、充足。此外，要注意矿物质的供给，补喂多种维生素、含硒微量元素等添加剂，在日粮中加入食盐、骨粉，可防止佝偻病、软骨症的发生。

三、敖东梅花鹿繁殖期的相关管理

1. 改善母鹿的饲养管理　在配种前对母鹿进行短期优饲。母鹿于 8 月 20日给仔鹿断奶时膘情较差。母仔分开后必须加强母鹿饲养。从断奶至农历九月配种开始前的 25 d 内，每日每只给予精饲料 1 kg，其中豆饼占 35%、玉米占53.5%、麦麸占 10%、钙粉占 1%、食盐占 0.5%。一定要给足青饲料，如喂鲜树叶和青玉米，特别在夜间要给足。

2. 保证冻精质量　输给母鹿的精液是细管冻精，解冻后精子密度有效精子为 2 000 万个/支，活力 0.35，精子顶体的完整率和畸形率及所含细菌数必须合格。还要注意从液氮罐里取放冻精时，应先将夹持精液包装的镊子伸入液氮中预冷，然后将连同盛冻精的提筒或纱布提到液氮罐颈基部（不得提到罐外）。如经上述步骤冻精尚未取放完毕，应将其重新放入液氮口浸泡一下再继续提取。

3. 母鹿的发情鉴定　选择 2～4 岁的体质健康、性欲强而又性情温驯的公鹿作试情公鹿，单圈饲养。从农历九月母鹿配种开始，到十月末结束的配种期内，每天早、午、晚各试情 1 次。先将公鹿赶到母鹿圈里，公鹿对每个母鹿进行嗅闻，当公鹿爬跨母鹿，母鹿站立不动，接受爬跨，此为母鹿已发情，记录母鹿的耳号。这样每头公鹿一次可以试情 3～4 个圈舍的几十头母鹿。

4. 母鹿的适时输精　发情母鹿排出的卵子保持受精能力的时间较短，只有精子早于卵子到达受精部位，才能有利于精卵结合。实践证明，母鹿在卵泡成熟接近排卵时给母鹿输精会提高母鹿受胎率。

5. 输精技术员必须熟练地掌握梅花鹿人工输精的操作规程　梅花鹿的输精技术难度较大，必须经过技术培训，熟悉母鹿生殖生理和生殖器官的解剖知识，还要掌握母鹿的饲养管理及公鹿冷冻精液的解冻方法。

四、母鹿妊娠期间应注意的事项

12月至翌年4月是母鹿妊娠和胚胎在母体子宫内生长发育为成熟胎儿的时期。这一时期母鹿除维持自身的体能需要外，还必须供给胎儿各种营养物质，使胎儿能健康地生长发育。

1. 分期加强营养　在妊娠前期，母鹿的营养需要主要是注重质量，生产中应选用多种饲料原料进行饲料配制，平衡调配，使能量、蛋白质、矿物元素及维生素营养均能满足母鹿及胎儿的需要。妊娠后期应保证体质，饲喂精饲料，并加大喂量，同时考虑日粮容积，防止鹿采食过多而挤压胎儿；还应保持适宜的体况，以防过肥而造成难产。

2. 营造舒适的生活环境　每圈不宜养殖太多母鹿，以免造成拥挤甚至流产。妊娠期养殖场应保持安静。圈舍要保持清洁干燥。

3. 适当运动　妊娠母鹿在冬季运动减少，应每天定时驱群，进行驯化。在妊娠后期应设置护仔栏检修圈舍，加铺垫草等，为母鹿顺利产仔做好准备。

五、母鹿保胎、流产及难产助产

（一）母鹿保胎注意事项

1. 防止近亲交配　近亲交配会增加胚胎死亡和生产畸形鹿的机会，也易造成仔鹿生活力低下以致其生产力降低。

2. 改善母鹿生活环境　及时清除鹿舍的积雪和积冰，防止鹿滑倒发生流产。

3. 加强鹿的运动　每天定时驱赶母鹿活动1～2h，或在舍内或在场内。运动还会提高母鹿驯化程度。

4. 满足妊娠母鹿的营养需要　粗饲料要质优量足，尽量做到多样化，尤其不能缺钙、磷。同时要适当补硒和维生素E。

5. 要注意饲料卫生和饲喂方法　不喂发霉、腐败和冰冻饲料。饲喂要做到定时、定量、定质。

6. 搞好卫生防疫，防止发生疫病　布鲁氏菌病能使妊娠母鹿大批流产，所以要尽量远离疫区，引种时要进行严格检疫，平时要定期接种布鲁氏菌病疫苗。

（二）造成流产的原因

1. 饲养不当　喂给的饲料营养不全，如维生素 A 缺乏，可使子宫黏膜和胎儿绒毛膜上皮变性，造成胎儿功能障碍而流产；维生素 E 缺乏，可使胚胎早期死亡；维生素 D 缺乏和钙、磷不足影响胎儿发育，可引起流产；冬季采食大量冰冻、霜冻饲料或饮大量冷水，有时可反射性引起子宫收缩导致流产；胃臌胀也可引起流产。

2. 管理不当　子宫和胎儿受到直接或间接的机械性损伤，或母鹿受到剧烈的刺激，引起子宫反射性收缩也可导致流产，如踢、碰、挤、剧烈运动、粗暴的直肠检查等。错误使用大量泻药、麻醉药等也可引起流产。

3. 母鹿生殖器官疾病和功能紊乱　如患慢性子宫内膜炎、阴道炎、宫颈炎等病均可引起流产。母鹿出现流产先兆，如腹痛、起卧不安、呼吸脉搏加快、阴道有少量出血等；在妊娠早期，特别是胚胎着床前后，胚胎死亡后被子宫吸收，母鹿外表变化不大，仅出现性周期延长，又称隐性流产，在妊娠中后期排出死胎。

（三）母鹿流产措施

1. 保胎　临床上发现母鹿有腹痛、起卧不安、呼吸脉搏加快等流产先兆，如胎儿仍活着，应采取保胎措施。肌内注射孕酮 50～100 mL/kg，每日或隔日 1 次。也可注射 1% 阿托品 1～3 mL。禁止进行阴道检查和直肠检查，减少刺激。

2. 促流　发现母鹿流产，胎儿已经死亡或子宫口开张、胎膜已破，无法保胎时，要促使死胎尽早排出，以免引起干尸或浸溶，同时也可使母鹿体况尽快恢复。可用催产素 30～1 000 U，肌内注射，也可内服中药益母草 50～80 g。母鹿妊娠期间的养护尤为重要，要慎重对待，提高鹿的繁殖率。

（四）母鹿难产助产

母鹿难产因素较多，母体过肥或过瘦，胎儿过大，分娩力弱，母鹿产道狭窄及胎儿的胎位、胎势异常等因素都会造成流产。

1. 表现　正常分娩的表现应为两前肢较齐整地紧抱胎头，随母体阵缩努责而伸出产道。如仅发现一侧前肢或两前肢伸出过腕关节，母鹿用力努责仍不见胎儿头部；只露胎头，不见两前肢，两蹄置于鼻下与嘴巴同时娩出；由阴道

内流出淡红色浆液性液体，有努责或无努责，母鹿已破胎水后 4 h 左右仍不见胎儿任何部位等均属异常分娩，必须及时检查助产。

2. 助产的注意事项　将难产母鹿拨入助产笼内，使母鹿站立便于助产；术者将手指甲剪短磨光，彻底消毒；助产时手术人员必须将手伸入产道内检查胎势、胎位及胎向，找到异常分娩的原因，在纠正异常胎位前应先将露出的肢体用绳绑住，以免造成新的变位，而后将胎儿推回子宫内。推回胎儿要在母鹿努责时而抽出，不应用力过猛。产道干燥时适当注入肥皂水。

（1）两前肢肘关节屈曲的助产　用右手握住前肢，左手伸入产道内把胎头往下压或抠住眼窝稍微用力推出胎儿。

（2）胎儿颈弯或下弯的助产　先以产科绳缚住肘关节，然后推回一肢或二肢到母鹿子宫腔内，随之用手纠正胎儿不正胎势，用助产带套住胎儿头后耳根处，随母鹿努责与肘关节绑绳一起提出胎儿。

（3）前肢肩关节屈曲的助产　用手握住前臂，将胎儿躯干推回子宫内，同时将前肢伸张拉出。

（4）尾位分娩的助产　用手握住胎儿的两后肢，一手伸入子宫腔内下压胎儿的尾根部，随母鹿努责而用力向下方拉出胎儿。

（5）腹部垂直向下的助产　先用绳绑住后肢，将胎儿前肢推进子宫内，使胎儿变成尾位时，随母鹿努责拉绳取出胎儿。

（6）骨盆开张不全的助产　检查确诊后，立即进行碎胎手术，避免伤到母鹿；如果胎未死，也可进行剖宫产，抢救胎儿。

（7）助产成功后仔鹿的护理　助产出的仔鹿，进行脐带消毒，尽早让其吃足初乳。如母鹿不敢接受，应以干草或布擦干后再找其代养母鹿代哺。

（8）难产母鹿的处置　产道用 0.1% 的高锰酸钾水溶液冲洗。大剂量注射青霉素，外阴部涂碘甘油。

3. 预防　妊娠母鹿应加强饲养管理，适当运动，尤其到妊娠后期不应使母鹿过肥或过瘦。

第五章
敖东梅花鹿营养需要与常用饲料

第一节　营养需求

1. **蛋白质**　蛋白质是机体的结构物质，是机体组织更新、构成活性调节物质（如酶、激素、免疫抗体及各种运输载体）的重要成分。此外，蛋白质还可氧化分解供能。鹿日粮中蛋白质数量比质量重要，因为不论饲喂怎样的蛋白质，都会有部分蛋白质经瘤胃微生物作用，变成微生物蛋白再被鹿吸收利用。鹿瘤胃微生物群能合成各种氨基酸，所以鹿对蛋白质要求不如猪和鸡那样严格。但供给鹿必需的蛋白质，对于微生物群将植物蛋白转化成动物蛋白还是十分重要的。

2. **碳水化合物**　碳水化合物属于能量物质。在机体内主要起分解供能作用，以满足机体生理上所需能量，其储备形式是糖原。此外，碳水化合物还可形成乳脂和乳糖，作为乳的重要营养成分。饲料中碳水化合物分为两大类，一类是可溶性无氮浸出物，包括淀粉、糖分、有机酸、果酸、苦味素等；另一类是粗纤维，包括纤维素、半纤维素和木质素。生茸公鹿对能量需求相对不如蛋白质重要，而且由于鹿是反刍动物，可消化粗纤维，故碳水化合物供应中粗纤维比例较大。

3. **脂肪**　饲料中的脂肪由甘油和脂肪酸构成，是能量的重要来源。脂肪所含能量是碳水化合物的 2.25 倍。脂肪在机体内主要起储存能量的作用。此外，脂肪也是构成机体的必需成分，如形成磷脂、胆固醇。脂肪还是脂溶性维生素的吸收溶剂。

4. **矿物质**　矿物质作为无机营养素，以盐的形式存在于鹿体内。骨骼中所含矿物质占全身矿物质的 80％以上。鹿至少需要 13 种矿物质元素。

5. 维生素　维生素是鹿代谢所必需的具有高度生物活性的低分子有机化合物，在饲料中含量极少。维生素既不是机体形成器官的原料，也不是能源物质，其主要以辅酶和催化剂形式参与机体代谢，以保证机体组织器官的正常功能、维持动物健康和进行生产活动。维生素缺乏可引起机体代谢紊乱，影响动物的健康、繁殖和生产。目前已发现的维生素有 30 多种，各自具有不同的功能。脂溶性维生素有维生素 A、维生素 D、维生素 E、维生素 K，水溶性维生素包括 B 族维生素和维生素 C。鹿机体可合成维生素 C，又由于具有瘤胃，成年鹿瘤胃内微生物可合成 B 族维生素，故成年鹿只需从饲料中供应脂溶性维生素；而幼龄仔鹿由于瘤胃尚未发育完全，必须从饲料中获取各种维生素。

6. 水　水在鹿体内有多种生理功能，如食物养分和废物的运输，代谢过程的溶媒（一种能溶解气体、固体、液体使之成为均匀混合物的液体）、体液平衡、体温调节都离不开水，鹿饥饿、体重减轻 40％尚能生活，失水 20％则危及生命。水的来源有 3 个途径：饮水、饲料中的水和代谢水。排出水有 4 个途径：呼吸、皮肤蒸发、排粪和排尿。

第二节　常用饲料与日粮

一、敖东梅花鹿常用饲料的种类、营养特点

敖东梅花鹿以植物为食，食性广。只有在饲料营养成分分析与营养价值评定的基础上才能合理有效地开发和利用丰富的饲料资源，为制定科学的日粮提供科学依据，使饲养科学化。

敖东梅花鹿饲料分类：

1. 粗饲料　敖东梅花鹿与牛、羊比更耐粗饲料，所有农作物的秸秆、副产品、树枝、落叶、蒿草都是敖东梅花鹿的适宜饲料。

2. 精饲料　精饲料主要由玉米、豆粕、麦麸、犊牛料、食盐、添加剂、配料等按一定比例配置构成〔禾本科籽实（如玉米、大麦、小麦等）50％、豆科籽实（豆类或豆粕）30％、糠麸（米糠或麦麸）〕20％，另加少许食盐与骨粉。

3. 矿物质、维生素等添加剂　敖东梅花鹿在其生理活动中，不能缺少的矿物质主要有钙、磷、钾、钠、氯、铁、锰、铜、锌、镁、钴和硫等。维生素 A、

维生素 D、维生素 E、维生素 K 等脂溶性维生素和 B 族维生素、维生素 C 等水溶性维生素都为鹿所必需。

二、不同类型饲料的合理加工与利用方法

敖东梅花鹿常用饲料原料种类很多，有些饲料特别是粗饲料在正常状态下不易消化，营养价值较低；有些精饲料本身含有的某些抗营养因子降低其自身潜在营养价值，同时适口性较差。为提高精、粗饲料的利用率及适口性，最大限度地发挥出饲料营养潜力，降低成本，提高经济效益，可采用适宜的加工调制、储存方法。

饲料的加工方式很多，总体上有物理（机械）方式，如切碎、压扁、浸泡、粉碎、制粒等；化学方式，如碱化法、氨化法、糖化法等；微生物方式，如青贮、发酵、微贮等。现分类加以介绍。

（一）粗饲料的加工调制

1. 机械处理　粗饲料通过机械处理可以提高采食量，减少浪费。

（1）切短　切短的目的是利于咀嚼，便于拌料，减少浪费。切短的秸秆，敖东梅花鹿不易挑剔。而且拌入适量糠麸后，可以改善适口性，提高采食量。但不宜切得太短，过短不利于咀嚼和反刍。一般敖东梅花鹿的粗饲料切短至 $2 \sim 3$ cm 长为宜。

（2）磨碎　磨碎的目的是提高粗饲料的消化率，同时磨碎的秸秆在敖东梅花鹿日粮中占有适当比例，可以提高采食量，从而增加了能量的摄入。

（3）碾青　即将干、鲜粗饲料分层铺垫，然后用碌子碾压，挤出水分，加速鲜粗饲料干燥的方法。

2. 化学处理　机械处理粗饲料只能改变粗饲料的某些物理性质，对提高饲料营养价值作用不大，而用化学处理的方法则有一定的作用。化学处理是指用氢氧化钠、氢氧化钙、氨、尿素等碱性物质处理，破坏纤维素与木质素的酯链，使之更易为瘤胃微生物分解，从而提高消化率。

（1）氢氧化钠处理　草类的木质素在 2% 的氢氧化钠水溶液中形成羟基木质素，24 h 内几乎完全被溶解，一些与木质素有联系的营养物质如纤维素、半纤维素被分解出来，从而提高秸秆的营养价值。具体方法是：用 8 倍于秸秆重量的 1.5% 氢氧化钠溶液浸泡 12 h，然后用水冲洗，一直洗到水呈中性为止。

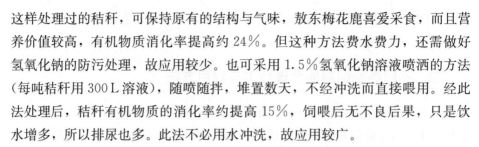

这样处理过的秸秆，可保持原有的结构与气味，敖东梅花鹿喜爱采食，而且营养价值较高，有机物质消化率提高约24%。但这种方法费水费力，还需做好氢氧化钠的防污处理，故应用较少。也可采用1.5%氢氧化钠溶液喷洒的方法（每吨秸秆用300 L溶液），随喷随拌，堆置数天，不经冲洗而直接喂用。经此法处理后，秸秆有机物质的消化率约提高15%，饲喂后无不良后果，只是饮水增多，所以排尿也多。此法不必用水冲洗，故应用较广。

（2）氢氧化钙（石灰）处理　此法效果比氢氧化钠差，秸秆处理后易发霉，但因石灰来源广，成本低，对土壤无害，其中含的钙对鹿还有好处，所以也可使用。如再加入1%的氨，能抑制霉菌生长，可防止秸秆发霉。

（3）氨处理　这种方法开始于20世纪60年代，在欧洲应用较广，在我国也曾被大力推广，但随着氮肥价格上升，使用越来越少。氨处理虽然对木质素的作用效果不如氢氧化钠，但对环境无污染，还可提供一定的氮素营养，比较简单实用。秸秆经氨化法处理后颜色棕褐、质地柔软，可使梅花鹿的采食量增加20%～25%，干物质消化率提高10%左右，粗蛋白质含量有所增加，对敖东梅花鹿生产性能有一定的改善，其营养价值可相当于中等质量的干草。

①无水液氨氨化处理：将秸秆一捆捆地垛起来，上覆塑料薄膜，接触地面的薄膜应留有一定的余地，以便四周压上泥土，使之呈密封状态。在秸秆垛的底部用一根管子与无水液氨连接，按秸秆重的3%通入液氨，氨气扩散后很快遍及全垛。处理时间长短取决于气温，如气温低于5℃，需8周以上；5～15℃，需4～8周；15～30℃，需1～4周。喂前要揭开薄膜晾1～2 d，使残留的氨气挥发。不开垛可长期保存。

②农用氨水氨化处理：用含氨量15%的农用氨水，按秸秆重10%的比例，将氨水均匀洒于秸秆上，逐层堆放，逐层喷洒，最后将堆好的秸秆用薄膜封严。

③尿素氨化处理：秸秆里含有尿素酶，加进尿素后用塑料膜覆盖，尿素在尿素酶的作用下分解成氨，对秸秆进行氨化。按秸秆重量的3%加进尿素，如将3 kg尿素溶解于60 kg水中，均匀喷洒在100 kg秸秆上，逐层堆放，用塑料薄膜盖严。

④碳酸氢铵氨化：将秸秆切短，均匀拌入10%～12%碳酸氢铵和一定水，塑料膜密封口，氨化时间20℃需3周，25℃需2周，30℃1周即可。氨化后秸秆呈棕褐色、质地柔软，可使敖东梅花鹿采食量提高20%，消化率提高

10%，且含氮量增加。

3. 微生物处理　即利用有益微生物或某些酶制剂对粗饲料进行生物学处理。这是近几年发明的新技术，应用前景广阔。其主要特点是菌种用量少，应用范围广，加工时间短。一般分菌种复活、溶解、混匀、饲料储存四个步骤。其操作步骤基本类似青贮，参见青贮技术部分内容。

（二）精饲料的加工调制

1. 磨碎、压扁与制粒　大麦、燕麦和水稻等籽实的壳皮坚实，不易透水，饲喂后如鹿咀嚼不完全而进入胃肠，不易被各种消化酶或微生物作用而整粒随粪排出。因此饲用前要采取磨碎、压扁或制粒等方法加工调制。磨碎程度应适当，过细形成粉状饲料，其适口性反而变差，在胃肠道里易形成黏性面状物，很难消化；磨得太粗则达不到粉碎的目的。敖东梅花鹿的饲料粉粒以直径 $1\sim2\,mm$ 为宜。但需注意含脂量高的饲料（如玉米、燕麦等）磨碎后不宜长期保存。制粒是采用机械（如颗粒机）将籽实饲料制成颗粒饲料。颗粒饲料便于补饲。在劣质牧场上放牧的敖东梅花鹿，可以不用饲槽，就地撒喂。麦麸类饲料制粒后营养价值有一定的提高。原因是麦麸中的糊粉层细胞经过制粒过程中的蒸汽处理和压制过程中的压挤后，它的厚实细胞壁破裂，从而使细胞内的养分充分释出。与此同时，制粒后麦麸中的淀粉粒被破坏较多，从而有利于淀粉酶对其进行消化。

2. 湿润与浸泡　湿润法一般用于粉料。浸泡法多用于硬实的籽实或饼粕类饲料的软化，或用于泡去有毒物质。

3. 蒸煮与焙炒　蒸煮或高压蒸煮可以进一步提高饲料的适口性，对某些饲料如马铃薯、大豆及豌豆等还可以提高消化率。焙炒可以使饲料中的淀粉部分转化为糊精而产生香味，用作诱食饲料。

4. 制浆　一般在公鹿生茸期和母鹿产仔哺乳期，将大豆用水浸泡后磨成豆浆，然后再加热制成熟豆浆，将其拌入精饲料中或者直接饮饲，每天每只按 $100\sim250\,g$ 大豆所制成的豆浆量分次喂给。这种方法不仅可提高大豆的适口性，而且熟制可使大豆中的抗胰蛋白酶的活性丧失，从而提高了蛋白质的生物学效价及利用率。

5. 发芽和糖化　籽实的发芽过程是一个复杂而有质变的过程。大麦发芽后，部分蛋白质分解成氨化物，而糖分、维生素与各种酶增加，纤维素也增

加，但无氮浸出物减少。从 1 kg 大麦中含有的有机物质来看，发芽后大麦的有机物质总量减少，但是在冬季缺乏青饲料的情况下，为使日粮具有一定的青饲料性质，可以适当地应用发芽饲料。籽实发芽有长芽与短芽之分。长芽（6～8 cm）以供给维生素为主要的目的，短芽则利用其中含有的各种酶，以供制作糖化饲料或促进食欲。饲料糖化可用加入麦芽或强酵曲的方法，或利用各种饲料本身存在的酶来进行。各种籽实中存有各种酶，但这些酶在干燥条件下无活性，如果给饲料以适当的水分并保持适当的温度（60～65℃为糖化酶作用的最佳温度），经 2～4 h 就可以完成糖化。糖化饲料可改善适口性并提高消化率。

（三）青贮饲料的特点及青贮原理

青贮饲料作为加工和保存青绿饲料、提高饲料营养价值的一种方法，已为广大养殖场所接受，特别是对一些规模化的敖东梅花鹿养殖场，它是越冬饲料的主要来源之一。

1. 青贮饲料的特点　第一，青贮饲料能有效地保存青绿植物的营养成分；第二，青贮饲料消化率高、适口性好；第三，青贮饲料保存期长，如管理得当，可储藏几年甚至二三十年；第四，青贮饲料单位容积内储量大，每立方米青贮饲料重量为 450～600 kg；第五，青贮饲料的制作受天气影响较小。

2. 青贮原理

（1）一般青贮　是在厌氧环境中让乳酸菌大量繁殖，使淀粉和可溶性糖分转化成乳酸，当乳酸积累到一定浓度后，pH 降至 4.0 左右，便抑制腐败菌生长，这样就可以将青贮原料的养分长时间地保存下来。青贮原料上附着的微生物可分为有利于和不利于青贮的两类微生物。对青贮有利的微生物主要是乳酸菌，它的生长繁殖要求有湿润、厌氧的环境，有一定数量的糖类；对青贮不利的微生物有腐生菌等多种，它们大部分是嗜氧和不耐酸的菌类。乳酸菌在青贮的最初几天数量很少，比腐生菌的数目少得多，但在青贮几天之后，随着氧气的耗尽，乳酸菌数目逐渐增加而变成优势菌。由于乳酸菌能将原料中的糖类变为乳酸，所以乳酸浓度不断增加，达到一定量时即可抑制其他微生物活动，特别是腐生菌在酸性环境下会很快死亡，而乳酸菌也会随饲料 pH 的不断下降而停止活动，从而将青贮原料长期保存下来。乳酸菌将糖分解为乳酸，既不需要氧气，能量损失也很少。青贮成败的关键在于能否创造一定条件，保证乳酸菌的迅速繁殖，形成有利于乳酸发酵的环境和抑制有害菌、腐败菌的繁殖。乳酸菌的大量繁殖需具备以下条件：第一，青贮原料要有一定的含糖量，含糖量多的如玉米秸和禾本科青草等为易青贮原料；第二，原料的含水量适度，禾本科植物含水量以 65%～75% 为宜；第三，温度适宜，一般以 19～37℃ 为宜；第四，将原料压实，以排出空气，使原料处于缺氧状态。

（2）特殊青贮

①低水青贮或半干青贮：青饲料切割后，经风干使水分降低到 40%～55%。这样风干的植物对腐生菌、酪酸菌及乳酸菌均可造成生理干燥状态，使其生长繁殖受到限制。因此，在青贮过程中，微生物发酵弱，蛋白质不被分解，有机酸形成量少。虽然另外一些微生物如霉菌等在风干物质体内仍可大量繁殖，但在切短压实的厌氧条件下，其活动很快停止。因此，这种方式的青贮仍需在高度厌氧情况下进行。由于低水青贮是微生物处于干燥状态及生长繁殖受到限制情况下的青贮，所以青贮原料中糖分或乳酸的含量以及 pH 对于这种储存方法已无关紧要，从而较一般青贮扩大了原料范围。一般青贮中不易青贮的原料（如豆科草）也都可以采用低水青贮顺利青贮。

②添加剂青贮：主要从三个方面来影响青贮的发酵作用：一是促进乳酸发酵，如添加各种可溶性碳水化合物、接种乳酸菌、加酶制剂等，可迅速产生大量乳酸，使氢离子浓度很快达到 158.5～163.1 mmol/L （pH3.8～4.2）；二是抑制不良发酵，如添加各种酸类、抑制剂等，可抑制腐生菌等不利于青贮的微生物的生长；三是提高青贮饲料营养物质的含量，如添加尿素、氨化物，可增加蛋白质的含量等。这样可以将一般青贮较难的原料加以利用，从而扩大了青贮原料的范围。

（四）饲料损害及常见原因

饲料主要在春季和秋季之间产生，生产时间比较集中，为冬季越冬准备，如果储存不当造成腐烂变质或其他损害，会降低饲料的营养价值及绝对数量，影响正常生产。造成饲料损害的原因很多：微生物的繁殖产生毒素，导致养分分解，营养价值下降，有毒有害，失去食用价值；饲料本身酶活动，消耗饲料养分，造成营养价值下降；昆虫或鼠类影响，减少可使用数量。

（五）饲料的储存

饲料种类很多，性质和水分含量也有所不同，因此储存方法也就不同，总

体上分粗饲料和精饲料两类。

1. 粗饲料的储存

（1）干粗饲料　粗饲料经干燥处理后，水分降至15％左右，方可储存，干粗饲料应垛好，放在遮雨避雪、通风干燥的棚舍中，以防霉变，以利储存。

（2）鲜饲料　鲜饲料的储存最好方法就是青贮，也可采用切短后干燥储存。

2. 精饲料的储存　精饲料一般都是以风干状态（15％水分）存在，但其种类不同，要求也有所不同。

（1）谷实类　禾本科籽实的水分含量即使在15％以下，也有呼吸作用，水分越多，温度越高，呼吸作用越旺盛，养分损失也就越多，因此对谷实类饲料最好使其充分干燥，含水量降到14％以下，放于低温处。

（2）饼粕、糠麸类　一般不发生呼吸作用，但水分多时，容易发霉变质，对含脂肪量较高的饲料，脂肪易氧化变质，所以对这类饲料也最好干燥脱脂保存。

对精饲料除了水分、温度要求外，还应注意防虫、防鼠，粮食储存前应熏蒸或加入杀虫剂，每年5—9月为害虫活动期，用二硫化碳闭熏一次；此外，仓库应密闭，设置捕鼠装置或鼠药，用来减少鼠害。

三、敖东梅花鹿公鹿不同生长阶段的营养需要与典型日粮配方

（一）公鹿生茸期的饲养要点

公鹿生茸期正值春夏季节，公鹿在这一时期新陈代谢旺盛，其所需要的营养物质增多，采食量大。这个时期的饲养状况直接影响鹿茸的生长。公鹿生茸期需要大量蛋白质、无机盐和维生素。为满足公鹿生茸的营养需要，不仅要供给大量精饲料和青饲料，而且要设法提高日粮的品质和适口性，增加精饲料中豆饼和豆科籽实的比例。但含油量高的籽实（如大豆）喂量不应过多，并应熟喂。因为反刍动物对脂肪的消化吸收能力差，大量的脂肪在胃肠道内与饲料中的钙起皂化作用，形成不能被机体吸收的脂肪酸钙，从粪中排出，常造成浪费。有时还会造成新陈代谢紊乱，严重的造成钙缺乏，易引起鹿茸生长停滞甚至萎缩。为提高大豆籽实的消化率及其营养价值，可将大豆磨成浆，调拌精饲料饲喂。另外，在生茸期应供给足够的青割牧草、青绿枝叶和优质的青贮饲料。

日粮组成要求多样、全价。日粮中精饲料要由多种饲料混合组成，其中豆饼应占 40%～55%，禾本科籽实占 30%～40%，糠麸类占 10%～20%。其精饲料喂量为：敖东梅花鹿种公鹿每天每只 1.8～2.0kg，敖东梅花鹿生产公鹿为 1.6～2.0kg，1～4 锯敖东梅花鹿公鹿为 1.5～1.8kg。

在生茸期，舍饲公鹿每昼夜应饲喂 3 次，并尽量延长每次间隔时间。每次要先喂精饲料，后喂粗饲料。增加精饲料时需十分谨慎并缓慢进行，以保持其旺盛的食欲，防止因加料过急而发生"顶料"。在增加精饲料的同时，应供给足够的优质青粗饲料。3—6 月，可日喂 2 次青贮饲料和 1 次干粗饲料；6—8 月可日喂 2 次青饲料和 1 次干粗饲料。放牧的公鹿每天上午和下午各出牧 1 次，每次放牧回来时应补给适量精饲料。此外，在生茸期供水一定要充足。水槽内任何时间都要有足够而清洁的饮水。同时还要补饲食盐，一般敖东梅花鹿每天每只 25g。给盐的方法除了直接放入精饲料中外，还需设盐槽，7d 左右向盐槽内投放一定量的食盐或含盐矿物质供舔食。

（二）公鹿配种期的饲养要点

公鹿配种期在 9 月下旬至 11 月中旬。此时期公鹿性欲冲动强烈，食欲急剧下降，争偶顶撞严重，因此能量消耗较大。在良好的饲养管理条件下，成年公鹿在配种期体重平均下降 18.12%。参加配种的种公鹿每天配 4 只母鹿，半个月内体重就下降 20% 左右。由于不是所有的公鹿都参加配种，所以此期对种用公鹿和非种用公鹿在饲养管理上应区别对待。对种公鹿，要求保持中上等膘情，健壮、活泼、精力充沛、性欲旺盛。因此，此期应加强种公鹿饲养，在日粮配合时应选择适口性好，糖、维生素、微量元素含量较多的青贮玉米，瓜类、胡萝卜、萝卜、甜菜等多汁饲料和优质的干粗饲料。精饲料要由豆饼、玉米、大麦、高粱、麦麸等配合而成，要求能量充足、蛋白质丰富、营养全面。精饲料日喂量：种用公鹿为 1.0～1.4kg。对非种用公鹿，要设法控制膘情，降低性欲、减少争斗，避免伤亡，并为安全越冬做好准备。为此，在配种期到来之前，应根据鹿的膘情和粗饲料质量等情况，适当减少精饲料喂量，必要时停喂一段时间精饲料，但要保证供给大量的优质干粗饲料和青饲料。无论是减少精饲料喂量，还是停喂精饲料，都必须保证有一个健康的体况和一定的膘情，以确保其安全越冬，不影响来年的生产。一般非配种用公鹿精饲料日喂量为 0.5～0.8kg。

（三）公鹿越冬期的饲养要点

敖东梅花鹿的越冬期包括配种恢复期和生茸前期两个阶段。这一时期为11月中旬至翌年3月末，即冬季和初春。配种恢复期的饲养：种公鹿经过2个月的配种，体重明显下降，体质瘦弱，胃容积明显缩小，缩腹。非配种用公鹿体重也会自动下降，一般来说其体重要比秋季下降10%～20%。此期公鹿的生理特点是：性活动逐渐低落，食欲和消化能力相应提高，能量消耗较多。根据上述特点，在日粮配合时，要求逐渐加大日粮容积，提高能量饲料的比例，日粮要以粗饲料为主、精饲料为辅，同时必须供给一定数量的蛋白质饲料或非蛋白氮饲料，以满足瘤胃中微生物生长繁殖的需要。在精饲料中，蛋白质饲料（豆饼或豆粕）占20%左右为宜，精饲料日喂量为0.8～1.2 kg。

（四）生茸前期的饲养

此期公鹿性活动停止，食欲和消化机能已完全正常，并为生茸储备营养物质。日粮应以干粗饲料和青贮玉米为主、精饲料为辅。精饲料配比中应逐渐增加蛋白质饲料的比例，豆饼（粕）类饲料应占20%～25%。精饲料喂量也要比恢复期有所增加，每只每天饲喂量为1.2～1.5 kg。公鹿白天喂精饲料2次、粗饲料2～3次，夜间加喂1次粗饲料。

第六章
敖东梅花鹿饲养管理

第一节 饲养管理概述

敖东梅花鹿养殖场在不同的生产时期，对不同鹿群的饲养都有基本的要求和规则。当前，我国大部分养殖场都采取圈养方式养鹿，把公鹿、母鹿、仔鹿按照年龄、健康状况和生产用途等组成若干群，分别放在人工修建的圈舍内饲养。梅花鹿在人们提供的条件中生活，其生长发育、繁殖及生茸之好坏在很大程度上依赖于客观环境条件之优劣。如果日常饲养和管理工作不当，鹿生活所必需的条件得不到满足，将会导致其物质代谢紊乱，甚至发生疾病，影响生产性能，从而大大降低养殖的经济效益。

1. 种公鹿的饲养 饲养公鹿的目的在于不断提高鹿体健康水平，获得优质高产的鹿茸和培养性欲旺盛、精液品质优良、种用价值高的公鹿。公鹿饲养的状况，不仅影响其本身的产茸量，而且直接关系到后代品质和鹿群的发展。为了充分发挥和不断提高生产力、繁殖力，应根据种公鹿在各个时期的生物学特性、生产性能和体质状况等特点，做好科学的饲养管理。

2. 母鹿的饲养 饲养母鹿的目的在于保证母鹿的健康，提高繁殖力，巩固有益的遗传性状，从而繁育优良的后代，不断扩大鹿群和提高鹿群的质量。母鹿的繁殖性能一方面决定于自身的遗传基础，另一方面决定于饲养管理技术。母鹿一年中的生理变化主要表现在发情期、妊娠期和分娩泌乳期等阶段，每个生理阶段都有各自的特异性，对营养物质的要求也有差异。根据母鹿在不同生产时期的生理变化、营养及饲料特点，将母鹿饲养阶段划分为配种与妊娠初期、妊娠期、泌乳期。

3. 仔鹿的饲养　对于成年鹿，若饲养管理不当，所导致的不良后果一般来说只是暂时的。而仔鹿正值生长发育旺盛阶段，如果长期处于不良的饲养管理条件下，生长发育受阻，其体型、机能、健康、生产性能等各方面均会受到不良影响。因此，对仔鹿进行正确的饲养管理对提高鹿群质量、加速发展养鹿业具有重要意义。

第二节　饲养方式及注意事项

1. 饲养方式　敖东梅花鹿饲养方法分为控制饲养和散放饲养两种类型。控制饲养也称圈养，是将敖东梅花鹿种群完全置于人工环境下，以人工操作为基础进行种群驯养的饲养方法。特点是饲养密度大，占地面积小，劳动投资大，单产高，适合我国当前经济发展水平，是个体养殖户普遍采用的方法。散放饲养分为全散放饲养和半散放饲养两种形式。全散放饲养也称散养，是将敖东梅花鹿置于有围栏的山林或草地的自然环境下，饲养人员不跟随鹿群，每晚定时定点进行补饲，其余时间任其自由活动的饲养方法。半散放饲养是指将敖东梅花鹿种群散放在以围栏圈定的一定面积的适宜生境区域内，饲养个体在区域内自由采食和栖息，定时召回，投喂精饲料、盐及添加剂，对个体状况进行观察的饲养方法。散放饲养的特点是饲养种群在接近野生的状态下生活，采食天然植物作为粗饲料补充，降低饲养成本，增强个体体质，提高产品品质。但饲养场建设一次性投入较大，占用自然环境面积较大，不适合小规模饲养。国外养鹿业一般采用围栏半散放饲养方法，以鹿肉生产为主要目的。敖东梅花鹿半散放饲养的技术要点表现在饲养场选择、种群培育、技术指标、放养区域内森林资源可持续利用等方面。

2. 注意事项　敖东梅花鹿属草食性动物，饲喂时应以粗饲料为主并让其自由采食。敖东梅花鹿具有发达的视、听、嗅、味等感觉器官，对外界环境和饲养条件的变化异常敏感。因此，建立牢固的饲喂条件反射，对提高敖东梅花鹿的采食量和消化率具有特殊重要意义。所以，在敖东梅花鹿的饲养中，必须严格遵守喂饲的时间、顺序和次数，不应随便提前、拖后和改变，否则对鹿的正常采食和消化机能将会产生不利影响。一般情况下，喂饲时间随季节而变化，但应保持相对稳定，原则是使喂饲时间尽量延长和均等。喂饲的顺序应以先精后粗、中间加水、提前清扫食槽为宜。喂饲次数以每天 3 次，即6：00、

12：00、18：00 为适宜，每次间隔时间 6 h，冬季则以白天 2 次、夜间 1 次为佳。

做好日常的饲养管理应注意以下几项：

（1）饲养员必须按技术要求和规定，采取定时、定量、先精后粗的投料方式。饲料要撒匀、不浪费、不过量，饲料搭配要合理，提高饲料的利用率，保证鹿的需要。

（2）每天要供应充足的饮水，特别在夏季要保证足量的饮水。每 2 天刷 1 次水槽，保持饮水的清洁卫生。

（3）搞好防疫工作，每天打扫 1 次圈舍。做好圈舍定期消毒和定期检疫。对患病鹿要进行隔离饲养，防止互相传染。

（4）注意挂好门钩，防止串圈或跑鹿。经常检查鹿舍，发现问题及时维修，并做好鹿群的观察记录工作。

（5）供给高能量、高蛋白质的精饲料和鲜嫩的树枝叶，尽量使饲料多样化，以防矿物质及维生素等营养物质缺乏。

第三节　一般环境管理

一、敖东梅花鹿饲养管理

1. 合理分群饲养　敖东梅花鹿是一种集群性较强的动物。在人工圈养条件下，应按其性别、年龄、体质、生产用途及生产环节等，分别组成不同的圈群，如公鹿群、母鹿群、育成鹿群、仔鹿群、育种核心群、后备鹿群、生产群、哺乳母仔群、人工哺乳仔鹿群、小锯别公鹿群、大锯别公鹿群、初产母鹿群、经产母鹿群、已锯完头茬茸的公鹿群等。合理的布局和组群是减少公鹿死亡，提高鹿群水平、母鹿繁殖率及鹿茸产量的有效措施。绝对不允许不分年龄、性别、品种混养。敖东梅花鹿的布局，应将公鹿安排在养殖场的上风向圈舍，母鹿安排在养殖场的下风向圈舍并拉大距离，以防公鹿嗅到母鹿发情气味诱使公鹿斗殴爬跨而造成伤亡；然后按年龄及健康状况将公鹿再分成小群饲养。妊娠产仔母鹿应安排在场内较安静的圈舍。

2. 提供适宜的生活环境　敖东梅花鹿性情活泼，感觉器官敏锐，胆小易惊，看到不熟悉的物体或听到不习惯的声响时，常引起惊叫，泪窝开张，两耳上竖或后伸，臀斑被毛逆立，磨牙、顿足或来回蹦跳，以至惊慌而发生炸群。

在其慌不择路地逃跑时，往往会发生肢体损伤或踩踏死亡等事故。因此，养殖场应建于较为僻静之地，以求安静，避免突如其来的声音和物体的不良刺激，减少鹿只伤亡。除此之外，养殖场的选址还需符合鹿只生活习性要求，尽量建于地势较高、气候干燥、空气新鲜而又避风、向阳的温暖之处。鹿舍周围可栽植一些杨树、榆树、柞树等树木，以利于夏季遮阳、冬季挡风，并且可以获得部分枝叶类饲料。

3. 保证日照时间　在漫长的温热季节，敖东梅花鹿在旷野生活时喜于光线较暗的阴凉处栖身，而在圈养条件下生活后，其每天接受日照的时间更为减少。如不注意增加其日光照射的时间，将影响其机体钙、磷代谢，阻碍身体生长发育。当然，也不可令鹿在烈日下长时间曝晒。光照对鹿的生长发育有直接影响，它能促使机体增加维生素 D，促进新陈代谢，对离乳仔鹿和育成鹿尤为重要。冬春两季充足的光照是预防鹿患佝偻病的重要条件之一，也是春秋两季鹿适时换毛、正常发情配种的主要条件之一。如果 5 月末 6 月初遇连续阴雨低温天气，则会使体温调节机能差的初生仔鹿消化机能减弱，易引起消化不良或白痢等病，使仔鹿的生长发育受到很大影响，有的甚至会死亡。母鹿在妊娠后期，如果生存环境光照不足、温度高、湿度大，则会造成胎儿生长发育不良，初生仔鹿不壮、生活能力弱；如果光照充足、温度高、湿度低，在夏季天气炎热时适时采取人工降雨，冬春季节寒冷时采用塑料大棚养鹿等，给鹿创造一个良好舒适的环境，则会使仔鹿生长发育迅速。

4. 加强运动　敖东梅花鹿常喜于黄昏和拂晓时在圈舍里来回走动或奔跑嬉戏。适当增加运动可促进其新陈代谢，增强体质，提高繁育能力，延长利用年限。对仔鹿和育成鹿增加运动更为重要，每天可在舍内驱赶运动 90～120 min，以促进其健康生长发育。

5. 注意驯化　饲养人员应经常深入鹿圈，在投喂饲料和驱赶运动时，与鹿亲和，温和地进行呼唤，使其在多方面逐渐建立起稳固的条件反射，不断提高驯化程度。幼龄鹿的可塑性较大，应抓住有利时机，按照制定的方案加强驯化锻炼。

6. 循规作业　要根据季节与养鹿生产环节及鹿群等状况，相对固定饲养人员作息时间，按时间、顺序和次数投喂精饲料及粗饲料，定时清理圈舍。长期规律性作业，相对固定清扫圈舍和饮喂的时间，则不会干扰鹿休息、采食、反刍和运动，有益于健康。

7. 注意鹿舍卫生与消毒工作　圈舍地面应以方砖铺砌或用水泥抹制,以利清扫和排水及保持清洁卫生。对于棚舍和运动场,应坚持天天清扫,及时清除粪便、垃圾、积水或冰雪。要将粪便和垃圾等污物运到鹿舍下风向较远的地方,堆积发酵处理。对鹿舍应定期进行消毒。在我国东北地区,寒冷的冬季可消毒圈舍 2～3 次,其他季节每月消毒圈舍 1～2 次,常用的消毒剂有 3％来苏儿溶液、2％～4％氢氧化钠溶液、20％石灰乳等。此外,还可以用焚烧柴草的方法消毒圈舍,效果较好,尤其适用于冬季。对于饮喂用具,应经常刷洗、定期消毒。对于料槽和水槽,可每隔 15～20 d 用 0.1％高锰酸钾水洗刷消毒 1 次。

8. 经常观察鹿群状况　应注意观察鹿的精神状态、饮食表现、反刍状况、鼻唇镜干润程度、被毛变化、立卧或运动的姿势及排泄粪尿情况等有无异常变化,以便及时发现疾病和饲养生产等诸方面的问题而随时处理。

9. 按时做好预防注射　肠毒血症和狂犬病是当前危害养鹿业的主要疫病,接种疫苗是最有效的防制措施,必须坚持定期预防注射。

二、敖东梅花鹿冬季饲养管理

敖东梅花鹿的越冬期一般指从 11 月中旬到 3 月末。由于东北地区冬季严寒,气温比较低,鹿越冬时死亡率比较高。此时的饲养管理水平对于公鹿的安全越冬和第二年正常生茸有较重要的影响。所以在梅花鹿越冬期更好地进行科学饲养和管理,从而降低死亡,是养鹿业发展的关键所在。

东北地区冬季时间长,日照时间短,气温极低,这样的环境对敖东梅花鹿是十分不利的。冬季是敖东梅花鹿养殖最困难的时期,虽然不产仔、生茸,但和第二年的产仔、生茸有着密切的关系。若冬季管理不善,必会影响下一年的生产。鹿群还常因冬季环境质量和营养水平不良而出现抗病能力下降、体质衰弱甚至出现死亡的现象。因此,做好敖东梅花鹿的冬季饲养管理工作对提高养鹿经济效益和安全顺利越冬非常重要。根据东北地区悠久的养鹿历史和成功经验,现将有关敖东梅花鹿在冬季的几项重要的饲养管理技术介绍如下:

1. 加强营养,精细饲喂　在寒冷的冬季,鹿会消耗大量的体能来对抗寒冷,因此,为了满足鹿的生长发育和快速恢复体况,必须给鹿提供优质足量的饲料。饲料营养的水平,应结合鹿群的品种、年龄、性别、饲料种类、饲料营养含量等情况而定。在日粮配合上,要以粗饲料为主、精饲料为辅,逐渐加大

日粮量。在饲料中应当补加苜蓿粉、胡萝卜或甜菜等优质饲料以预防维生素缺乏，另外还要加喂食盐、碳酸钙等。

2. 防寒保暖，减少消耗　敖东梅花鹿在外界温度低于15℃时，从饲料中摄取的营养物质就有一部分用于抵御寒冷，以维持其正常体温。仔鹿和育成鹿对环境温度反应更为敏感，若冬季舍内过于阴冷，不但会影响鹿的生长发育，还易导致鹿发生感冒、肺炎，甚至会造成死亡。因此，在东北地区冬季极其寒冷的情况下，要做好防寒保暖工作。常用的保暖措施是封堵鹿舍墙壁风孔，并在鹿舍围墙的外面围上数层成捆的玉米秸，用以遮挡风寒袭击；圈舍内的地面上铺放10～15 cm锯末或稻草作为垫料，使鹿在趴卧时感到温暖舒适。既能保温，又可吸附粪尿。

3. 补充光照，促进生长　光照能使鹿在冬季加速生长，提高采食量，加快增重。而我国东北地区冬季长达3～4个月，冬季昼短夜长，光照不足。因此，要通过人工光源进行补充光照。补充光照的方法是：以白炽光灯泡为宜，距离地面1.2 m左右，灯距2 m左右，光照度250～300lx。保证自然光照加人工光照达到16 h。若是阴天或连阴天气，需全天补充人工光照。注意人工补充光照的时间要相对固定。

4. 合理分群、分级管理　初冬，按鹿的性别、年龄和健康状况进行一次分群，成年公鹿25～30头/群，成年母鹿20～25头/群，仔鹿不超过40头/群为宜。对于体质较差的老、弱、残鹿，应单圈饲养。鹿经过越冬期，尽管饲养管理条件相同，但因个体生理状况上的差异，从膘情上必然会分出不同等级。因此，在冬末春初应再进行一次分群，将相同等级的鹿放在一起饲养，以使体质、膘情差的鹿尽快提高，为其正常生茸、产仔打下良好的基础。

5. 注意清洁，防滑保胎　在饲养过程中要认真做好卫生消毒工作。圈舍、运动场要每日清扫，勤换垫料，保持舍内清洁干燥，每周消毒1次。东北地区冬季鹿舍内常积存冰雪、尿冰，易使鹿滑倒，造成跌破皮肤、拉伤筋腱，甚至发生骨折。特别是妊娠母鹿滑倒后，易导致机械性流产。为了降低地面光滑度，冬季在运动场内保留一层鹿粪，并随时清除圈内的积雪、尿冰，可减少外伤和预防机械性流产。

6. 适当运动，增强体质　由于寒冷刺激，鹿的机体代谢缓慢，不爱活动，从而使得机体抵抗力下降，因此要人为地督促其运动，以提高机体代谢机能，增加采食量，增强体质，提高抗病力，促进仔鹿发育，预防佝偻病的发生。对于母鹿，适当运动可增强子宫肌和腹肌的紧张度，以降低难产率。因此，仔鹿或育成鹿每天坚持驱赶运动 1～2 h，每天上午和下午各 1 次，对妊娠母鹿每天驱赶运动 1 次即可，注意不能驱赶过急，以防流产。

7. 免疫接种，积极预防　有计划地进行免疫接种，是预防和控制敖东梅花鹿传染病的重要措施。养殖户应根据当地冬春季节疾病流行情况，在适宜的时期进行鹿群预防接种。疫苗的接种方法、剂量和注意事项要按照疫苗说明书严格执行。有些疾病尚无疫苗可以预防，使用药物预防也是很好的办法，但使用的药物一定要有针对性和安全性。预防接种或使用药物后，应注意观察鹿群表现，发现异常及时进行诊治。

三、敖东梅花鹿秋季饲养管理

秋季是敖东梅花鹿的繁殖时期，也是仔鹿的断奶季节，做好秋季饲养管理工作对敖东梅花鹿养殖而言非常重要。根据敖东梅花鹿的生理特点和气候特点，此阶段应着重做好如下管理：

1. 保障充足营养　日粮要求能量充足、蛋白质丰富、营养全面、适口性好、多样化。精饲料由豆饼、玉米、大麦、高粱、麦麸等配合而成，搭配比例大致为：玉米等籽实类 65％左右，豆饼（粕）18％左右，麦麸 15％左右，食盐和骨粉各 1％，并添加足量的多种维生素和矿物质。对参加配种的公鹿，精饲料日喂量为 1.1～1.5 kg，有条件的养殖场每天可以加喂 1～2 个鸡蛋，以使公鹿保持较强的配种能力。对不参加配种的公鹿，要进行限制性饲喂，可以视其膘情适当减少精饲料日喂量，但必须保证基本的营养需要，以确保其安全越冬，不影响下一年的生产性能。母鹿的精饲料日喂量为 0.9～1.2 kg。粗饲料应选择适口性好、容易消化的饲料，例如全株青贮玉米、鲜嫩的树枝、瓜类、胡萝卜、萝卜等，供其自由采食。每天定时饲喂 3 次。

2. 加强日常管理　公鹿互相追逐、斗殴和顶撞，可能会造成门栏损坏，所以配种前要对圈舍进行一次全面检查和维修。圈舍要求清洁，地面平整干燥，无泥水、石块等，而且面积要足够大。合理组群，公鹿按种用、非种用及健康、病弱等情况单独组群，鹿群数量以不超过 25 只为宜。配种期应注意保持公鹿群的相对稳定性。公鹿群最好有专人负责细心观察，防止相互爬跨和激烈顶斗，并注意保持舍内安静，固定饲喂、清扫时间，避免惊动鹿群，给公鹿创造一个良好的环境。随时注意母鹿发情表现，做好发情鉴定，以便及时配

种，防止漏配和乱配。配种母鹿一个发情期的交配次数以 2～3 次为宜。配种后公鹿和母鹿应分群饲养。仔鹿断奶分群时，要将母鹿拨出放入另一个圈，仔鹿留在原圈。断奶初期的仔鹿会鸣叫不安，精神状态、食欲都受到很大影响，饲养员要细心护理，经常接触鹿群调教驯化，缓解其不安情绪。仔鹿断奶一段时间后，要按照性别、体质强弱、体型等情况进行分群饲养。鹿群应有充分的运动和充足的光照，每天坚持运动 2 h 以上。如果天气不适合外出运动，可以在舍内进行驱赶，增加运动量。

第四节　饲养管理技术

一、成年公鹿的饲养管理

（一）成年公鹿生茸期的特点和饲养管理

1. 成年公鹿生茸期的特点　敖东梅花鹿的生茸期在每年的 4—8 月，是获得鹿产品的重要时期。公鹿生茸期的生理特点是性欲消失，睾丸萎缩，食欲增进，代谢旺盛，鹿的体重不断增加，鹿茸生长迅速。敖东梅花鹿于 4 月初开始脱盘生茸，5—6 月为成年公鹿生茸盛期，6—7 月为 2～3 岁公鹿的生茸盛期，7—8 月为生茸后期和再生茸生长时期。一般公鹿脱盘长茸 40 d 左右为二杠茸，70 d 左右为三杈茸。平均日增长茸为 40 g 左右。

2. 成年公鹿生茸期的饲养

（1）合理的饲喂制度　正确的饲喂制度对提高鹿的采食量和饲料消化利用率有良好的作用，因此要求定时、定序饲喂。每日早、中、晚需喂 3 次精饲料，3 次粗饲料，3—6 月晚间加青贮饲料或大豆荚皮，夜间投枝叶饲料；7—8月夜间补饲青贮饲料或大豆荚皮；放牧公鹿每日上、下午各出牧 1 次，每次放牧归来时，补给适量精饲料和混合饲料。

（2）科学的饲喂方法　成年公鹿 4 月初开始脱盘生茸，为生茸初期，生理活动从越冬期的低潮开始逐渐恢复，采食量也逐渐增加，鹿茸开始缓慢生长。5—6 月为成年公鹿生茸盛期，新陈代谢旺盛，消化能力极强，采食量增到最大，此时日粮应增加，但需注意饲料要由少到多逐渐增加，每只鹿每日加料100 g 为宜，加料过急会发生顶料或胃肠疾病。同时为了满足公鹿营养的均衡性，应适当延长饲喂间隔时间，以日出前和日落时饲喂为宜。

2～3岁公鹿生茸期较晚，6—7月才能达到生茸盛期。8月上旬为成年公鹿的生茸后期，此时饲料丰富，头茬茸收完之后，可大量饲喂营养丰富的青刈饲料，减少1/3～1/2的精饲料，收完再生茸之后，生产群公鹿可停喂精饲料，借以控制膘情，降低性欲，以防因争偶顶撞造成伤亡。一锯、二锯公鹿尚未发育成熟，活动量较小，可不停料。

（3）正确饲用尿素　合理利用尿素（一种含氮的化肥）和鱼粉可满足公鹿长茸期对蛋白质的特殊需要。尿素和鱼粉对鹿的良好作用，表现在首先可使鹿的食欲增强，换毛长膘加快，脱盘早且齐，敖东梅花鹿平均早脱盘8～10 d；其次，可使鹿茸生长速度快，肥嫩粗壮，畸形茸少，产量显著增加，敖东梅花鹿平均每只增产87.5 g。尿素日喂量为敖东梅花鹿日粮精饲料量的1%，15～20 g。将尿素溶于水后拌粉料，或将尿素粉与精饲料混拌均匀后饲喂。鱼粉日喂量约为日粮精饲料的5%，直接与精饲料混拌均匀饲喂即可。尿素和鱼粉也可常年使用，但在青绿植物干枯期，需要加喂糖类饲料，以配合尿素在瘤胃中起到良好的作用。合理使用时，尿素是一种有价值的鹿饲料，如使用不当，不仅利用率低，还会引起中毒甚至发生死亡。这是由于尿素在瘤胃中因各种原因分解产生的氨过剩，当胃壁吸收的氨超过肝脏转化的能力时，血液中氨浓度过高，引起氨中毒甚至发生死亡。

因此在利用尿素时要注意：

①尿素的含氮量应为42%～45%，不应含其他有害物质。

②添加尿素的日粮中需有10%～12%的蛋白质，可由谷物和饼粕饲料提供。

③尿素不可单独饲喂，应与精饲料充分混合均匀后喂给。

④尿素不能溶于水中直接饮用。

⑤尿素应先少后多逐渐添加，使鹿有5～7 d的适应过程。

⑥不能与豆类、胡枝子种子、苜蓿籽及野生荞麦等混合，以防这些籽实中的脲酶分解尿素降低尿素的实际采食量。

3. 成年公鹿生茸期的管理　自公鹿脱盘起，饲养人员应当随时观察记录每只鹿的脱盘生茸等情况，遇有角盘压茸迟迟不掉的要及时去掉。遇有恶癖的鹿要及时制止并加强管理。整个生茸期要谢绝外人参观，非本圈饲养人员不要随便进入圈内，以防止炸群损伤鹿茸。即使本圈饲养人员进圈时，也要除去各种易损伤鹿茸的器物。夏季要在运动场内设置遮阳棚，遇有高温炎热天气，适

时进行人工降雨，改善舍内的湿度和通风条件。最好把锯过头茬茸的公鹿分期分批保持在原群集中饲养。

（1）分群饲养　不同年龄的公鹿，其消化生理特点、营养需要、代谢水平均不同；脱盘早晚，茸角生长发育速度不同。因此，将公鹿按年龄分成育成群、不同锯别的壮年群、老龄鹿群，分群饲养管理，便于掌握日粮水平、饲喂量以及日常管理和生产安排，减少锯茸期验茸和拨鹿的劳动消耗。舍饲公鹿每群 20～25 只，放牧的公鹿应采用大群放牧、小群补饲，每 30～40 只年龄相同、体况基本一致的公鹿组成一群。

（2）保持安静　在保证生茸期的营养需求，生长出优质鹿茸的同时，还要留意外界因素，切勿造成茸角的损伤。这是因为鹿茸作为高级商品，破损会严重降等贬值，影响经济效益。为此生茸期应以护茸为中心实施各项管理措施。梅花鹿虽经人工驯养几百年，但仍具有一定程度的野生习性，对外界环境的变化反应十分敏感。为保证鹿的正常采食、饮水等活动规律，防止惊群炸群撞坏鹿茸，生茸期一定要保持舍内安静，避免外人参观，即使饲养人员进圈时也应事先给予一定信号，出入圈舍动作要轻稳，饲喂及清扫要有规律，并要加强调教驯化工作，提高抗应激能力。

（3）专人值班监护鹿群　公鹿生茸期间还要设专人昼夜值班，严加看管鹿群，及时制止公鹿间的戏耍性打架，防止鹿群聚堆撞坏鹿茸；对有啃茸恶癖的公鹿，应隔离饲养。另外，应经常检查维修鹿舍围栏的损伤突出处，及时清除枝叶饲料的粗枝硬刺，以防刺破鹿茸。

（4）认真观察茸的生长情况　在生茸期要经常仔细观察鹿群，早饲前后是观察的最佳时间。自公鹿脱盘起，就应观察每只鹿的脱盘长茸情况，认真做好脱盘记录，及时拨掉压茸花盘，以防产生怪茸。技术人员要经常深入圈舍，随时掌握鹿茸生长速度及状态，以便适时收取不同种类和规格的鹿茸。要注意观察精饲料采食状况，判断饲喂量是否适宜，以便及时调整。

（5）观察鹿的健康状况　通过观察公鹿的精神状态、行走步态、反刍情况、呼吸状态、鼻唇镜干湿程度、粪便性状等，判断鹿的健康情况，及时发现意外，并采取解决措施。

（6）及时消毒　生茸初期是病原微生物滋生、传染病和常见病多发流行季节，应做好卫生防疫工作。圈舍和车辆等用具要用 1％～4％氢氧化钠溶液或新配制的 10％～20％生石灰乳消毒，也可将氢氧化钠与生石灰按 1∶1 配比进行消毒；饮用水可用0.5%漂白粉消毒。消毒工作一般多在上午进行，经全天日照，药效发挥较好。同时要经常保持料槽、水槽、圈舍清洁卫生。

（7）防暑降温 夏季天气炎热，为预防中暑，在运动场可设若干遮阳棚，必要时要进行人工降雨，以改善鹿舍温度和湿度，有利于鹿茸生长。

（二）成年公鹿配种期的特点和饲养管理

1. 成年公鹿配种期的特点 敖东梅花鹿的发情期在9月下旬至11月中旬，丰富的营养条件和特定的自然光照规律，促使鹿的生殖机能由静止逐渐恢复、发展到成熟阶段。生理特点的变化决定了鹿特殊的行为表现，因此在生产上也应采取相应的饲养管理措施，以提高鹿的繁殖率，减少伤亡，促进养鹿生产的提高。

（1）求爱行为 公鹿的发情期比母鹿早半个月以上，在发情季节，食欲下降、睾丸明显增大、泪窝扩张、副性腺和泪腺等分泌增多，通过这些外激素等的刺激，诱发母鹿发情。同时脖颈增粗，常昂头吼叫，传播求偶信息，招引母鹿。处于优势地位的公鹿圈占一定数量的母鹿，在它的势力范围内不允许其他公鹿介入，也不允许母鹿离群。当有个别母鹿溜边离群时，公鹿紧追其后，头颈前伸，发出"哼哼"的声音，驱赶母鹿回群。公鹿在母鹿群内，舔母鹿唇及眼等处，常跟在母鹿身后，头颈前伸，用鼻嗅、舌舔母鹿外阴，且两前肢离地，试图爬跨，通过母鹿的反应来判定母鹿是否处于发情期。若母鹿没有达到发情旺期，拒绝公鹿爬跨，公鹿就再去寻找其他发情母鹿。公鹿在求偶过程中，性欲旺盛，阴茎在包皮内外来回抽动，并伴随尿液和副性腺分泌物的排出，有时将尿液抽射到腹部。有的鹿还用前蹄刨地或喜欢在泥水中滚浴。公鹿为了求爱，常消耗大量的体力，造成体质过度消瘦，精液品质下降。因此种公鹿不宜过早同母鹿混群，最好在母鹿集中发情旺期前1周左右合群。也可选择体质健壮、性欲旺盛、性情温驯的公鹿试情。当用试情公鹿检查出发情母鹿后，再换种公鹿交配；也可将发情母鹿从群内拨出与种公鹿单独交配或进行人工授精。这样可减少种公鹿的体力消耗，使其能保持旺盛的精力，确保配种质量。试情公鹿也应单圈饲养，加强营养以保证有旺盛的性欲和体力。

（2）交配行为 母鹿于发情期旺期接受公鹿爬跨，此时公鹿两前肢抬起，搭在母鹿背上，头前伸，靠在母鹿颈部，前胸压在母鹿背腰部，躬身，后躯直立、前挺。阴茎始终伸出包皮，探寻母鹿阴道。经验少的公鹿要反复爬跨，探

寻数次才能将阴茎插入阴门。当公鹿阴茎插入阴道时，两前肢向下用力抱住母鹿肋部，后躯猛地前挺而射精。有时随着射精将母鹿撞出，公鹿前脚落地，交配结束。交配过程只在一瞬间内完成。通过以上行为，可以判定公母鹿是否达成交配。

（3）攻击行为　公鹿发情时，常昂头吼叫，不在同圈的鹿也以吼叫的音量相互抗衡，显示其地位与雄壮。邻圈鹿也常在围栏边游走、磨角，作进攻顶撞姿态，相互示威。同圈公鹿以昂头瞪眼，斜躯漫步踏足，或突然低头伸颈向对方冲跑进行威胁。若对方怯阵，快步跑开，可避免一场争斗；若对方不甘示弱，则双方摆开阵式，前肢稍叉开，伸颈低头，全身的力量集中在头和四肢上，以角盘或骨化角为武器进行推顶。几个回合后，一方败阵逃脱或被顶倒，胜者仍寻找机会攻击败者，直至对方彻底服输为止。互相角斗的过程中，常伴随双方不同程度受伤。角斗也与天气情况有关，越是阴雨天，相互间争斗越激烈。因此，在配种季节前，要做好公鹿的分群工作。选择年轻体壮、性欲旺盛、体质体型好、精液品质好且产茸质好量高的公鹿为种公鹿，单圈饲养。要求营养全面，除蛋白质饲料含量不少于 40％外，供给优质青绿饲料，随意采食，并供给胡萝卜等催情饲料促进发情。生产群的公鹿（非配种公鹿）以20～30 头一群为宜。为减少公鹿在配种期相互争斗，应控制生产群公鹿的发情，降低营养水平，以青粗饲料为主，少喂或停喂精饲料，降低公鹿膘情，也可使用有关药物等控制公鹿发情。在配种期内，要加强对生产公鹿群的管理，特别是阴雨天要设专人值班，发现公鹿间有角斗现象时立即将它们驱散、分开，并将群内个别爱争斗、攻击性强的公鹿拨出。在配种期前将全部公鹿再生茸扫茬，避免因互相争斗引起伤亡。生产公鹿群应远离母鹿群或在其上风向，以减少母鹿对公鹿的刺激。

2. 成年公鹿配种期的饲养　在配种前 1 个月左右对种公鹿逐渐增加营养，在配种期保持较高的营养水平。配种期在 7—8 月，正是生茸的末期，公鹿的性细胞在这个时期已经开始形成，准备配种期的营养体况对精液产生是有影响的，特别要考虑到种公鹿在配种期性欲冲动异常而导致食量锐减这一情况。配种期过后逐渐降低营养水平，但需供给维持公鹿种用和经济价值的营养需要。精饲料一般可以从 100 g 增补到 150 g，粗饲料每天喂 4 次，其中夜间喂 1 次。

3. 成年公鹿配种期的管理　设法增进食欲，促进发育，提高配种能力和精液品质。因此在配合日粮时，要着重提高日粮中蛋白质的含量，兼顾饲料的催情作用和适口性。收茸后将具有良好种用价值的种公鹿选出单独组群，精心饲养。配种期饲养产茸用公鹿的原则是控制膘情、降低性欲、减少殴斗、避免死亡，并为安全越冬做好准备。为此，在配种期到来之前，应根据鹿的膘情和粗饲料质量情况，减少精饲料或停喂一段时间精饲料；发情后期根据鹿的膘情及时补充精饲料。

（三）成年公鹿越冬期的特点和饲养管理

1. 成年公鹿越冬期的特点　敖东梅花鹿的越冬期一般指从 11 月中旬到翌年 3 月末之间，分为配种恢复期和生茸前期 2 个阶段。由于公鹿在配种期体能的大量消耗，体重要比配种前期下降 15％以上，而且东北地区冬季漫长，昼短夜长，十分寒冷，鹿只的死亡和淘汰多集中在此阶段。此期间的饲养管理水平对于公鹿的安全越冬和翌年正常生茸都有非常大的影响。根据公鹿此期间的生理特点及环境因素，在公鹿越冬期更好地进行科学饲养和管理，从而提高公鹿体况、降低死亡率，是养鹿业发展的关键所在。

2. 成年公鹿越冬期的饲养　配种公鹿经过 2 个月的配种，体力消耗很大，体重显著下降，体质减弱，被毛粗糙，胃容积相对缩小，腹部上卷。非配种公鹿在发情季节时，由于雄激素作用，性欲冲动强烈，表现为闹圈、顶撞、食欲下降、体质下降。随着发情期的结束，公鹿性活动逐渐低落，食欲和消化机能相应地提高。这一时期饲养管理要求增加日粮容积和能量饲料比例，迅速恢复公鹿体质，增加体重，保障过冬。同时适当根据年龄、体况，供给一定数量的粗蛋白质，以满足瘤胃微生物生长和繁殖的营养需要。所以，在配合日粮时，应该以粗饲料为主、精饲料为辅，逐渐增加粗饲料的比例，加大日粮容积，提高能量饲料的比例，以便锻炼鹿的消化器官，提高鹿对粗饲料的采食量和鹿胃的容量。

在越冬期，应该尽量利用粗饲料，如落地树叶、大豆荚皮、野干草及玉米秸秆等。饲喂野干草时要防止魏氏梭菌病及其他传染病的发生，饲喂大豆荚皮时要防止瘤胃臌胀的发生，并要给予足够的温水，防止瘤胃阻塞和肠阻塞的发生。此时饲喂玉米秸秆也是合适可行的。因为此时的玉米秸秆水分较大，比较柔软，尤其是柔软的叶子仔鹿较爱采食，玉米秸秆比较干净，并且一般都是在就近的地方购进，降低了从外地带来传染病原的可能性。一般可以将玉米秸秆

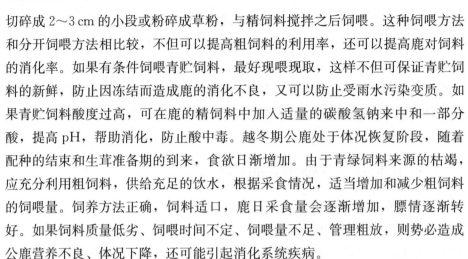

切碎成 2～3 cm 的小段或粉碎成草粉，与精饲料搅拌之后饲喂。这种饲喂方法和分开饲喂方法相比较，不但可以提高粗饲料的利用率，还可以提高鹿对饲料的消化率。如果有条件饲喂青贮饲料，最好现喂现取，这样不但可保证青贮饲料的新鲜，防止因冻结而造成鹿的消化不良，又可以防止受雨水污染变质。如果青贮饲料酸度过高，可在鹿的精饲料中加入适量的碳酸氢钠来中和一部分酸，提高 pH，帮助消化，防止酸中毒。越冬期公鹿处于体况恢复阶段，随着配种的结束和生茸准备期的到来，食欲日渐增加。由于青绿饲料来源的枯竭，应充分利用粗饲料，供给充足的饮水，根据采食情况，适当增加和减少粗饲料的饲喂量。饲养方法正确，饲料适口，鹿日采食量会逐渐增加，膘情逐渐转好。如果饲料质量低劣、饲喂时间不定、饲喂量不足、管理粗放，则势必造成公鹿营养不良、体况下降，还可能引起消化系统疾病。

有条件的养殖场可以增加夜饲，不仅可以提高鹿的采食量，还能增加运动量，促进机体新陈代谢活动，提高鹿的抗寒能力。北方冬季寒冷，要保证给鹿饮用足够的温水。饮温水有利于减少机体的能量消耗，增强防寒能力，节约能量饲料。

（1）公鹿粗饲料的饲喂　越冬期鹿的采食量大，喂粗饲料需较长的反刍时间。因此，将粗饲料（玉米秆、豆秸等）粉碎成 2～3 cm 的小段或草粉进行饲喂，不但能提高粗饲料的利用率，增加采食量，还可以提高鹿对饲料的消化率。公鹿白天饲喂 2 次精饲料，2～3 次粗饲料，夜里喂 1 次粗饲料，使鹿不卧尿窝，不粘冻毛，上膘快。青贮玉米为营养丰富的多汁饲料，如果青贮酸度过高，适口性降低，也会对瘤胃内的微生物有不良影响。可在鹿的饲料中加入适量的碳酸氢钠溶液或 1‰～3‰ 的石灰水来中和，提高 pH，帮助消化。同时，也要保证给予足够的温水，最好每天给 2～3 次水，上午给 1 次，下午给 1 次，有条件的傍晚给 1 次。

我国北方一些养殖场，冬季多以玉米秸、豆秸及青贮饲料喂鹿，这样易发生维生素缺乏症。所以在饲料中应当补加苜蓿粉、胡萝卜或甜菜等优质饲料，以满足鹿的生长发育和机体代谢的营养物质需要。

（2）公鹿精饲料的饲喂　在精饲料的供应上，配种恢复期应逐渐增加能量饲料（玉米、高粱等）的含量；而在生茸前期则应逐渐增加蛋白质饲料（豆饼、豆粕等）的含量。冬季可喂温粥（用 70% 的玉米面掺入 30% 的碎豆饼，加入适量的盐水和磷酸氢钙，搅拌后煮熟）。

3. 成年公鹿越冬期的管理　在越冬期，仍有部分公鹿体内雄性激素水平很高，经常顶架、顶人，不愿吃料，体重急剧下降。对于这样的公鹿可以适当给予盐酸平阳霉素，或在收茸时给予非种公鹿皮下注射醋酸氯地孕酮，这样不但可以提高再生茸的产量，还可抑制公鹿角斗冲动，保膘、促生长，为翌年的生产打下基础。从 9 月开始，鹿粪可以不清出，直接扫入舍内，用来垫畜床。保持畜床内的鹿粪干燥，防止雨水淌入。到冬季来临时，要保证畜床有2～4 cm 的干燥鹿粪。用鹿粪垫畜床的好处很多：一是它隔凉效果很好，保温保暖；二是可以吸收许多的尿液而不潮湿；三是取材方便，省工省力，而且实用。储存鹿粪的时间宜早不宜迟，在秋季就可以开始储存，因为此时鹿舍内和鹿粪都很干燥，比较适宜。如果储存开始较晚，会出现鹿粪潮湿，易滋生有害病原，且储存量不足。

饲喂精饲料时，要保证每一只公鹿都能上槽，有自己的槽位。鹿采食饲料有一定的规律性，而且群体采集性强。如果饲料投放面积狭窄或者成堆，会造成拥挤，一部分体质强壮的个体易争食霸槽，致使弱鹿、瘦鹿不能吃到足够的饲料。长期如此，必然会造成弱鹿、瘦鹿冬毛生长迟缓，背部、腹部毛几乎被咬光，体质下降，影响当年生产。严重时体况极度下降，难以抵抗冬季严寒，容易在越冬期死亡。因此，投喂饲料要均匀，从头到尾呈一条直线，最好不要成堆或成片投食，防止采食不均。另外，在 1 月和 3 月，按年龄和体况对鹿群进行 2 次调整，将体弱有病的鹿单独饲养。对瘦小、发育差的鹿，采取降级的办法，拨入小锯鹿饲养，这样有利于提高其健康状况和生产能力，也可以延长鹿的使用年限。

（四）种公鹿的饲养管理

1. 建立正常的管理制度　鹿的配种期为 8—11 月，在该时期饲养性质上有显著变化。公鹿在这一时期的生理状况发生改变，特别是性冲动十分强烈，公鹿间常发生激烈的争偶斗争，伴随消化机能紊乱，食欲急剧下降，机体能量消耗极大，经过配种期的公鹿一般体重都减轻 15%～20%，此时应设法增进公鹿的食欲。另外在母鹿发情集中的旺期，每天发情的母鹿占总数的 12%～15%，多数母鹿发情后，要连续交配 2～3 次，所以要妥善地安排公鹿饲喂、饮水、放牧、运动、日光浴、休息等生活日程，使公鹿养成良好的生活习惯，增进健康，提高配种能力。

2. 检查配种公鹿的体况　公鹿要有良好的体况，不能过肥或过瘦，种公鹿配种期过肥，配种能力不强，不能很好配种；反之公鹿体况过于瘦弱，其配种能力效果较差。配种前要对种公鹿做好体检工作，营养状况不良、上一年配种性欲不高、鹿茸质量较差或患过病的公鹿不应参加配种。

3. 合理分群　种用公鹿和非种用公鹿分别进行管理。在锯茸时期，按选配标准做好种公鹿的选择，并在配种前就单独放入种鹿圈内加强饲养管理，供给大豆、胡萝卜等优质饲料，但要保持中等体况。群公鹿、群母鹿的配种应在大圈内进行。大圈内配种好处有：①"鹿王"不能霸占全部母鹿，同时能减少公鹿间的争夺顶架。②母鹿活动范围较大，不至因公鹿猛烈追求爬跨而受伤。还应注意，公鹿在配种前必须将二茬茸锯完，以便减少顶架和死亡。

非种用和后备种用公鹿应养在离母鹿群较远的圈舍内，防止受异味刺激引起性冲动而影响食欲。参加过配种的公鹿暂时不能与未参加配种的公鹿混群。配种期还应防止受配多次的母鹿因有性欲表现而经常爬跨其他公鹿，容易因此被顶伤或出现其他事故，对此需注意看管。

4. 合理配种　要对种公鹿的资源进行正确管理和合理利用。事实表明，种公鹿的精液品质和使用年限不仅与饲养管理有关，在很大程度上还取决于初配年龄。

（1）初配年龄　茸鹿在 16～18 月龄达到性成熟，即在产后第二年秋季。个别发育好的梅花鹿在 7～8 月龄即表现出性成熟。性成熟的幼龄公鹿虽具有繁殖能力，但不宜配种，如过早开始配种，会影响公鹿本身的生长发育，所产仔鹿体小而弱，生长缓慢，而且还会影响鹿茸产量。但也不宜过晚配种，过晚配种常会引起公鹿自淫和母鹿厌配。根据目前生产情况和饲养管理水平，母鹿最好在3岁开始配种；公鹿最好在3～4岁开始配种，此期间也是有效利用期，个别良种能利用到 6～7 岁。

（2）利用强度　种公鹿利用过度会显著降低精液品质，影响受胎率，降低鹿茸产量。如公鹿长期不配致使性欲降低、精液质量差，会造成母鹿不受胎，因此必须合理利用公鹿。种公鹿交配次数不宜过多，每头公鹿每日交配不宜超过 2 头，以交配 4 次为宜，公鹿配种活动以清晨及黄昏较为频繁。

二、成年母鹿的饲养管理

根据母鹿的生产周期特点，分为配种期、妊娠期、产仔哺乳期 3 个阶段，

9月中旬至11月为配种期，11月至4月下旬为妊娠期，5月上旬至8月中旬为产仔泌乳期。成年母鹿的日粮应根据不同生产时期配制。特别是妊娠后期和产仔哺乳期更应注意日粮的给量和质量，因为此期母鹿不但要保证自身的营养需要，还得满足胎儿的发育和哺乳仔鹿的营养。

（一）成年母鹿配种期的特点、营养要求和饲养管理

每年8月下旬仔鹿断奶后，母鹿停止泌乳，进入配种前期的体质恢复阶段，为9月中旬至11月下旬的配种期做准备。

1. 母鹿配种期的特点　母鹿发情旺期是10月中旬，主要根据其行为表现来进行发情鉴定。发情初期母鹿表现烦躁不安，摇尾游走，虽有公鹿追逐，但尚不接受交配。发情盛期母鹿内眼角下的泪窝开张，分泌强烈难闻的特殊气味，外生殖器官红肿，阴门流出黄色黏液并摇尾排尿，有时母鹿还发出尖叫。此时若公鹿追逐，便可接受交配。防止因发情母鹿过多，种公鹿不能胜任而引起的漏配，可将处于发情盛期的母鹿拨到相邻的配种圈内。

2. 配种母鹿的营养要求　配种期母鹿的饲养管理水平对加快配种进度和提高母鹿受胎率有着重要的影响。如配种期母鹿体质消瘦、营养不良，则发情晚或不发情，且会延长配种期，甚至造成母鹿不孕。体况丰满、营养良好的母鹿，卵子生长发育快，配种能力强，发情明显，能提前而集中发情，因而配种进度快，受胎率与双胎率也较高。在配种期与妊娠初期的饲养过程中，日粮应以容积较大的粗饲料和多汁饲料为主、精饲料为辅。日粮中要给予一定量的富含胡萝卜素、维生素E的根茎和块类饲料，每天每只1 kg左右。精饲料中应以豆饼、玉米、高粱、大豆、麦麸等为主，合理配合，并且要补充各种维生素和微量元素。其中，蛋白质饲料占30％～35％，禾本科籽实占50％～60％，糠麸类占10％～20％。

3. 配种母鹿的饲养管理　配种期的母鹿膘情必须达到中等水平，这样才能保证正常的发情、排卵。营养好的母鹿发情早，受胎率和双胎率较普通体质的母鹿高。要及时淘汰不孕、后代不良、有恶癖、年龄过老、有严重疾病等无饲养价值的母鹿。按其繁殖性能、年龄、膘情，避开亲缘关系，分成育种核心群、一般繁殖群、初配母鹿群。配种母鹿群不宜过大，以每群20～30只为宜。配种期要注意观察，发现母鹿发情，公鹿不能胜任时，应立即将发情母鹿放入可配种的公鹿舍内，并应马上调换原舍的公鹿。

在管理上，要将仔鹿离乳分群，调整母鹿群。首先将不育、有恶癖、产弱仔、有严重疾病和无生产价值的母鹿挑出进行淘汰。然后按品质和后代鉴定、亲缘关系、年龄及健康状况、膘情、配种方法等，充实或重新组建育种核心群和生产配种小群。配种群大小应适宜，主要取决于种公鹿的配种能力和配种方法。做好母鹿的发情鉴定，适时配种。

(二) 成年母鹿妊娠期的特点、营养要求和饲养管理

1. 妊娠期　母鹿妊娠期一般为225～234 d，与所怀仔鹿性别及个数有关。母鹿妊娠前、中期胚胎生长发育较为缓慢，后期胚胎生长发育则非常快，并刺激母体子宫及乳腺随之增大。初生仔鹿80%以上的体重是在妊娠期最后3个月内增长的。到妊娠后期，要根据胎儿生长发育的不同阶段的不同需求来配制日粮，特别到妊娠后期，母鹿会出现胃容量逐渐变小、消化机能减弱的情况。妊娠母鹿每日精饲料应选择豆饼等蛋白质饲料，其占比为30%～35%，而玉米、高粱、麸皮等占比70%～65%。妊娠母鹿的每日粗饲料为粉碎玉米秸秆2.5～3.0 kg。条件允许时，可饲喂青贮饲料，但要注意青贮饲料的酸度，酸度过高时易间接造成母鹿流产。妊娠母鹿白天饲喂2～3次精粗饲料，夜间可补充1次粗饲料。妊娠期应保证妊娠母鹿的营养需要，首先应满足蛋白质、维生素和矿物质的需求。妊娠初期应多饲喂青饲料、块根类饲料和质量良好的粗饲料；妊娠中期精饲料中较适宜的营养水平为总能16.72 MJ/kg，粗蛋白质17.0%，每只每日对营养物质的需要量分别为消化能14.43 MJ、粗蛋白质152 g；妊娠后期由于胎儿的生长速度加快，所以每天所需的营养物质也增加，此期母鹿精饲料中较适宜的能量为17.14 MJ/kg，粗蛋白质为20%，每只每日对营养物质的需要量分别为消化能14.42 MJ、粗蛋白质180 g。注意防止饲料酸败、结冰，饮温水。同时，妊娠期严防惊扰鹿群、过急驱赶鹿群。严禁舍内地面有积雪、结冰，防止妊娠母鹿滑倒造成机械性流产。

2. 哺乳期

(1) 哺乳期的特点及营养要求　母鹿从5月上旬开始产仔，至8月下旬断奶，哺乳期为90 d左右。仔鹿生后1个月增重达6 kg，平均每日增重约0.2 kg。泌乳期母鹿每天所食入的营养物质不仅要满足自身的维持需要，更重要的是要满足仔鹿的哺乳需要，需要从饲料中吸收大量的蛋白质、脂肪、矿物质、多种维生素及水分，在体内转化为乳汁。此期间其精饲料的适宜营养水平为总能

17.57 MJ/kg，粗蛋白质 24.0%，每只每日对营养物质的需要量分别为消化能 24.58 MJ、粗蛋白质 258 g。母鹿分娩后，胃容积增大，胃肠消化能力增强，较妊娠期食量和水量都有所升高，供给饲料的数量和质量应相应增加，泌乳母鹿的精饲料中蛋白质饲料要占 65%～75%，每天饲喂 2～3 次粗饲料，3 次精饲料，夜间补饲 1 次粗饲料。

（2）哺乳期的饲养管理　产仔哺乳期的母鹿每天泌乳 700 mL 左右，需要大量的蛋白质、脂肪、矿物质、维生素 A、维生素 D 等营养物质，所以必须加强饲养管理，才能保证仔鹿的良好发育，并为离乳后母鹿的正常发情做好准备。母鹿分娩后，消化道的容积和机能显著增强，饮水量也增加，应保证充足、优质的青饲料，并补充蛋白质、能量、矿物质、维生素等饲料，以提高母鹿的泌乳量，进而促进仔鹿快速生长发育。注意保持圈舍的清洁卫生，产仔前应将圈舍全面清扫后，彻底进行一次消毒。产仔期要防止恶癖鹿舔肛、咬尾、踢打仔鹿；被遗弃的仔鹿要找保姆鹿或采取人工哺乳；保持产仔圈的安静。

三、仔鹿的饲养管理

（一）仔鹿的生长发育特点

1. 仔鹿的生长发育特点　仔鹿生长发育规律与其他幼年动物基本相同。在机体组织中，神经属于与生命系统中较重要的部分，因此必然优先发育。其次是骨骼、肌肉及脂肪组织的发育。此外，肝脏发育与鹿的营养水平密切相关，瘤胃的发育与饲料种类的关系极为密切。

2. 体型体重的变化　仔鹿在不同的生长发育时期，其生长速度变化较大。在 1 月龄以前、1～2 月龄、2～3 月龄、3～6 月龄、6～12 月龄 5 段时间里，每个月的平均增重率分别为 105.0%、70.7%、45.9%、22.9% 和 4.4%。也就是说，初生仔鹿相对生长速度最快，随着月（年）龄的增长，其生长速度逐渐减慢。体型的变化取决于骨骼的发育情况，在仔鹿出生前骨骼即已开始发育，初生仔鹿有腿骨长、后躯高和坐骨宽度发育较迟缓等特点。仔鹿出生后，其体尺各部位的生长强度也并不一致。鹿从出生至 90 日龄，公仔鹿体高较体长大 6.9 cm，母仔鹿体高比体长大 5.3 cm。公仔鹿在 90 d 内体高增长 30.8 cm，增长率为 69.5%，而体长增长 33.24 cm，增长率为 94.84%。这说明体高属于早期生长部位，而体长与胸深次之，体宽特别是后躯宽度是较晚生长的部位。

3. 瘤胃的发育　仔鹿在初生时瘤胃的容积很小，瘤胃和网胃仅占 4 个胃总容积的 1/4；30～40 日龄时占 58%；3 月龄时占 75%；1 岁时占 85%，1 岁时瘤胃发育基本完成。仔鹿在 1～2 周龄时几乎不进行反刍，至 3～4 周龄时反刍开始。这时只能摄取少量的精饲料和树叶，消化和营养物质的吸收以皱胃及肠道为主。因为鹿的瘤胃、网胃和瓣胃都没有分泌消化液的腺体，只有皱胃能分泌消化液，在前 3 个胃功能没有建立前，主要靠皱胃进行消化。皱胃不分泌淀粉酶，这是进行早期断奶时必须考虑的问题。

（二）影响仔鹿生长发育的因素

1. 遗传因素　遗传因素对仔鹿生长发育的影响是先天性的，不受人为因素影响，如品种、亲本的遗传距离、遗传力影响等。

2. 环境因素

（1）营养水平的影响　日粮营养水平是影响仔鹿生长发育的重要环境因素，在其不同发育时期具有不同的营养要求。蛋白质、脂肪、维生素、矿物质等摄入量对其生长发育的影响至关重要。

（2）饲养管理的影响　仔鹿通常为群体饲养，饲养管理水平也是影响其生长发育的一个重要因素。如断奶时间、人工饲养、圈舍环境、免疫程序等都会影响其生长发育的速度和质量。

（3）疾病的影响　仔鹿生长发育阶段是建立自身免疫的关键时期，其母源抗体作用逐渐减弱，自身免疫系统功能逐渐增强，但此时期仔鹿抵抗力仍较弱，易多发疾病。饲料的更换、饮水的质量、气候的变化都会造成仔鹿突发疾病，从而影响其生长发育。

（三）仔鹿的营养要求

仔鹿是指哺乳仔鹿、离乳仔鹿、育成鹿这 3 个阶段的统称，是鹿群的后备力量。仔鹿由出生到成熟大约需要 3 年的时间，此期间的新陈代谢旺盛，生长发育快，饲料要求含有足够的蛋白质、矿物质和多种维生素；饲养任务是要保证仔鹿成活，快速生长，健康无病，驯化程度高。

从 20～30 日龄开始，为仔鹿提供质量优良、柔软多汁的粉碎青绿饲料，任其自由采食。仔鹿在 60 日龄左右可断奶。刚断奶仔鹿的精饲料可以炒熟或煮熟饲喂，量要适当，由少到多，逐渐过渡到饲喂生料。断奶仔鹿的日粮中要加入适量的食盐、骨粉，补饲多种维生素、微量元素（如硒）等营养物质。断奶半个月内每日可喂 4～5 次，以后逐渐过渡到每日喂 3 次，并为其提供充足清洁的饮水。

（四）仔鹿的饲养管理

1. 初生仔鹿的护理和喂养

（1）初生仔鹿的护理　仔鹿出生 7～8 d 为初生期，这一时期的饲养管理是仔鹿生长发育期的开始，关系到整个仔鹿培育过程。母鹿分娩期间应有专人值班守护。仔鹿产下后应将仔鹿身上的黏液擦干，让其尽快吃上初乳，然后剪耳编号，定时放回母鹿群喂乳。在仔鹿哺乳期间，应避免有异味之物如酒精、香皂等触及仔鹿，否则母鹿会因异味而拒哺。

（2）哺乳仔鹿的管理　初生仔鹿要尽量早吃到初乳，最好在 1～1.5 d 吃到。母鹿分娩后首先要让仔鹿吃上初乳，仔鹿产后 10～15 min 就能站立起来找到乳头，但偶有出现仔鹿体弱、初产母鹿惧怕仔鹿及母性差弃仔的情况，导致仔鹿无法吃上初乳。这时应人工辅助，帮助仔鹿尽早吃上初乳。对于实在无法吃到初乳的仔鹿，可以采取两种办法：①用其他鹿的初乳代替，进行人工哺乳。②强行抽取该母鹿的初乳喂新生仔鹿，3 d 后可进行人工哺乳或者找代养母鹿。饲养人员可选择性情温驯、母性强、泌乳量高、产后 1～2 d 的母鹿作为代养母鹿。代养的方法是将代养仔鹿送入代养母鹿的小圈内（最好取代养母鹿产仔的胎衣或尿液涂抹在代养仔鹿身上），如代养母鹿舔嗅代养仔鹿，让其哺乳，即代养成功。仔鹿产后 10 d 就开始采食饲料并有反刍现象，补给精饲料的量要由少到多、次数由多到少，最后达到每日 2 次，每次投料前应清洁饲槽。同时，饲养人员每日要认真观察仔鹿的精神、姿势、鼻镜、粪便、哺乳、步态等，发现异常立即诊治。仔鹿 30 日龄后可喂鲜嫩多汁饲料，并逐步补饲精饲料。精饲料可用高粱炒成烟香料，粉碎后再加上煮熟的玉米、大豆混拌即可，其中大豆占 10%，投喂量由少到多，每日每只喂 200～300 g，到断奶分群前达到每日每只 500 g。所投饲的青粗饲料要切碎后方可饲喂。实际上，仔鹿到了 20～30 日龄就开始寻找植物性饲料并能采食一些嫩绿草叶，但此时的营养来源仍是以母乳为主。当仔鹿体重达到 25 kg 左右时便可离乳，转人工喂养。母、仔鹿分栏时将相邻的两个圈中间设一过门，先将母、仔鹿全部赶入其中一个圈，然后再将母鹿拨出至另一个圈。分圈初期可将母鹿留在仔鹿圈内一段时间，适应至 4～5 d 后，分开的时间由最初每次 1～3 h 逐渐延长，中午及晚间将过门打开，让母仔自由活动，仔鹿吃奶。要增加人鹿接触机会，投料和给水时配以口哨，使仔鹿性情稳定。

（3）哺乳仔鹿的饲养注意事项　提供清洁、安静的休息环境，仔鹿保护栏内应垫柔软的干草，饲养员应定时让仔鹿吃奶和运动，并注意观察，发现问题及时采取措施。杜绝无关人员靠近带仔母鹿舍，防止母鹿因惊吓而发生拥挤、踩踏仔鹿，造成死亡。仔鹿产后 15 d 开始随母鹿采食饲料，因此应做好仔鹿的补饲工作。精饲料应以豆粕 60％、玉米 30％、麸皮 10％ 的比例配成粥状料喂饲，每日 1 次，量不宜过多，随着日龄的增长适当增加，以逐步锻炼瘤胃的机能。每日清扫鹿舍并及时清除未食用的余料，保护栏内还应设有水槽，经常更换饮水。

（4）人工哺乳的方法　人工饲喂初乳越早越好，最迟时间不要超过 2 h。进行人工哺乳时，第 1 次和第 2 次最好喂鹿初乳，以后可以哺喂奶牛的初乳。哺喂时需将乳消毒并加热至 37～38℃。喂乳用具每天进行煮沸消毒。每天哺喂 4～6 次，连续哺喂 2～3 d。若初乳量不足，哺喂 3～4 次初乳后也可以开始哺喂常乳。初生仔鹿哺喂 3～4 次后就可进行打耳号和产仔登记等工作。仔鹿人工哺乳所用奶牛的初乳和常乳通常以冷藏的方法储存备用，临用时进行加热溶化与消毒（因初乳成分复杂，蛋白质含量极高，遇高温凝固，所以加热的温度不要超过 60℃，以免发生凝固），并分装于清洁的奶瓶中。在奶瓶上安装好奶嘴，将乳汁冷却到 36～38℃ 即可哺喂。人工哺乳仔鹿日用乳量和哺乳次数大致如下：1～5 日龄，日喂初乳 450～500 g，每隔 4 h 喂 1 次；6～10 日龄，日喂常乳 500～900 g（其中可含 15％～30％初乳，以预防胃肠发生换乳应激反应），白天喂 3 次，夜间喂 2 次；11～20 日龄，日喂常乳 900～1 100 g，白天喂 3 次，夜间喂 2 次；21～30 日龄，日喂常乳 1 100～1 250 g，白天每隔 5 h 喂 1 次，夜间每隔 7 h 喂 1 次；31～45 日龄，日喂常乳 800～1 250 g，白天喂 2 次，夜间喂 1 次；46～60 日龄，日喂常乳 600～800 g，白天喂 2 次，夜间喂 1 次；61～80 日龄，日喂常乳 300～600 g，先期每日早、晚各喂 1 次，后期每昼夜喂 1 次。哺乳期全程人工哺乳的仔鹿一般在 80 日龄断奶，个别体弱者可延至 90 日龄断奶。仔鹿 10 日龄以后即可少量采食粗精饲料，所以应适时安装草架，补饲青苜蓿、青草或树木的青绿枝叶，利用小槽补饲混合精饲料。一些养殖场用熟豆饼（39％）、玉米面（40％）、麦（15.5％）、食盐（2％）、骨粉

（2.5％）、多种维生素，以及铁、硒、钴、锰、锌等微量元素配制混合精饲料，对人工哺乳的仔鹿进行补饲，效果很好。给仔鹿投饲混合精饲料的日量及次数为：10～30日龄，每日1次，投给50g；31～45日龄，每日2次，共投100g；46～60日龄，每日2～3次，共投150～200g；61～75日龄，每日3次，共投200～350g；76～90日龄，每日3次，共投400～500g。补料小槽应勤刷洗、消毒。不可投喂发霉或酸败的精饲料，补料槽内若有剩余时间较长的精饲料，应随时收出，不宜继续利用。青绿饲料，应少量勤添，保持不断。对30日龄以内的仔鹿进行人工哺乳时，可在乳中适当加入鱼肝油和维生素，能促进其生长发育；为预防发生肠炎，可在乳中适当加入无刺激性的抗生素或药物。没有奶牛和奶羊提供初乳时，可自制人工乳代替。

（5）人工哺乳注意事项　鹿的初乳分泌量很少，而且难于人工获取，因而在生产中常用奶牛的初乳哺喂新生仔鹿。奶牛初乳中干物质的含量远比其常乳高，除含寡乳糖外，蛋白质、维生素、矿物质、抗体和酶类等物质的含量特别丰富。初乳对初生仔鹿快速生长发育、增强抗病能力和促进胎粪排出等具有重要作用。实践证明，出生后8～10h吃不到初乳的仔鹿，身体衰弱，甚至发生死亡，即使存活下来，生长发育和日后的生产能力也会大受影响。母鹿在妊娠阶段，血液中的免疫球蛋白G等免疫球蛋白不能通过胎盘传给胎儿。初生仔鹿吃到初乳，并且初乳中的免疫球蛋白以未经消化的状态通过肠壁进入血液后，仔鹿才能获得相应的被动性免疫力。但是，为肠壁闭锁所限，仔鹿初生时，肠壁对初乳中未经消化的免疫球蛋白的吸收率约为50％，并且随时间之延续，其肠壁的此种吸收功能还将持续减弱以至消失。仔鹿出生20h后，其肠壁对未经消化的免疫球蛋白的吸收率仅为12％，至24h，便几乎不再吸收。因此，实行人工哺养仔鹿时，哺喂初乳的时间应当越早越好。对仔鹿进行人工哺乳时，所用乳汁的温度应达到36～38℃，并且应根据仔鹿日龄增长和体重增加，分阶段相对固定每天哺乳的量、时间和次数。应在固定的小圈或固定的哺乳室内对仔鹿进行人工哺乳，同时要保持环境安静。在仔鹿7日龄以前，应令其多睡眠休息，7日龄后逐渐增加运动。在对仔鹿进行人工哺乳、调教驯化、带领运动和补饲草料等过程中，要配合温和呼唤或吹口哨等信号进行正规驯化，切忌与其嬉戏，谨防其养成顶人等恶癖。仔鹿30日龄以后，每天上、下午应各运动1h左右；60日龄以后，上、下午应各运动90min左右。对仔鹿进行人工哺乳时，不可操之过急，切忌强行灌喂，要耐心地训练其自行吸吮乳汁。对初生仔鹿进行人工哺乳时，应以温湿布轻轻揉拭肛门或拨动尾巴，以机械性刺激促其排除胎粪。对所用乳汁、工具和哺乳场所等，要合理进行消毒，保持清洁卫生。仔鹿 7 日龄后，应在小圈内安置水槽，供给清洁卫生的饮水。

2. 离乳仔鹿的饲养管理　当年的断奶仔鹿称为离乳仔鹿。目前，敖东梅花鹿饲养场通常采取一次性离乳的方法使哺乳仔鹿断奶，即在 8 月 25 日母鹿配种期到来之前，一次性将当年的仔鹿与哺乳母鹿全部分开单独饲养。按敖东梅花鹿的产仔期为 5 月 5 日到 6 月 30 日计算，离乳时哺乳时间最长者可达110 d，而最短者仅为 55 d。仔鹿出生日龄和个体生长发育有很大差别，加之受断奶影响，所以加强饲养管理尤为重要。

(1) 离乳仔鹿的饲养要点　断奶仔鹿的饲料应该易于消化、营养全面。在圈内饲槽架上放足青嫩多汁的饲料，最好是青柞树叶、杨树叶、新鲜果树叶及优质青草，保证圈内昼夜都有饲草和饮水，自由采食，自由饮水。粗饲料每昼夜喂 4 次。精饲料配方是：豆饼 25%，炒熟的大豆粉 10%，玉米 55%，麦麸5%，白糖 3%，食盐 0.7%，磷酸氢钙 1%，含有多种维生素的添加剂 0.3%。仔鹿断奶后要按照仔鹿的性别、体质、个体大小等情况分群饲养。离开母鹿初期，仔鹿会鸣叫不止，精神状态、食欲都受到影响，饲养员要耐心护理。仔鹿食量小、消化快、采食次数多，离乳半个月内每日可喂 4～5 次，夜间补饲 1次青粗饲料，以后逐步达到日喂 3 次。可将大豆、玉米煮熟，一部分玉米粒粉成玉米面、大豆磨成豆浆按比例混拌。同时粗饲料可以投给杨树叶、切碎的青玉米秸等，饮水要清洁、充足。此外，要注意矿物质的供给，补喂多种维生素、含硒微量元素等添加剂，在日粮中加入食盐、骨粉，防止佝偻病、软骨症的发生。

(2) 离乳仔鹿的管理要点

①仔鹿断奶的方法：仔鹿断奶的方法主要有两种：将仔鹿从母、仔鹿大群中拨出，放入别圈饲养；或者将母鹿从母、仔鹿大群中拨出，而使仔鹿留在原圈饲养。从方便分群角度来说，后一种仔鹿断奶的方法较易实施。为了稳定仔鹿，可在母、仔鹿分群后，暂时在仔鹿群内留 1～2 只大母鹿（习称为稳群鹿），待仔鹿生活习惯后再行拨出。

②注意调教驯化：仔鹿断奶后，尤其在最初阶段，饲养员要经常进入鹿群。根据梅花鹿的集群性和食性特点，在投喂饲料和引领运动时，要温和地进

行呼唤或用其爱吃的饲料进行引诱，便于人鹿亲和与调教驯化。离乳仔鹿的可塑性很大，抓住时机对其实行调教驯化有益于鹿群管理，对以后选种选配、进行定向培育、提高繁殖成活率或产茸能力等具有重要意义。

③合理分群饲养：哺乳仔鹿断奶后应按性别、个体大小与体质强弱等进行分群饲养，当离乳仔鹿数量很少或圈舍不足时，公、母仔鹿也可暂时混养。从生产实践看，离乳仔鹿每一圈群的数量以 20～35 只较为适宜，最多不要超过50 只。对其进行合理分群有益于科学核定日粮而实行均衡饲养。

④提供安静的环境条件：离乳仔鹿胆小，遇见不熟悉的物体或听到不习惯的声音更容易惊慌而发生炸群，造成踏伤或碰伤，甚至发生死亡。因此，需将其安置在远离母鹿而又比较安静的圈舍中科学饲养。

⑤注意增加日照和运动：适宜的日光照射和运动锻炼为仔鹿快速生长发育所必需。前期可每日上、下午各在圈内运动场上引领仔鹿运动 30～40 min，以后逐渐增到 50～60 min。

⑥做好防寒保暖及清洁卫生等工作：我国北方的养殖场多采用敞棚圈舍养鹿，冬季比较寒冷，需要适时堵严向阴墙壁上的通风口，垫厚褥草，做好各项防寒保暖工作。日常应注意清除棚舍内和运动场上的粪便、垃圾或冰雪，全日提供清洁的温水。对圈舍地面，可定期点燃废弃的柴草，实施火焰消毒，既经济、适用，又有良好效果。

⑦注意防治多发病：仔鹿断奶后，尤其是初期和进入寒冷季节，由于生活环境和饲料等条件骤然发生变化，以及寒冷性因素的刺激，腹泻性疾病往往多发，离乳仔鹿的常见不良性应激反应为腹泻。因其机体抗病力较弱，如不及时治疗或治疗不彻底，常会经久不愈，影响日后的生产能力，甚至会由于机体衰竭而发生死亡。其主要常用的防治药物有干酵母片（碾碎后灌服或拌料喂饲）、高锰酸钾（配制 0.05%～0.1% 的高锰酸钾饮水）等。

（3）离乳仔鹿应注意的事项

①对离乳仔鹿投饲豆类蛋白质饲料时不可生饲，饲喂前应煮熟，破坏其中的抗营养性因子（如抗胰蛋白酶等物质），以利消化与吸收。

②长期粗放管理，尤其缺乏蛋白质和矿物质等营养物质的离乳仔鹿，不仅生长发育缓慢，日后的生产性能也较低。

③腹泻性疾病是离乳仔鹿的多发性疾病，如治疗不及时或治疗不彻底，往往会反复发作、经久不愈，严重影响其生长发育及日后的生产性能。

④离乳仔鹿组群过大时难于实现均衡饲养，常致其中少数鹿营养不良，生长发育缓慢。因此要进行合理分群，并对较为瘦弱的个体加强饲养管理和调教驯化。

四、育成鹿的饲养管理

（一）育成鹿的生长特点

出生后第 2～3 年的仔鹿称为育成鹿，育成鹿生长发育迅速，经过 1 年的育成期，梅花鹿公鹿的平均体重一般可达 50～55 kg，大约相当于成年公鹿体重的 50%；育成母鹿的生长发育速度更快，一般可达到成年母鹿体重的 70% 以上。

（二）育成鹿生长发育的营养要求

育成鹿生长发育很快，所以要求饲料的营养丰富，精粗饲料搭配合理。精饲料应为混合饲料，其中豆类 40%、玉米 20%～30%、糠麸类 30%～40%。在饲养上必须适应其生长要求，增强瘤胃的消化功能，逐渐加料，育成鹿群稳定后，开始投给少量精饲料，每日 3 次，每 10 d 增加精饲料 0.05 kg，年底达到 0.75 kg。饲养标准粗蛋白质要达到 24% 以上，日粮精饲料组成有豆粕 40%、玉米 45%～50%、糠麸类 10%～15%，每只鹿每天可饲喂配合饲料 0.75～1.0 kg，骨粉、食盐各 10～15 g。

育成鹿常用的粗饲料有树木的干枝叶、青绿牧草、青干草、青绿枝叶、发酵饲料、青刈饲料、青贮饲料、青（干）玉米秸秆、豆类荚皮等，但具体选用的种类往往受当地资源条件限制。在我国北方，青、干粗饲料通常搭配饲喂以满足供给。青贮饲料多用于 3 月初至 6 月末，块根、块茎或瓜类等多汁饲料一般在枯草期对育成鹿作调剂性饲用。

（三）育成鹿生长期饲养管理

在管理上，于 3 月底之前，按体质、个体大小、性别进行分群饲养管理，以防早配而影响其生长发育。严冬季节，鹿舍要保持干燥清洁，夜间定时驱赶运动 1 次，注意矿物质的添加，防止佝偻病、软骨症的发生。青草枯黄之后，用伊维菌素片进行全群驱虫，驱虫后圈舍要清扫、消毒，防止再次感染，然后整肠健胃，增膘复壮，安全过冬。育成母鹿要提高饲养标准，达到配种期适宜的繁殖体况。育成公鹿要控制早熟，为转入成年时期生长出大而优质的鹿茸打下基础。应逐步提高饲养标准，给料量应高于育成母鹿。另外育成鹿运动场地应尽量大些。

育成阶段敖东梅花鹿能利用粗饲料，在饲养中应尽量多喂一些优质的青粗饲料。但是，初期由于瘤胃容量所限，不能确保只饲喂足量的青粗饲料就能满足其生长发育的需要，故 1 岁以内的育成鹿仍需喂给适量的精饲料。精饲料的喂量应视青粗饲料的质量及其能量与蛋白质的含量来确定。一般情况下，喂豆科青粗饲料时要求精饲料含粗蛋白质为 8%～10%，禾本科青粗饲料为10%～12%，青贮饲料为 12%～14%，秸秆为 16%～20%。饲喂不同种类的青粗饲料时，投饲混合精饲料的量和配合成分应有所不同，且饲喂相同种类的青粗饲料时，也应视质量情况而使混合精饲料的日量和配合成分有所区别。精饲料的日喂量一般为 0.8～1.4 kg。在调配日粮时，应合理确定精饲料和粗饲料的比例。若精饲料过多，会影响消化器官（尤其瘤胃）的发育，从而降低鹿对饲料的适应能力；如果精饲料过少，则不能满足鹿生长发育的营养需要。育成鹿的基础粗饲料，一般为树叶和青草等青粗饲料，其喂量为鹿体重的1.2%～2.5%。有青贮类的多汁饲料时，可根据其水分含量而按适当比例替换干树叶或青干草，含水量达 80% 的青贮可替换干树叶的比例通常为 2∶3。需要注意的是，在鹿育成阶段前期不宜过多饲喂青贮饲料，否则会影响其胃容量，不利于生长发育，尤其是低质量的青贮饲料，更不可多喂。

第七章
敖东梅花鹿保健与疾病防控

第一节　疾病概述

一、鹿病发生的特点

敖东梅花鹿疾病的种类和发病概率明显少于一般家畜，这是养鹿业发展的优势。因为梅花鹿养殖场都建在山坡、树林，远离城区，便于疫病防疫。人工驯养的鹿尚保留一定野性，为防止逃窜，应于高墙林间圈养，使鹿舍与外界形成一个隔离带。如果加强卫生防疫和饲养管理，鹿群很少发病。

敖东梅花鹿对外界环境反应非常敏感，遇到惊吓常会发生应激。这是养鹿发展的劣势。鹿易患外伤、骨折等外科疾病。春夏季节是生茸季节，鹿需要大量蛋白质，此时易患肠胃性疾病；秋季发情配种，公鹿争偶顶架易患外伤、直肠破裂等病。

鹿抗病能力强，一般病初期不明显，易被忽视。症状明显后，往往病势已经严重，失去治疗的机会。因此，必须做好鹿病的早发现、早诊断、早治疗。

二、鹿病发生的一般规律

1. 与年龄有关　不同年龄的鹿发病情况不同，虽然哺乳仔鹿可从初乳中获得母源抗体，但其作用时间短暂，导致哺乳仔鹿对某些传染病的抵抗力依旧很低。此外，仔鹿易患胃肠道、呼吸道疾病，病死率高。而青壮茸鹿则表现为反应性高，在感染某些传染病时有比较强烈的反应。老年鹿抵抗力下降，易患病，常愈后不良。

2. 与环境有关　不同季节、不同气候、不同环境的发病种类和发病率不同。春夏季节主要是母鹿产科病、仔鹿病、公鹿锯茸病；秋季降水量大、气温低、湿度大，公鹿坏死杆菌病和胃肠疾病较常见；冬季如饲养管理不当、防疫不强，会导致公鹿抵抗力下降，易发病且病死率高，但母鹿、仔鹿发病相对较少。

3. 与其他动物疾病有关　鹿在圈养条件下不易患病，但是由于与其他家畜接触机会增多，许多家畜传染病和寄生虫病对鹿的侵害也逐渐增多。

总之，在认识敖东梅花鹿疾病的发生规律时，要考虑到鹿的品种、年龄、性别以及季节、鹿群周围环境等的影响；还要尽可能减少与其他家畜的接触机会，做好日常防疫卫生工作；当梅花鹿养殖场附近畜群流行某种传染病时，要及时采取预防措施。

三、鹿病防治的基本原则

在敖东梅花鹿养殖生产时，要贯彻"预防为主，防重于治，防治结合"的原则。做好鹿病的防治工作，首先要建立和健全卫生防疫制度。鹿舍、饲料室、水槽、精料槽以及其他用具要经常刷洗，保持清洁卫生。在日常饲养管理过程中，要注意观察鹿的生活状态，观察鹿的精神、食欲、反刍、呼吸、鼻镜、运动、粪便等，一旦出现异常情况要及时治疗，防止病情恶化。

敖东梅花鹿养殖场必须设立兽医室，配备专职兽医，负责全场的疫病防治工作。对饲养员普及鹿的常见传染病及其预防措施，实行群防群治。注意环境卫生，圈舍要及时打扫、定期消毒，切断传播途径，给鹿群创造良好的环境。

敖东梅花鹿养殖场必须做好检疫工作，严格控制养殖场人员的进出，发生重大疫情时要立即封锁养殖场。根据当地疫病流行情况，每年对鹿群进行预防接种。

在给药方面，要根据鹿的特点尽量少而精，即一次给药剂量不要过大，投药次数不宜过多，药物的服用方法要方便，能自行采食的不要强行灌服，能皮下注射或肌内注射的不用静脉注射。

保定是对鹿的一种强烈刺激，短程治疗选用机械保定，长程治疗选用麻醉保定。治疗前要在人力、物品方面做好充分准备，最好一次捕捉保定以进行全面治疗，最大限度地减少对鹿的骚扰。有些鹿需要长期治疗，兽医人员必须有耐心、坚持治疗，最大限度确保预后。

（一）防治原则

"防重于治，以防为主"为兽医工作的基本原则。在鹿病防治工作上也不例外，而且更为重要。因为鹿仍保持着不同程度的野生习性，在缺乏保定的情况下不易接近，诊查疾病比较困难，投药也不够方便。由于鹿病的发生概率明显小于一般家畜，而且鹿的抗病力很强，病初症状不明显，易被忽视。一旦出现明显的临床症状，多表明病情已经很严重，或将近濒死期，此时已经错过最佳治疗时机，多预后不良。为了使病鹿得到有效救治，必须及时发现病鹿并进行救治。由于鹿有较强的抗病力，初期治疗可以很快改善其生理机能，获得较好的治疗效果。

以预防为主的工作方针，其根本目的在于主动地控制疾病的发生，保护鹿群的健康与获得较高的鹿茸产量。为此，梅花鹿养殖场应根据本场鹿群的具体情况，在采用合理饲养管理的同时，制定全年的卫生防疫措施并贯彻执行。在防治工作上，鉴于鹿的许多疾病病程短促、转变较快，因此要求发现病鹿尽早采取防治措施，而要做到这点，平时就要对鹿群做细心的观察，如观察鹿的精神状态、食欲、排粪、排尿、反刍、鼻镜、运动姿势等是否正常。特别注意在引进鹿时，要进行严格检疫，同时做好运输中的管理和清洁工作。放牧时，避开潮湿低洼地块，应选高岗干燥地段放牧。

（二）敖东梅花鹿疫病的诊断方法

1. 传统诊断方法

（1）问诊　即询问饲养管理人员鹿发病经过和情况，进行综合分析，为正确诊断提供依据，主要包括以下几方面：①发病时间，出现症状的时间，由此可判定是急性病还是慢性病，以及疾病的阶段。②发病比例、发病数量以及是否集中，由此判断是传染病、中毒病还是普通病。③最初症状和以后表现，病鹿开始时有何表现，如精神、食欲、饮水、呼吸、排粪、排尿、反刍、嗳气、运动、站立、姿势等，以此推断疾病的性质和部位，对做出正确诊断有很大帮助。据此可以判断是否因用药不当而使病情复杂化，也是疾病诊断和以后用药的参考。④了解本场或该病鹿过去是否患过病及患病情况，是否发生过类似疾病，经过与结局，有无调进新的种鹿，鹿发病时间及死亡情况如何，据此可以了解是否为旧病复发或患有其他疾病。⑤饲料是否新鲜，是否被污染、发霉，日粮配合和组成，饲料种类及质量，是放牧还是圈养，是否突然改变饲料种类和饲养方法，饲料调制方法和饮水清洁度等。⑥鹿群密度，清洁卫生情况，地面是否平整，饲养员是否变动及对鹿群关心程度。⑦养殖场是否进行过消毒，对粪便及鹿尸体处理是否合理，执行卫生防疫制度情况，是否发生传染病等。

（2）视诊　是在不加保定情况下观察病鹿全身或局部所呈现异常的表现。此法简便可靠，应用范围广，是鹿病的主要检查方法，可为诊断提供重要依据。有些疾病如瘤胃臌气、破伤风、蹄部坏死杆菌病等，依据视诊就可做出初步诊断。视诊又是从鹿群中发现病鹿的主要方法。主要内容包括观察全身状态，如体况、营养、运动、姿势、被毛、腹围、精神、鼻镜等；正常生理活动，如呼吸运动、走动或奔跑、反刍、排尿、排粪的动作、排泄量及性状是否正常等；体表各部分及口、鼻等与外界相通的情况，如皮肤的颜色，有无出汗，体表有无创伤和肿胀，黏膜的颜色以及有无水疱、溃疡，鼻腔、肛门、阴门等有无分泌物、排泄物附着以及分泌物的色泽性状等。进入鹿圈视诊时，应有饲养人员带领，动作要缓慢，并在远处给予信号预告或食物引诱，使鹿群稳定后，尽量接近病鹿，从整体到局部仔细观察。

（3）嗅诊　即用鼻嗅闻排泄物（尿液、粪便）、分泌物（乳汁）、呼出的气体、口腔的气味。例如鹿患出血性胃肠炎时，粪便有腥臭味。

（4）触诊　是用手对要检查的组织器官触压感觉，以判定病变的位置、大小、形状、硬度、湿度及敏感性等，也可用于检查脉搏、妊娠等。

2. 一般检查　一般检查是鹿病诊断的基本方法，包括对鹿的整体状况、皮肤和可视黏膜及体温等的检查，从中发现问题，为系统检查提供线索，为鹿病的确诊奠定基础。检查最好在自然非保定状态下进行，但对驯化程度低的鹿必须保定，同时应充分考虑保定所产生的影响因素，以便获得客观结果。主要包括以下几个方面：

（1）体况和营养状况　根据机体全身各部位发育情况、被毛状态和肌肉丰满程度等加以判定。营养良好的鹿肌肉发达，躯体圆满，骨不外露，被毛整洁有光泽，皮肤富有弹性；缺乏营养的鹿，肋骨可数、背毛无光泽；营养中等的介于两者之间。

（2）精神状态　健康鹿胆小易惊，反应敏锐，警觉性高，喜群居，常一呼共鸣立刻奔逃，但这些与驯化程度有关。鹿的异常精神状态表现为神经机能的过分兴奋或抑制，前者表现为烦躁不安，步态不稳，抽搐或出现异常的攻击现

象；后者则表现为精神沉郁，或者痛觉减弱甚至无痛觉，肢体麻痹，以致陷入昏迷，病鹿的神经系统或其他部分的机能受到不同程度的损害，多见于严重疾病的过程中。

（3）体位及姿势 健康鹿姿势自然，动作协调灵活，当患有侵害神经系统疾病、四肢疾病或腹泻等疾病时常表现一些异常姿势，这在某些疾病的诊断上具有重要意义。如患破伤风病的鹿肢体僵硬，关节不能屈曲，四肢拘并开张负重，肌肉常有阵发性痉挛，在受到刺激时尤其严重，驱赶使之运步时症状更加明显。危急病例，可见病鹿多卧地且驱赶不起，发现此种情况应充分估计其原因。

（4）被毛 健康鹿被毛平顺，富有光泽。当出现被毛蓬乱、无光泽，换毛迟缓，常为营养不良的标志，见于慢性消耗疾病，例如结核病、某些寄生虫病或长期消化障碍等。局部脱毛常见于霉菌病或体外寄生虫病。

（5）皮肤及皮下组织 检查的目的在于发现皮肤及皮下的各种病变，病鹿的被毛有块状脱落，常为脱毛癣病所致。皮下脓肿是鹿较常见的疾病，可在全身任何部位的皮下发现，脓肿大小不同，易于辨认，触摸时通常有波动感。结核病时皮下淋巴结肿大，有时易与脓肿相混淆，但因淋巴结仅见于一定部位，无波动感，通常还能移动，故可区别。病鹿的皮肤若出现局部糜烂，除坏死杆菌外，多因表皮受伤后表皮缺损及继发感染所导致。鹿的鼻镜正常时应呈湿润状态，如果发现干燥，多为发热症状。

（6）可视黏膜状态 正常时鹿的黏膜颜色淡红，在出现炎症及血液循环障碍时，结膜颜色变为暗红至红紫色，小血管扩张明显。严重时由于气体变换障碍，黏膜颜色变为蓝紫，黄疸时则表现橙黄色或黄色，贫血时黏膜通常苍白。

（7）体温 体温的变动是鹿患病的常见症状。在正常情况下，鹿的体温在一天之间略有变动，一般以早晨最低，午后稍高，17：00—18：00达到最高。每天正常的温差在0.1～0.5℃，检查时不应认为病态。此外，在运动、进食、兴奋时也可见体温稍微增高。鹿的体温检查以直肠温度为标准。成年鹿体温38～39℃，平均38.50℃；仔鹿体温在38.7～40.6℃，平均39.50℃。体温升高不超过1℃为微热，升高1～2℃为中等热，2～3℃为高热，超过3℃以上为超高热。病鹿发生急剧体温上升，多见于全身性感染或急性传染病，若为慢性传染病或局部炎症体温升高不明显，多见出现微热。体温急剧升高后迅速下降至常温以下，称热骤退，往往预后不良。

3. 系统检查　消化系统疾病在鹿病中所占的比例较大，是常见病。因为消化机能变化可直接影响动物的营养、代谢、生长和发育。此外，其他系统的疾病也会累及消化器官。所以消化系统在鹿病诊疗中十分重要，检查内容包括食欲、饮欲、咀嚼、反刍、吞咽、呕吐、嗳气、胃肠状态、排粪及粪便等。食欲的改变是发现鹿患病的主要依据，在疾病诊断中具有重要意义，判断食欲时应排除饲料种类、质量、饲养管理制度及饲喂方式以及环境条件等突然变化的影响，应根据鹿的采食量、采食的持续时间及腹围的变化等进行。观察鹿采食精饲料情况，如果不食可能是精饲料过多或消化不良等疾病。如果不采食粗饲料，说明病情严重。长期食欲不定，要考虑慢性疾病如慢性消化不良与体内寄生虫病。食欲异常，如啃食泥土、污水、煤渣等，多见于营养代谢障碍性疾病。

（三）给药方法

1. 消化道投药　口服投药一般多为散剂、煎剂、溶液，有的可以直接拌在饲料里，让鹿自己采食，只要无特殊异味鹿都能采食。在大群投药时，要尽量拌匀、撒匀，防止强弱采食不均而引起中毒或达不到疗效。在投药前最好停饲1～2次，将药混入鹿喜食的饲料中。易溶于水的药物如高锰酸钾等，可以放在饮水中让鹿饮用。人工经口投药，必须在保定良好的情况下进行。用汽水瓶、橡胶投药瓶等灌入，或用胃管投入。直肠投药的优点是药物不经肝而直接吸收到血液中，不受小肠及消化酶的影响，吸收好，副作用少。投药前先进行温水灌肠，排除宿粪，然后用胶管将药液灌入直肠。如为了麻醉，可灌水合氯醛溶液；为了清洁直肠、软化内容物，可灌钾肥皂水等。瘤胃内投药在瘤胃臌胀、瘤胃积食时，用套管针可直接进行瘤胃穿刺，并将药液注入瘤胃内。这种方法可能造成局部损伤，非紧急情况下不用。如瘤胃臌胀时，可在穿刺放气的同时注入30％鱼石脂100 mL或10％来苏儿100 mL。

2. 皮下与皮内注射　将药液注射到皮下组织内，经毛细血管、淋巴管吸收到血液中，凡易溶解、无强刺激性的药液和疫苗、菌苗均可皮下注射。皮下注射部位通常选在颈两侧、胸腹侧皮肤容易移动的地方。对于驯化较好的鹿，注射少量药液时，可用金属注射器吸入药液，在鹿一侧迅速拈起皮肤，瞬间注入药液，当鹿反应疼痛时已注完。皮内注射是将药液注射到皮肤的真皮层内，如卡介苗注射在尾内侧皮内。

3. 肌内注射　肌肉内血管丰富，神经少，因此，有刺激性不宜皮下和静脉注射的药物均可肌内注射。肌内注射药物比静脉注射吸收慢，可持续发挥作用。对于驯化良好、让人接近的鹿，同皮下注射方法一样，而且不用揪皮肤，注射更方便；对于凶悍不驯服的鹿则需在保定器过道内注射或保定注射。近几年使用国产麻醉枪保定鹿效果不错，但因气囊充气费时费事，用得并不太多。很多养殖场用长杆注射器，即把金属注射器装在 2～3 m 长的长杆上，注射时只要对准鹿身注射部位就可直接注射。

4. 静脉注射　将药液直接注入静脉管内，随血流分布全身。作用迅速，奏效快，但排泄也快。鹿的静脉注射需在保定条件下进行，多在耳静脉或颈静脉处注射，局部剪毛、消毒，注射药液要缓慢。

5. 腹腔内注射　鹿的腹腔内注射多用于仔鹿，特别在仔鹿腹泻、因肺炎脱水、静脉不怒张，加上仔鹿皮肤松弛进针困难时，则应通过腹腔给药，药物有葡萄糖、林格尔氏液等。注射部位可选在右侧心部中央或乳房前方，稍提起后肢，使肠管前移，这样进针不易损伤脏器。注射部位要求消毒彻底，药液温度与体温相同。

第二节　疫病诊断与防疫

一、敖东梅花鹿疫病的临床诊断与防治

防疫是指预防和防止传染性疾病发生和蔓延。传染性疾病与一般性疾病不同，其由特定的致病微生物如细菌、病毒等所引起并在鹿群中迅速蔓延。

传染病会导致鹿的大批死亡、生产力下降，防治过程中耗费大量的药品、物资与人力，造成巨大的经济损失。疫病在鹿群中发生、传播和终止的过程是受传染源、传染途径和易感动物 3 个基本环节所制约的，缺少任何环节时疫病的流行即被终止。因此，要预防和防止疫病发生和蔓延，就要查明和消灭传染源，切断病原体的传染途径，提高动物对疫病的抵抗力。

（一）诊断

在发生疫病时，兽医人员应将疫情立即报告上级机关，特别是在发生烈性传染病时，应以最快的速度上报疫情。在防制过程中首先要及时准确地做出诊断，在此基础上制订出防制疫病的主要措施。为了正确地诊断，就必须掌握检

查疫病的各种方法，如流行病学诊断、临床检查、病理解剖学诊断、微生物学诊断及免疫学诊断等。由于各疫病特点不同，上述的诊断方法有时需综合运用，有时则仅进行其中的某种或几种方法。

1. 流行病学诊断　是在疫情调查的基础上进行的，以调查会和个别交谈的方式进行询问，查阅有关记录资料，及时对现场进行仔细的观察、分析，取得第一手材料，然后对材料进行归纳整理，去粗取精，去伪存真，做出判断。

2. 临床检查　是基本的诊断方法，包括一般检查、系统检查以及血、尿、粪等的常规化验。有些疫病具有特征性症状，经过仔细的临床检查不难做出诊断，但一些传染病在临床表现上有许多类似的特征，容易混淆。因此进行临床诊断时，常采用类似症状鉴别的方法，即对症状相似的容易相混的有关疾病进行比较与分析，比较其共有症状，分析其不同表现，通过分析比较做出鉴别。

3. 病理解剖学诊断　每种传染病都或多或少地有其特殊的病理变化，所以剖检尸体对疾病的诊断具有重要意义。当缺乏特有的病理变化，剖检不能获得结论时，可将病理材料送检，以便进一步进行微生物学和病理组织学诊断。

4. 微生物学诊断　在进行病原检查时，应依据所怀疑的疫病特性采取病原含量多的病料。若难以确定是何种疫病，应比较全面地取材，如血、肝、脾、肺、肾、脑、肠内容物等，同时要注意采取带有病变的部分无菌操作。

5. 免疫学诊断　是重要的诊断技术。常用的方法有凝集试验、沉淀试验、补体结合试验、荧光抗体试验、琼脂扩散及变态反应试验等。

（二）隔离

在发生传染病时，将患病和疑似患病的鹿个体进行隔离饲养，以便清除和控制传染源，从而中断流行过程，达到扑灭传染病的目的。根据检查结果，将疫区或疫点的鹿分类，根据危险性的不同区别对待。有明显症状的病鹿是危险的传染源，应在彻底消毒的前提下将其移入隔离圈，由专人饲养，严格护理和治疗，不许越出隔离场所。所用工具要固定，养殖场入口处应设置消毒池，护理人员和医疗人员出入均须消毒，禁止无关人员和其他鹿出入及接近。疑似感染的个体，虽未表现为明显临床症状，但有接触史。这类鹿有可能处在潜伏期，并有带菌（毒）的危险，也需限制活动，隔离饲养，密切观察，出现症状的则按病鹿处理。有条件时应立即进行免疫接种，或用药物进行预防性治疗，

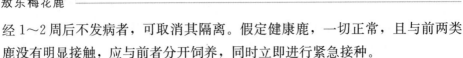

经 1～2 周后不发病者，可取消其隔离。假定健康鹿，一切正常，且与前两类鹿没有明显接触，应与前者分开饲养，同时立即进行紧急接种。

（三）封锁

当暴发某些传染病时，如炭疽病、口蹄疫时，除严格隔离病鹿之外，还应划区封锁。执行封锁时应掌握"早、快、严、小"的原则，即执行封锁应在流行早期、行动果断迅速、封锁严密、范围不宜过大。在封锁区边缘设立明显标志，设置监督岗哨，禁止易感动物通过封锁线。在必要的交通路口设立检疫消毒站，对必须通过的车辆、人员和非易感畜禽进行消毒，以期将疫情消灭在疫区之内。在封锁区内，对病鹿在严加隔离的基础上，进行治疗、急宰和扑杀等处理；对污染的精粗饲料、垫草、粪便、用具、鹿圈等进行严格消毒；病死的尸体应深埋；做好杀虫灭鼠工作。禁止从疫区输出鹿只和污染的饲料，疫区和受威胁区的易感动物应及时进行预防接种，建立防疫带。在最后一只病鹿痊愈、急宰和扑杀后，经过一定封锁期，再无疫病发生时，经全面的终末消毒后解除封锁。解除封锁后，尚需根据各种疫病的传染性质，在一定时间内限制病愈鹿的活动范围，以防其带菌（毒）传染。

（四）消毒

消毒是贯彻预防为主的重要措施，其目的是消灭被传染源散布于外界环境中的病原体，以切断传染途径，阻止疫病继续蔓延，但消毒也不是万能的，而仅是综合性防控措施中的重要环节。消毒的方法分物理消毒法、生物消毒法和化学消毒法 3 种。选择消毒剂和消毒方法时，必须考虑病原体的特性、被消毒物体的特性和经济价值等因素。①物理消毒法：包括清洁、扫除、日晒、风干和高温处理等，由于不需要消耗大量药品，成本低廉和方便易行，一般应尽可能选用此类方法。②生物消毒法：包括粪便、污水和其他废物的生物发酵处理等，也是简便易行、适于普遍采用的方法。③化学消毒法：是利用化学药物进行消毒处理，对鹿圈、场地、用具及饮水等进行消毒，以达到预防一般传染病的目的。

二、敖东梅花鹿养殖场疫病防治

1. 梅花鹿养殖场应谢绝场外人员参观　养殖场大门入口处要设立消毒池，

常用的消毒液是 2‰氢氧化钠溶液，消毒液应当 1 周左右更换 1 次。有条件的养殖场入口处设置紫外线灯消毒室，一切人员都要经紫外线照射后才能进入场内。鹿舍、运动场、饲料加工调制间、库房、设备、用具等要保持清洁卫生，并定期消毒，消毒可用 2‰～3‰氢氧化钠、0.05‰癸甲溴铵溶液或 0.5‰过氧乙酸溶液。畜舍外环境及道路也要定期消毒。粪便可经过发酵或堆积的方法进行无害化处理。解剖死鹿应在指定的地点进行，尸体可用掩埋、焚烧等方法进行无害化处理，解剖的用具和场地也要认真消毒。此外，还要有效地开展灭鼠和灭蚊蝇工作。

2. 制定实用的免疫接种计划和程序　养殖场应当根据当地鹿疫病流行情况、疫苗使用效果及本地实际，制订实用的免疫接种计划和程序，包括必要的免疫接种具体内容和实施方法。免疫接种途径有多种，主要有肌内注射、皮下注射、口服药物等，在生产实践中应根据疫苗的类型、疫病特点及免疫程序来选择最佳免疫接种途径。免疫接种前应检查疫苗性状是否正常，并对鹿进行严格体况检查，患病、瘦弱的鹿暂时不能进行免疫接种，妊娠母鹿在产前和产后 10 d 内也不能进行免疫接种。个别鹿接种疫苗后会出现不同程度的过敏反应，局部反应或全身轻微反应者一般无须做任何处理；而对全身反应严重者要进行对症治疗，注射抗过敏药物如肾上腺素、地塞米松等，对同时伴有体温升高者还要配合抗菌药物进行治疗。

3. 采取药物预防的措施　对某些没有疫苗的传染病，可以采取药物预防的措施。预防病毒性疾病感染，如病毒性腹泻、蓝舌病等，可用利巴韦林混饮，每 100 g 药物加水 150 kg，集中自由饮用，1 d 1 次，连用 3～5 d；还可用复方黄芪多糖混饮，即每 100 g 药物加水 500 kg，连用 5 d。预防细菌性疾病感染，如大肠杆菌病、巴氏杆菌病、结核病、布鲁氏菌病、传染性胸膜肺炎等，可用替米考星混饮，每 100 g 药物加水 600 kg，集中自由饮用，1 d 1 次，连用 3～5 d；也可用盐酸多西环素混饲，每 100 g 药物拌饲料 1 000 kg，休药期 28 d；还可用磺胺间甲氧嘧啶钠混饮，每 100 g 药物加水 1 000 kg，休药期 7 d。配种前要进行 1 次药物驱虫，可用伊维菌素预混剂混饲，每 100 g 药物拌料 100 kg，连用 3～5 d；还可以用丙硫咪唑内服，一次量每千克体重 15 mg，休药期 10 d。

三、敖东梅花鹿养殖场的卫生防疫制度

为了认真贯彻执行"防重于治"的方针，切实做好防疫卫生工作，确保鹿

群健康及提高其生产性能，必须有合理的切实可行的防疫卫生制度，编者结合各梅花鹿养殖场历年来在执行防疫卫生上所积累的经验及存在的问题制定本制度，作为各梅花鹿养殖场开展防疫卫生工作的依据。

1. 饲料管理制度　饲料是发生疾病和病原传递的媒介之一，应防止在运输和保管过程中遭到污染及发生变质，并且禁止从疫区采购饲料。对可疑的饲料，需经兽医检验是否被病原菌污染、生霉、酸败，是否混进沙石、异物后，方可决定其是否使用。饲料加工要细致，豆饼、块根饲料加工成小颗粒，以防吞咽咀嚼困难而形成食管梗塞、消化不良及胃肠病的发生。严防养殖场职工家属及附近居民饲养的畜禽进入饲料仓库及饲料室。

2. 饮水　要经常注意水源卫生，给鹿提供清洁、无异味、无病原微生物和寄生虫的饮用水。鹿饮用的井水或泉井，应由专人加以管理和保护。鹿舍水井应固定专用，不得与食堂、马厩、家属及附近居民混用。在洪水期及不安全的情况下，对井水应用漂白粉实行消毒。对妊娠母鹿冬季要饮温水，饮水槽（锅）要定期清理消毒，保持有足够的清洁饮水。

3. 鹿舍　为了从根本上创造良好的预防疫病条件，在选择养殖场位置时要充分考虑卫生安全性。鹿舍应远离牧场，距居民点 500 m 以上，远离交通要道。鹿舍及鹿圈的建筑取材及样式，除了防风和防鹿逃跑外，还要便于清扫和消毒。每天清扫的鹿粪及垃圾必须运送到鹿舍下风向距离 100 m 以外的地方堆积。储粪堆或粪坑位置要远离水源，粪便要经过生物发酵处理后方可作肥料使用。鹿舍内料槽、水槽以及所有的饲养用具，除要经常保持清洁卫生外，在春、夏、秋三季每季要对鹿舍进行大消毒 1 次，地面每旬消毒 1 次。发生传染病时，立即采取紧急措施，妥善处理。兽医及饲养管理人员在工作时应穿工作服和胶靴，工作结束后即将工作服和靴脱下放置在原工作室内，禁止穿到其他地方。工作服和胶靴应随时消毒，必须保持清洁。外来参观学习人员必须经场部批准和消毒后方准入场参观，参观时一般不得进入运动场和圈内，更不能接触鹿。饲养员不得在鹿舍内接待亲友或留宿，来客人时需报告场部，在场部指定地点会客、留宿及就餐。所有鹿舍出入口都应设石灰槽，通行人员必须认真脚踏石灰消毒。

4. 饲养管理　鹿舍的饲养用具，每舍要固定专用，不得各舍随便串用，用后应放在固定的位置，并要经常保持清洁卫生。非养殖场车辆及其他牲畜严禁进入场内和饲料地。运送调料的外来车、马必须在指定地点通过和停车，且不得使用本场的饲养用具。遗留的粪便和残余草料，必须清扫干净，送至堆肥场内。养殖场车马外出时，必须自带水桶和饲槽，不得与场外马匹串换使用。本场运饲料的拖拉机、汽车及大车车厢必须清洁，必要时应进行喷雾消毒。严禁利用运过农药等毒品及其他未经洗刷消毒的车辆运送饲料。病死的畜、禽肉，未经许可不得食用，养殖场职工家属更不得到场外购买死亡畜、禽肉类。养殖场职工要随时做好所分担区域的环境卫生，修好厕所，严禁随地排泄。养殖场职工家属所饲养的畜禽必须圈好或由专人到指定地点放牧，不得在场部周围和饲料地放牧。发生疫情时应立即报告，并要服从场部所采取的一切措施。养殖场驯化放牧的鹿群必须在规定的区域内放牧，回场时要踏石灰消毒。

第三节　敖东梅花鹿常见病及防治

敖东梅花鹿由于保持着野生习性，诊查疾病比较困难。由于敖东梅花鹿的抗病力很强，疾病症状不明显，易被忽视，必须及时发现疾病并治疗，以获得好的治疗效果。坚持预防为主的工作方针，保护鹿群的健康与获得较高的鹿茸产量。在采用科学饲养管理的同时，制订卫生防疫措施并坚持贯彻执行。在防治工作中，鉴于梅花鹿的许多疾病病程短促、转变较快，要求早期发现，尽早采取防治措施。

一、常见细菌病的诊断与防治

（一）布鲁氏菌病

布鲁氏菌病是由布鲁氏菌侵入机体的一种人鹿共患急性传染性疾病，也称马耳他热、波状热。布鲁氏菌病流行范围广、传播途径多、危害大。布鲁氏菌病多数病例为阴性型且为慢性经过。主要侵害鹿的生殖器官，导致繁殖功能障碍，体质逐渐变弱，使产茸量下降。世界卫生组织将其归类为 B 类传染病，我国将其列为二类传染病。

1. 病原　鹿布鲁氏菌病病原体布鲁氏菌有羊布鲁氏菌、牛布鲁氏菌和猪布鲁氏菌三种，革兰氏阴性菌。显微镜下呈散在分布，一般为杆状，也有部分呈球状。无芽孢、无鞭毛、一般不形成荚膜。

布鲁氏菌为需氧菌，最适培养温度为 37℃，适宜 pH 6.6～7.4。初代分

离培养时，营养要求高，需在含血培养基中培养。经几代培养后，可在普通培养基中生长，且生长速度较之前有所增加。菌落为湿润、闪光、无色、圆形、表面隆起、边缘整齐的小菌落。

布鲁氏菌在自然界中抵抗力较强。在土壤和水中可存活 4 个月；在肉、乳类中可存活 2 个月。对湿、热抵抗力较差，65℃经 15 min 或 70℃经 5 min 即可灭活；煮沸可立即死亡。对消毒剂的抵抗力也不强，一般常用消毒剂均可将其杀死。多种抗生素对布鲁氏菌都有效，但青霉素除外。

2. 症状　本病潜伏期 2 周到半年不等，多呈阴性感染。发病时，多呈慢性经过，发症早期除轻微的体温升高外，无明显临床症状。随着病程的推进，可见病鹿出现食欲减退、体质瘦弱、精神沉郁、发育迟缓、皮下淋巴结肿大、被毛蓬乱无光泽；妊娠母鹿出现流产、死胎，流产前从阴道流出污褐色或乳白色脓性分泌物，并偶有伴随胎衣不下、子宫内膜炎等；公鹿出现阴囊下垂、睾丸肿大，逐渐变坚硬，严重的病鹿会出现睾丸坏死；有的病鹿出现关节炎，表现为关节肿痛、跛行、站立困难或卧地不起的症状。

3. 防治　预防方面主要加强饲养管理，健全在场兽医卫生制度。定期对鹿圈进行全面消毒，特别是被污染或疑似被污染的鹿圈、运动场、饲槽、用具等，可用 10% 石灰乳或 5% 氢氧化钠进行场地消毒。对于流产的胎儿、胎衣等污染物要妥善处理，需消毒、深埋或焚烧。同时要注意定期检疫，一般每年进行 2 次检疫，对于阳性个体要严格隔离，阴性个体要进行免疫预防接种；在配种前也需对公鹿进行检疫，确保参配公鹿无传染病。每年进行预防接种，鹿布鲁氏菌病常用羊型 5 号弱毒冻干苗，接种方法为皮下注射、气雾免疫或饲喂免疫，其中皮下注射较为常用。对于梅花鹿养殖场出现的病鹿要及时淘汰。由病鹿所产仔鹿，出生后与患病母鹿进行隔离饲养，实行人工哺育，可健康生长。

(二) 巴氏杆菌病

巴氏杆菌病是由多杀性巴氏杆菌引起的鹿及其他多种动物的败血性传染病。鹿科动物多呈急性经过，特征是败血症变化，故也称为出血性败血症。由于本病发病率及病死率都较高，发病早期不易被发现，因此是危害梅花鹿养殖业较严重的细菌性传染病。

1. 病原　多杀性巴氏杆菌是一种两端钝圆、近似椭圆形的球杆菌，革兰氏阴性菌。无鞭毛、不形成芽孢，新分离得到的强毒株具有脂多糖等组成的黏液性荚膜。经培养后，荚膜迅速消失。病检时使用瑞氏染色或碱性美蓝染色，可见经典两极着色。巴氏杆菌为需氧或兼性厌氧菌，对营养要求严格，虽在普通培养基上可生长，但生长状况较差，在含血培养基中生长良好。菌落呈淡灰白色、边缘整齐、表面光滑、闪光露珠状小菌落。血清琼脂培养基中无溶血环。

巴氏杆菌对外界抵抗力不强，干燥空气中 2～3 d 死亡；55℃经 15 min 或 60℃经 10 min 即可灭活；血液中保持毒力 6～10 d；冷水中保持毒力 2 周；粪便内可存活 1 个月；多数消毒剂可使该菌迅速失活；抗生素如链霉素、青霉素、磺胺类药物对该菌有强杀性。

2. 症状　潜伏期一般为 1～5 d，呈最急性或急性经过。最急性型的鹿不表现出任何临床症状突然死亡；急性经过的鹿表现精神沉郁、体温升高至41℃以上、呼吸困难并伴随咳嗽，鼻镜干燥、眼结膜炎性出血、眼球下陷、食欲废绝，反刍和嗳气停止。初期粪便干燥，后期腹泻，严重时便血，一般经1～2 d 死亡。

3. 防治　巴氏杆菌病是一种条件性疾病，因此通过加强饲养管理可有效预防本病的发生。夏季防暑、冬季御寒、逐渐换饲并对种公鹿加强管理等，都是预防巴氏杆菌病的有效措施。定期消毒，平时做好消毒工作，饲料、饮水等注意清洁卫生。当养殖场发现有本病或疑似本病的个体时，要迅速诊断、及时隔离，并进行消毒及治疗。常用药有青霉素、磺胺类药物等抗生素。并配合针对性治疗，如强心、补液等。疫苗接种效果良好。

（三）大肠杆菌病

大肠杆菌病是由致病性大肠杆菌引起的一种急性传染病，患病个体常表现为出血性肠炎和败血症等。本病是梅花鹿养殖业及其他常见家畜养殖业的常见疾病之一，其发病率和死亡率都较高，会造成梅花鹿养殖场严重的经济损失。

1. 病原　大肠杆菌是两端钝圆的中等大小杆菌，有时近似球形，多散在分布，革兰氏阴性菌。多数菌株有 5～8 根鞭毛，周身有菌毛，能缓慢运动，无芽孢，少数菌株有多糖荚膜。大肠杆菌为需氧或兼性厌氧菌，对营养要求不严格，在普通培养基上生长良好，最适温度为 35℃，适宜 pH7.2～7.4。菌落呈中央凸起、光滑、湿润、乳白色、中等大小的菌落。血液培养基呈 β 型溶

血；伊红美蓝琼脂培养基产生金属光泽的菌落。本菌生化反应活泼，可分解葡萄糖，产酸产气。室温中可存活 1～2 个月，在土壤和水中可存活达数月，但对理化抵抗力较低，55℃经 1 h、60℃经 20 min 即可将其杀死。对氯十分敏感，常用的消毒药在常用浓度下 5 min 即可将其杀死。对链霉素、红霉素、庆大霉素等多种抗生素敏感。

2. 症状　鹿大肠杆菌病常呈急性经过，表现为食欲废绝，粪便如牛粪样并带血。病程一般为 1～2 d。慢性经过的个体多表现为精神沉郁、鼻镜干燥、饮欲增加、呼吸加快、结膜潮红，并离群独卧。慢性经过的个体还表现为排便次数增加，呈粥状，初期带有灰色黏液，后期便血。迅速消瘦，全身衰竭，预后不良。

3. 防治　病鹿可采用链霉素、磺胺脒等拌入精饲料中饲喂，每天 2 次，7 d 为 1 疗程。病症较轻者 1 疗程即可痊愈。加强管理，定期消毒。特别是冬季，要给予足量温水，精粗饲料搭配合理，同时注意防止饲料被排泄物污染。有必要时采取药物预防，但不能长期用药，否则易造成肠道菌群失衡及耐药菌的出现。

（四）坏死杆菌病

坏死杆菌病是由坏死梭状杆菌引起的慢性传染病。鹿患本病特征是蹄、四肢皮肤和深部组织以及消化道黏膜呈现坏死性病变，有时在内脏中形成转移性坏死灶。本病常不同程度地发生在各养殖场中，是鹿群中发病率最高、危害最大的传染病之一。目前无根本性预防措施，对梅花鹿养殖业存在巨大威胁。

1. 病原　坏死梭状杆菌是一种多形性细菌，在感染组织内为长丝状，有时也为短杆或球杆状。新分离的菌株主要呈平直的长丝状，经培养养呈短丝状。无鞭毛，不形成芽孢和荚膜，革兰氏阴性。本菌为严格厌氧菌，但在无氧环境中培养形成菌落后转入有氧环境可继续生长，最适培养温度为 37℃，最适 pH7.0。菌落呈波状边缘的小菌落。本菌对外界环境抵抗力不强，55℃经 15 min 即可被杀死。常用各类消毒剂如氢氧化钠、福尔马林等均可在短时间内将其杀死，但其在土壤里抵抗力较高。

2. 症状　鹿坏死杆菌病症状常见于四肢下部，主要侵害蹄，发病较为明显，主要症状是跛行，可见蹄叉处或蹄冠部潮红、肿胀，触诊有热感，极度疼痛，进而病变由化脓、坏死到蜂窝织炎。破溃处流出灰白色、黄白色恶臭脓汁，溃疡面为紫红色。坏死可侵害蹄软骨、韧带和腱，有的还会形成瘘管，有的局部出现急性蜂窝织炎。患病初期，急性炎症时，病鹿表现为体温升高、食欲减退、离群呆立、不爱活动、喜躺卧；若为慢性期，体温变化不明显。随着炎症的进行性变化，病鹿出现精神高度沉郁、食欲减退甚至废绝、消瘦、行动缓慢，最后呼吸短促，高度衰竭，多预后不良。如坏死灶转移到肺脏，引起化脓性肺炎或坏死性肺炎，呼出的气体带有恶臭。病鹿稍做运动就表现呼吸急促、呼吸困难。此情况的病鹿多以死亡转归。若仔鹿经脐带感染，表现为精神沉郁、喜卧、食欲减退，检查可见脐管增粗、脐孔出湿润，有的可以挤出脓汁。有些处于生齿期的仔鹿会引发坏死性口炎，表现为口腔恶臭，不断流出脓性涎水，同时还表现出齿龈、上颚、颊内面、舌及喉头等明显肿胀，并覆盖有坏死物质，有在下颌处形成瘘管，造成病鹿咽喉肿大，吞咽困难甚至饮水困难。皮肤坏死多发生在鬐甲部后侧或胸侧，首先发生局部肿胀，因被毛覆盖而不易发现，继而脱毛、破溃，形成化脓性溃疡。

3. 防治　发现病鹿需及时治疗，除去诱因，加强饲养管理，早期治疗，合理护理，防止病灶转移，全身配合局部治疗。

局部治疗：较轻的病鹿，患部用 1％高锰酸钾溶液或 4％乙酸溶液洗净后，敷用碘仿、硼酸粉末、高锰酸钾粉或硫酸粉少许，用 1％甲醛酒精绷带包扎。或选用 1∶4 甲醛松馏油。若脓肿破溃，则首先进行排脓，清创，暴露创面，造成有氧环境，并按上述方法进行处理。每隔 2 d 更换一次药物和包扎纱布。如若肿胀严重，配合链霉素 100 万 U、0.25％普鲁卡因 20 mL 进行封闭治疗。如若发病数高或无治疗条件，可直接涂抹 10％龙胆紫或 10％甲醛酒精。当病情比较严重、坏死面积较大，侵害组织较深或形成瘘管时，清创完成后可灌注10％甲醛酒精或 10％～20％碘酊。有条件的还可用 1％高锰酸钾、20％生理盐水浸泡患部，每日 1 次，每次 1 h，连续 3 d，改用上述灌注法，直至脓汁少时，渗出物减少，再按轻的症状处理。

全身治疗：在进行局部治疗的同时，注意全身治疗，防止坏死病灶发生转移。全身疗法主要包括消炎、健胃、整肠、平衡电解质等，对于极度衰弱的病鹿尤为重要。常用方法有 5％～10％葡萄糖 1 000～1 500 mL、维生素 C10 mL、安钠咖 10 mL，缓慢静脉注射；10％葡萄糖 100 mL、40％乌洛托品40 mL、5％磺胺嘧啶 40 mL、20％安钠咖 20 mL，一次静脉注射。食欲减退的病鹿，内服龙胆末 20 g、大黄末 20 g、姜酊 50 mL、水 100 mL，或其他健胃方

剂。并每日肌内注射链霉素、青霉素等抗生素。此外，药浴对蹄部坏死杆菌病有显著效果，且简便、实用。常用药浴配方为3％来苏儿、2％甲醛、15％～20％硫酸铜溶液、4％乙酸。

预防措施：注意保持圈内卫生，实施定期消毒；保护蹄部，防止外伤。要求圈内地面平整，并有一定坡度，防止积水，及时清理树枝、砖头等杂物，减少蹄部磨损。加强饲养，尤其是在公鹿配种期间。发现病鹿及时隔离并采取治疗措施，保证预后。

（五）结核病

结核病是由结核分支杆菌引起的一类慢性消耗性传染病。其特征是组织器官形成结核结节，结节中心呈干酪样坏死或钙化。结核病是最古老的世界性人畜共患病之一，对敖东梅花鹿养殖及其他养殖业有严重的危害，直接影响着养鹿业的发展。

1. 病原　本菌为细长弯曲的杆菌，两端钝圆，单在或成丛排列。无芽孢、荚膜、鞭毛，不能运动。一般染色难以着色，抗酸染色后，本菌呈红色，其他细菌和组织呈蓝色。本菌为严格需氧菌，适宜温度为37～37.5℃，pH6.5～6.8。对营养要求严格，初次分离时需要用含血清、鸡蛋、马铃薯和甘油等营养丰富的培养基培养。此外，人为加入少许铁质，可促进结核分支杆菌生长。本菌在培养基上生长缓慢，特别是在初代培养时更慢。在固体培养基上，人型菌落为干燥、粗糙类似菜花状菌落；牛型菌形成瘠薄、干燥菌落；禽形菌形成平滑、潮湿、灰白色菌落。液体培养基上形成多皱干燥菌膜。结核分支杆菌对外界环境条件尤其是对干燥湿冷等具有较强的抵抗力，对自然界的理化因素抵抗力较强，外界存活时间长。在干燥的痰中、病变组织和尘埃中可存活6～8个月。具有较强的耐酸耐碱性，在盐酸、硫酸及氢氧化钠中可存活数小时。可应用此方法处理标本，达到杀死杂菌、保留结核分支杆菌的目的。本菌不耐热，60℃经15～20 min死亡，对直射日光较为敏感。本菌对磺胺类药物和大多数抗生素均不敏感，但对链霉素、异烟肼和氨基水杨酸等敏感，可用于治疗。

2. 症状　病鹿多呈慢性经过，初期症状不明显，后期逐渐表现为食欲减退或反复无常。被毛粗乱无光泽，换毛延迟。精神沉郁、行动缓慢，渐进性消瘦，弓背、咳嗽。初期干咳、后期湿咳，并且在采食及早晚期间症状尤为明显。久病个体呼吸频率增加甚至张口呼吸，后期呼吸困难，鼻翼张开，严重者出现喘鸣音。淋巴结肿大，小如鸡蛋、大如人头，触之坚硬，严重者破溃流出黏稠干酪样脓汁，久治不愈。体温升高至 40℃左右，心跳加快，最后因极度消瘦、衰竭死亡。病程长达数月至 1 年以上。在发生肠型结核时，常表现为腹痛、腹泻，甚至混有脓血；乳腺结核时，可见一侧或两侧乳房肿胀，触诊可感知到肿块。急性经过的病理较少，有些患有结核病的仔鹿突然死亡，死后尸检可见典型结核病变。

3. 防治　鹿结核病是一种慢性消耗性疾病，治疗较为困难，病程长，用药量大，效果不佳，所以很少进行治疗，主要以预防为主，采取综合性的防疫措施。养殖场应定期对鹿群进行结核分支杆菌的检查，反应阳性的个体要及时进行隔离观察。对于发生本病的鹿场，除进行检疫和隔离外，还要对圈舍及用具等进行严格消毒；平时禁止牛、羊等进入养殖场。此外，还要对饲养员进行定期检查，严禁患有结核病的人员参加养殖场的饲养工作。加强鹿的管理，坚决杜绝结核病诱因。

（六）炭疽

炭疽是由炭疽杆菌引起的人畜共患的一种急性传染病。鹿患本病的特征是发病突然、高热，视诊可见黏膜发绀、口流黄水或泡沫样液体。尸检可见血液呈煤焦油样，内脏器官呈败血症变化，自然孔流血。鹿炭疽发病急、传播快、病死率高，国内曾有数起报道，给养殖场带来严重经济损失。

1. 病原　炭疽杆菌是一种长而粗的大杆菌，革兰氏阳性菌。菌体周围有黏液样的荚膜，荚膜所包围的两菌体间稍凹陷，游离端呈钝圆形，显微镜下呈似竹节状，菌体无鞭毛，不能运动。形态上有明显的双重性，在病料中常单独散在或 2～3 个菌体相连，呈短链状排列。在人工培养或自然界中的炭疽杆菌，菌体粗而长，几十个或上百个细菌连成长链状，两菌体间有明显的间隙。一般不产生荚膜，能够形成卵圆形、折光性强、位于菌体中央的芽孢。炭疽杆菌芽孢抗性极强，在自然界中可存活数 10 年。一般认为，只有在氧气充足、温度适宜的条件下才能形成芽孢，所以要求禁止解剖因患炭疽死亡或疑似患炭疽死亡的动物。

本菌为需氧菌，对营养要求不严格，在不同培养基上即可生长，最适温度为 37℃，适宜 pH 为 7.2～7.4。在普通培养基上培养可见扁平、灰白色、不透明、干燥、边缘不整齐的火焰状大菌落。使用低倍显微镜可见普通培养基上

菌落边缘呈卷发状。鲜血琼脂平板上无明显溶血环，但持续培养一段时间后会出现轻度溶血。在青霉素培养基中呈现"串珠反应"。

2. 症状　鹿炭疽根据病程，可分为最急性型、急性型和亚急性型。

最急性型：常见于本病的初期，往往不表现任何临床症状，突然倒地、全身痉挛、呼吸急促、瞳孔散大、口流黄水，并于几分钟内死亡。

急性型：此型比较常见，表现为精神沉郁、食欲废绝、反刍停止，有的病鹿会出现瘤胃胀气，体温升高至 $40\sim41\,℃$，鼻镜干燥，瞳孔散大，恶寒战栗，心悸亢进，脉搏增速，卧地不起，四肢不停摆动，呼吸困难，视诊可见黏膜发绀，伴随血尿或血便。病鹿在临近濒死期，体温极速下降，口流黄水或泡沫，呼吸极度困难，痉挛而死，病程一般为 $1\sim2\,d$。

亚急性型：常见于本病的中后期。症状与急性型相似，但病程相对稍长，一般为 $2\sim5\,d$，有的可延长至 $10\,d$ 左右，表现为精神沉郁、食欲减退乃至废绝、反刍停止、体温升高、腹痛、腹泻，排稀血便或脓血便，有时在粪便中带有管状肠黏膜，粪便腥臭。有的病例排血尿。个别病例在茸根部、头部、颌下或颈前部发生水肿。

3. 防控

（1）平时的预防措施　加强饲养管理，保证饲料供应，鹿生活环境及用具尤其是锯茸用具要进行严格消毒。定期检疫和预防接种，曾为疫区或受威胁区的梅花鹿养殖场要进行定期检疫及疫苗接种。

（2）发生炭疽后的扑灭措施　当确诊为炭疽时，应立即进行封锁，并将疫情上报至有关管理部门。对养殖场内所有的鹿进行临床诊断，并对患病或疑似患病的个体进行隔离及治疗，假定健康的群体进行紧急疫苗接种。同时对梅花鹿养殖场内的环境、用具等进行严格消毒。对病鹿排泄物、分泌物等进行无害化处理，尸体进行焚烧并深埋，禁止解剖。

（七）肠毒血症

肠毒血症是由魏氏梭菌引起的一类急性传染病。本病主要是由于饲喂不当破坏了胃肠的正常消化机能造成的。魏氏梭菌在繁殖的过程中产生毒素，导致全身毒血症，发病急、病死率高，危害严重。

1. 病原　魏氏梭菌为革兰氏阳性菌，两端钝圆的粗大杆菌，单独或成双排列，也由呈短链排列。在自然界中主要以芽孢形式存在，芽孢呈卵圆形，位于菌体中央或近端。在机体内可以形成荚膜，但没有鞭毛，不能运动。

本菌为厌氧菌，对营养要求不严格，在普通培养基上即可快速生长。葡萄糖血清琼脂培养基中形成放射状条纹，边缘呈锯齿状，灰白色、半透明、圆盘状菌落。鲜血琼脂培养基中可见棕绿色溶血区，有时发生双重溶血环。

2. 症状　本病发病突然，处于发病初期的病鹿呈离群呆立、食欲废绝，继而表现为腹痛不安，并伴随惊恐、奔跑、怪叫、肌肉颤抖、步态不稳、四肢麻痹、粪便带血。视诊可见眼结膜潮红，后期发绀；口腔黏膜苍白，四肢及耳尖发冷，逐渐昏迷，预后不良。病程较短，一般为最急性和急性经过，从发病到死亡最短仅 8 h，最长为 3 d，一般在 12～36 h 死亡。

3. 防治　根据本病的病因，主要的防治措施为加强饲养管理，不突然更换饲料，保证饲料营养均衡，不要过多地饲喂高蛋白质或青嫩多汁饲料，酸败饲料要及时清理，禁止饲喂。对于本病多发区域，可选择羊快疫、猝疽、肠毒血症三联疫苗进行免疫接种。对于最急性或急性的病鹿不采取治疗措施。对于呈现长病程的个体，可采取对症治疗和抗菌治疗。对症治疗常采取强心、补液、洗胃、灌肠等；抗菌疗法一般采用青霉素、链霉素、卡那霉素等抗生素及磺胺类药物，并配合安络血、维生素 B_1 等药物。个别珍贵鹿，为保证治疗效果，可采用高免血清进行治疗。

（八）破伤风

破伤风是由破伤风梭菌经创伤感染后所产生的外毒素引起的中毒性人畜共患传染病。主要临床症状为运动神经中枢应激性增加，全身肌肉或部分肌群呈强直性痉挛或阵发性收缩。本病是一种古老的世界性疾病，在我国敖东梅花鹿养殖场呈零散发生，不及时治疗一般预后不良。

1. 病原　破伤风梭菌为两端钝圆、细长、直或稍弯曲的革兰氏阳性大杆菌。多数周身有鞭毛，能运动，无论是在机体内还是在自然界中均可产生芽孢。芽孢一般呈圆形或椭圆形，位于菌体的顶端，宽度明显超过菌体，在显微镜下可见带有芽孢的菌体呈棒状。

本菌为专性厌氧菌，适宜温度为 37℃，最适 pH 为 7.2～7.4。对营养要求不高，在普通培养基上即可生长。在血琼脂培养基上培养 24 h 形成不规则的圆形、扁平、透明、周围呈疏松羽毛状的蜘蛛状小菌落。在血液培养基中形成轻度溶血环。在肉汤中发育缓慢，呈均匀浑浊生长，并产少量气体，浮于液面；

培养时间过长时，沉淀物聚集在管底，肉汤澄清，产生甲基硫醇，有咸臭味。

2. 症状　本病潜伏期长短不一，一般为7～14 d或更长。如果机体抵抗力较弱、创伤深、组织坏死严重、创伤距头部近、感染强毒株，则潜伏期短；反之，则潜伏期相对长。

发病时，最初呈运步强拘，活动谨慎缓慢。继而出现肌肉痉挛强直，首先出现在头颈部，表现为采食、咀嚼、吞咽、反刍困难，严重者牙关紧闭，完全不能采食或饮水。开口困难，在口腔中残留饲料。腰背肌群痉挛，腰背强硬，四肢僵硬，关节屈曲困难，运步强拘，呈木马状，若强行驱赶，易跌倒，不能起立。

本病反应兴奋性增高，遇到强刺激，肌肉痉挛性收缩加剧，表现为惊恐不安。瞳孔散大，结膜充血，瞬膜外露甚至覆盖眼球。呼吸困难，心率升高，后期出现窒息，心脏停搏，拒绝进食，全身衰竭死亡。病程一般为3～7 d。

3. 防治　本病与外伤有密切关系，应加强饲养管理，特别是驱赶运动中应小心驱赶，防止外伤。配种期间，要加强公鹿管理，防治角斗受伤。圈舍应平整，鹿道、墙面及保定措施不应有凸出物，防止意外剐蹭导致外伤；锯茸、打耳号、分娩相关用具应进行严格消毒。发生外伤应及时处理，必要时要进行扩创，让创面充分暴露。

治疗原则是消除病因、中和毒素、镇静解痉及加强护理。①消除病因：充分清创，伤口深而创口小的需要扩创，并配合3%过氧化氢或2%高锰酸钾进行洗涤，再用5%～10%碘酊涂擦。创口不进行缝合，除局部治疗外，使用青霉素、链霉素联合肌内注射进行全身性治疗。②中和毒素：使用抗破伤风血清进行皮下、肌内或静脉注射。首次用药剂量应充足。③对症治疗：镇静解痉，一般选用25%硫酸镁液，也可选用5%～10%水合氯醛进行直肠灌注。同时配合强心、补液、健胃。

加强病鹿的护理，应将其置于光线较暗、通风良好、干燥洁净的环境中，冬季注意保暖。给予充足饮水，对采食困难的病鹿给予易消化的饲料。

二、常见病毒病的诊断与防治

（一）狂犬病

狂犬病是由狂犬病病毒引起的一种直接接触性人畜共患传染病。特征是神经兴奋性增强，表现为狂躁不安和意识紊乱，最后麻痹死亡。发病快，病死率高。

1. 病原 狂犬病病毒外形呈弹状，RNA病毒，一端钝圆、一端平凹，有囊膜，内含衣壳，呈螺旋对称。狂犬病病毒宿主范围广，可感染鼠、家兔、豚鼠、马、牛、羊、犬、猫等，侵犯中枢神经细胞并在其中增殖，于细胞质中可形成嗜酸性包含体。本病毒在20℃环境下可生存2周，在4℃冰箱内可生存几个月，经真空冻干后可存活3～5年，100℃加热2min死亡。本病毒还可被日光、超声波、1%～2%肥皂水、70%酒精、0.01%碘酒等灭活。对酸、碱、石炭酸、福尔马林等消毒剂敏感。

2. 症状 根据临床表现分为三种类型，即兴奋型、沉郁型、麻痹型。

（1）兴奋型 也称狂躁型，突然发病，表现为离群、尖叫、不安、冲撞物体，对人及其他鹿有强攻击性，有的病鹿还啃咬自身躯干或其他鹿。鼻镜干燥、结膜潮红，病鹿初期体温一过性升高1～2℃，中、后期低于正常体温；偶见病鹿前蹄刨地、舌舔肛门及乳房等异常行为。有的病鹿出现卧地吼叫，后期后躯呈不完全麻痹、倒地不起、颈部痉挛、角弓反张，经1～2d死亡。

（2）沉郁型 病鹿呈精神沉郁、两耳下垂、呆立、拒食、离群，并伴随走路摇晃，头部震颤、咬牙吐沫。一般经3～5d死亡。

（3）麻痹型 病鹿食欲减退、后躯无力、站立不稳、走路摇晃或呈排尿姿势，还有个体呈卧地犬坐姿势。强行驱赶时，后肢无力，勉强支撑体躯或后肢拖地前进；有的病鹿后期卧地长期不起，发生褥疮，病程较长。此型较为多见，有的个体能耐过。

3. 防控 加强饲养管理，放牧鹿群严防被犬咬伤，梅花鹿养殖场周围的犬必须定期注射狂犬病疫苗。出现患病鹿需及时诊断，没有治疗意义的要及时扑杀。

（二）流行性乙型脑炎

流行性乙型脑炎是由乙型脑炎病毒引起的经蚊虫传播的一种自然疫源型人畜共患病。鹿多以隐性感染，有时也有以神经症状为主要特征的临床症状。

1. 病原 乙型脑炎病毒属于黄病毒属，是一种球形单股RNA病毒，内有衣壳蛋白与核酸构成的核芯，外披以含脂质的囊膜，表面有囊膜糖蛋白刺突，即病毒血凝素，囊膜内尚有内膜蛋白，参与病毒的装配。病毒基因组

全长11 kb，病毒RNA在细胞质内直接起mRNA作用，翻译出结构蛋白和非结构蛋白，在胞质粗面内质网装配成熟，出芽释放。本病毒不耐热，56℃经30 min、100℃经2 min即可被灭活；易被各种消毒剂和溶脂性物质灭活，如5％石炭酸、3％～5％来苏儿等；同时对乙醇、乙醚、丙酮等敏感。

2. 症状　一般为突然发病，初期体温升高至40℃左右，呼吸困难，脉搏增数，结膜潮红，食欲废绝。有的病鹿1～2 d后体温恢复正常，饮欲增加。若病毒侵害脑和脊髓，会出现明显神经症状，表现精神沉郁、兴奋或两者交替出现。有的病鹿主要是沉郁状，表现为精神沉郁、低头垂耳、眼半开半闭、喜卧，强行驱赶时能自行站立，但站立不稳，不久再次卧地。后期卧地不起，感觉机能消失，呈昏睡状态，体温下降，心力衰竭而死。有的病鹿主要为兴奋状，主要表现为神经症状如狂躁不安、乱走乱撞、步态踉跄、后躯摇晃，有时呈圆圈运动或无目的运动。最终全身衰竭而死。

3. 防治　本病的主要传染媒介为吸血蚊蝇，所以应注意圈内卫生，防止滋生虫蚊。养殖人员需注意鹿的精神状态，一旦发现患病或疑似患病的个体，需及时诊断、治疗，并进行隔离，同时对病鹿舍进行彻底消毒。对病鹿进行治疗一般选用：静脉注射浓盐水、山梨醇、甘露醇等降低颅压；同时配合25％葡萄糖、阿托品、安钠咖等药物进行补液、强心；肌内注射青霉素、链霉素等抗生素降低并发症。主要做综合性保守治疗，一般都能取得较好的治疗效果。对于疫区的敖东梅花鹿养殖场建议做好定期免疫接种。

（三）恶性卡他热

恶性卡他热是由恶性卡他热病毒引起的急性致死性传染病。其特征为短期高热，口、鼻和眼睛的黏膜出现高度炎症，甚至有出血和溃疡，早期可见神经症状，病死率极高。在世界各地均有发生，在我国也有过相关报道。

1. 病原　恶性卡他热病毒为疱疹病毒科病毒，是DNA病毒，在血液中附于白细胞上，能够在甲状腺、肾上腺细胞中生长，形成融合细胞，有包含体。病毒对生存环境要求高，50～60℃、冻干等条件下均不能生存，0℃以下失去传染性。

2. 症状　病鹿食欲减退，怠倦无力，伏倒时伴随水样粪便排出，甚至带血。放牧时，患病个体落后，或站立不动，精神沉郁，两耳下垂。体温升高至

40℃，但有的个体也表现为体温正常，呼吸及心跳稍有加快。一般在出现临床症状 24 h 内死亡，也有相当一部分的患病个体未出现临床症状，发生突然死亡。另外，也有发生头眼型，主要表现为从眼、鼻中流出黏性分泌物，有时呈黄色，严重者嘴唇发生破溃。

3. 防治　敖东梅花鹿感染本病多预后不良。当养殖场中有疑似本病发生时应及时采取措施，立即隔离病鹿，并进行诊断、治疗。无治疗意义的鹿需进行无害化处理，防止传染。

（四）口蹄疫

口蹄疫是由口蹄疫病毒引起的偶蹄动物的一种急性、热性、高度接触性传染病。主要侵害偶蹄动物，偶见于人和其他动物。其临床特征为口腔黏膜、蹄部和乳房皮肤发生水疱。本病发生于世界各地，虽病死率不高，但由于宿主广泛，传染性强，病毒易变异，亚型多，主要通过空气传播，易大面积暴发，较难控制及治疗，容易给敖东梅花鹿养殖场及其周边相关养殖场造成重大经济损失。

1. 病原　口蹄疫病毒属于小 RNA 病毒科、口蹄疫病毒属，是 RNA 病毒，有 O、A、C、SAT1、SAT2、SAT3 和 Asia1 7 个血清型。各型之间几乎没有免疫保护力，感染了其中一型口蹄疫病毒的动物仍可感染另一型口蹄疫病毒而发病。口蹄疫病毒对外界环境的抵抗力较强。粪便中的病毒在温暖的季节可存活 24～33 d，在冻结状态下可越冬。高温及紫外线对病毒有较强的杀伤性。口蹄疫病毒对碱比较敏感，因此可用碱性消毒剂对环境消毒。

2. 症状　鹿口蹄疫在 2～8 d 的潜伏期后，突然发病。初期伴有体温升高、精神沉郁、肌肉战栗、食欲废绝、流涎、反刍停止。1～2 d 后，在舌面、齿龈、嘴唇、口腔黏膜及鼻门镜上出现大小不同的水疱。水疱通常在 24 h 内破裂，水疱上皮脱落，伴随大量流涎，形成浅表的边缘整齐的红色糜烂面。与此同时，蹄部也发生水疱，多见趾间和蹄冠，水疱很快破裂出现糜烂，蹄匣甚至脱落，导致疼痛和明显跛行。有的患病鹿出现多种并发症，如皮下、腕关节等处出现蜂窝织炎，沿血管或淋巴管发展，继而出现全身性症状，多为预后不良。

3. 防控　本病毒各型之间没有相互免疫作用，所以免疫工作难度较大。该病一般不允许治疗，发现患有或疑似患有口蹄疫的鹿，要就地扑杀。无病地区严禁从有病地区引进鹿及其产品、饲料、生物制品等。来自无病地区的鹿及其产品，也应进行检疫。发生疫情时，立即上报。按国家有关规定，严格实行划区封锁，紧急预防接种，做好消毒工作。口蹄疫流行的地区和划定的封锁区应禁止人、鹿及鹿产品流动。

三、常见其他传染病的诊断与防治

（一）钩端螺旋体病

钩端螺旋体病是由致病性钩端螺旋体引起的一种人畜共患自然疫源型传染病。主要特征呈短期发热、贫血、黄疸、血红蛋白尿等。由于病畜在发病过程中不断排出血红蛋白尿，故俗称"血尿病"。其因发病率高、病死率高，给梅花鹿养殖业带来严重的经济损失。

1. 病原　钩端螺旋体个体非常纤细，长 $6\sim20\,\mu m$、宽 $0.1\sim0.2\,\mu m$，具有细密而规则的螺旋。在暗视野下仅可见似串珠状的发亮的菌体，且可活泼运动。由于活泼运动，整个菌体呈 C、S 等形状，随着不断运动，该形状又会随时消失。本菌血清型有 130 多个，抗原构造复杂，鹿的钩端螺旋体属于波摩那型。

钩端螺旋体对营养的要求不高，在柯氏液中生长良好，需氧，适宜生长温度为 $28\sim30℃$，适宜 pH7.2～7.5。生长缓慢，接种后 $3\sim4\,h$ 开始生长，$1\sim2$ 周开始大量繁殖。钩端螺旋体对环境的抵抗力较强，在水中可存活数月。对高温较为敏感，$50℃$ 经 $10\,min$ 即可被灭活。低温耐受性强，在 $-70℃$ 培养物中，毒力持续 1 年以上。各种消毒剂如 70％乙醇、2％盐酸等 5 min 即可将其灭活。对青霉素、金霉素、四环素等抗生素敏感。

2. 症状　本病病程长短不一，一般分为急性型、慢性型和隐性型。急性型病程为 $1\sim10\,d$，病死率较高，常在 90％以上；慢性型病程一般为 10 d 到数十天，往往预后良好，仅有少数个体因体质较差而发生死亡；隐性型没有明显的临床变化，仅可在圈内地面上发现血红蛋白尿。

典型的临床症状表现为血尿，呈葡萄酒样，其次是黏膜、皮肤黄染。初期表现为精神沉郁，鼻镜干燥，被毛逆立。随着病情加重，表现为离群独立、双耳下垂、体温升高至 41℃ 以上、食欲减退甚至废绝、反刍停止、四肢无力、倦怠喜卧、可视黏膜黄染。随着病情日益加重，出现严重贫血，黏膜苍白带有黄色。脉搏增数、呼吸困难，最后体温下降，窒息死亡。个别体质较强的个体可耐过，后期表现为贫血状况改善，血尿及黄疸现象减轻并消失，食欲、反刍等恢复，最后康复。

3. 防治　在鹿群中发现本病应及时隔离，进行全场消毒。治疗应尽早，体温40℃以上时治疗效果最佳，一旦出现36℃以下，则多预后不良。可选用青霉素每天150万～200万U肌内注射或大剂量静脉注射。每年进行定期的疫苗接种，并做好灭鼠工作。

（二）皮肤霉菌病

皮肤霉菌病是由多种皮肤丝状菌引起的一种人畜共患慢性皮肤传染病。其特征是皮肤上出现明显圆形或轮状癣斑，并侵害皮下深部组织。

1. 病原　皮肤丝状菌又称皮霉菌。常见有表皮癣菌属、毛癣菌属和小孢菌属。前一菌属主要侵害人类，后两菌属对人和动物均有侵袭力。本菌对营养要求不高，在沙氏琼脂培养基上能够生长良好。多为需氧性菌，适宜温度为22～28℃，对湿度要求高，培养需要高湿度。生长速度缓慢，一般在室温或25℃培养1周后才有可见的绒球状菌落。

毛癣菌属主要侵害皮肤、毛发、蹄及爪等角质组织。菌丝呈螺旋状、球拍状、结节状或鹿角状。毛癣菌属菌落呈颗粒状、粉粒状、绒球状，其颜色为灰白、淡红、红、紫等。小孢霉菌属主要侵害毛发和皮肤，一般不侵害爪、蹄。其菌落为绒絮状、石膏样，颜色为灰白、橘红、棕黄色。

2. 症状　本病病变多见于头、颈、肩、胸及背部等处。初期患部出现丘疹，继而发展为水疱，水疱破溃后形成痂皮，痂皮脱落后形成无毛区。在发病过程中，因局部病变感染刺激，常出现擦痒，导致皮肤破溃，并有继发感染。外因刺激导致患病个体多发育不良。

3. 防治　本病需注意预防，定期对鹿圈、运动场及生产相关用具进行消毒，搞好环境卫生。对于新引进的种鹿，需进行30d的隔离观察，确认无相关传染病后可混入正常饲养圈内。对于患病个体，首先进行隔离，防止互相传染。治疗时，首先对患部进行剃毛处理，后用肥皂水进行洗涤，除去痂皮和鳞屑，再用10%碘酊或10%水杨酸酒精、5%～10%硫酸铜等涂于患部，初期每天1次，后期间隔1～2d重复1次，直至痊愈为止。对于个别珍贵鹿，还可配合抗生素，防止继发感染及相关并发症。

四、常见寄生虫病的诊断与防治

(一) 肝片吸虫病

肝片吸虫病是由肝片吸虫寄生于肝脏胆管中导致肝脏受损的一种寄生虫病。本病除较为严重的肝脏损伤外，还伴随胆管炎、贫血、全身性中毒及营养障碍等慢性消耗性疾病，患鹿多发育不良，严重影响鹿茸产量及质量，对梅花鹿养殖业造成极大损失。

1. 病原　肝片吸虫是吸虫纲、片形科的一种。分布于世界各地，尤以拉丁美洲、欧洲和非洲等地比较常见，在我国各地广泛存在。虫体呈扁平叶状，长 20~25 mm、宽 8~13 mm。口吸盘位于体前端，腹吸盘位于前端腹面，口孔开口于口吸盘。肝片吸虫幼虫期在螺体内进行大量的无性繁殖，于 5—6 月成熟，然后大量逸出。肝片吸虫幼虫期穿破肝表膜引起肝损伤和出血。虫体的刺激使胆管壁增生，可造成胆管阻塞、肝实质变性、黄疸等。分泌毒素具有溶血作用。肝片吸虫摄取宿主的养分，引起营养状况恶化，幼畜发育受阻，育肥度与泌乳量下降，危害很大。

生活史：成虫寄生在鹿、牛、羊及其他草食动物和人的肝脏胆管内，有时在猪和牛的肺内也可见到。在胆管内成虫排出的虫卵随胆汁排在肠道内，再和寄主的粪便一起排出体外落入水中。在适宜的温度下经过 2~3 周发育成毛蚴。毛蚴从卵内出来即可在水中自由游动。当遇到中间寄主椎实螺，即迅速地穿过其体内进入肝脏。毛蚴脱去纤毛变成囊状的胞蚴，胞蚴的胚细胞发育为雷蚴。雷蚴呈长圆形，有口、咽和肠。雷蚴刺破胞蚴皮膜出来，仍在螺体内继续发育，每个雷蚴再产生子雷蚴，然后形成尾蚴，尾蚴有口吸盘、腹吸盘和长的尾巴。尾蚴成熟后即离开锥实螺，后在水中存在若干时间，尾部脱落成为囊蚴，附着于水草上和其他物体上，或者在水中保持游离状态。梅花鹿及其他牲畜饮水或吃草时吞进囊蚴即可感染。囊蚴在肠内破壳而出，穿过肠壁经体腔而达肝脏。

2. 症状　症状的轻重与感染进程及鹿个体情况有关。病鹿一般表现为精神沉郁、鼻镜干燥，并伴随可视黏膜黄染或苍白，贫血、消瘦、被毛粗乱无光泽、食欲减退、反刍减慢或停止，并可能出现异嗜。有的个体还表现为便秘或腹泻，情况不定。公鹿在生茸期感染肝片吸虫表现为鹿茸生长缓慢；仔鹿感染肝片吸虫表现为发育不良，体质较差，甚至不能耐受，导致死亡。

3. 防治　肝片吸虫病因其传播途径较为固定，所以在防治过程中，主要注意肝片吸虫生活史中的关键环节，即可有效防治本病。做好定期计划性驱虫，对肝片吸虫病疫区，选用高效、广谱、方便的驱虫药。对鹿粪便进行生物热、沼气法等无害化处理。对低洼地和沼泽地使用生石灰、硫酸铜等进行消毒，杀灭椎实螺。做好预防感染，对于放牧及饲喂水草的梅花鹿养殖场，注意水中及草上的囊蚴。收割水草时，应割取高于水面约 10 cm 的叶茎，且不可置于水面上。尽量避免在低洼、沼泽等地处收割青饲料，也不要在这些地方取饮水。

若在敖东梅花鹿养殖场中确诊个体患有肝片吸虫病，需对其进行针对性治疗。可选用的驱虫药包括五氯柳胺、碘醚柳胺、双酰胺氧醚、硫双二氯、硝氯酚、丙硫咪唑等。

五氯柳胺：对成虫效果极佳，适用于冬春季节治疗肝片吸虫病，并且对绦虫也有效。给药量根据体重计算，每千克体重 15～45 mg，口服给药。

碘醚柳胺：对于成虫及 6～12 周龄的未成熟肝片吸虫都有效果，适用于晚秋和冬季治疗。给药量根据体重计算，每千克体重 7.5～10 mg，口服给药。

双酰胺氧醚：对于 1～6 周龄幼虫效果极佳，对于 6～12 周龄的未成熟肝片吸虫也有效果，但药效会随虫龄增加而降低。适用于急性肝片吸虫的治疗。给药量根据体重计算，每千克体重 100 mg，口服给药。

硫双二氯酚：对于成虫及多种绦虫都具有驱除作用。应注意，该药物具有较强的泻下作用，所以对于体质较弱或年龄较大的个体禁用此药。给药量根据体重计算，每千克体重 50～80 mg，口服给药。

丙硫咪唑：广谱抗虫药，对于肝片吸虫、绦虫、部分线虫具有较好的效果。给药量根据体重计算，每千克体重 10～15 mg，口服给药。

（二）前后盘吸虫病

前后盘吸虫病是由鹿前后盘吸虫寄生于鹿前胃导致前胃损伤，同时，幼虫在皱胃、小肠、胆管等脏器移行造成多器官损伤的一类寄生虫病。本病会导致鹿死亡，造成经济损失。

1. 病原　前后盘吸虫种类较多，鹿类主要感染的是鹿前后盘吸虫。活体呈粉红色，虫体肥厚，圆锥形或纺锤形，虫体稍向腹面弯曲，大小为（8.8～

9.6）mm×（4.0～4.4）mm。口吸盘位于虫体前端，腹吸盘位于虫体亚末端，口、腹吸盘直径比例为 1：1.9。缺咽。肠支极长，伸过腹吸盘边缘。睾丸 2 个，呈横椭圆形，前后排列于虫体中后部。卵巢呈圆形，位于睾丸后侧缘，子宫弯曲，内充满虫卵。卵黄腺呈颗粒状，分布于虫体的两侧，从食管末端直达腹吸盘。生殖孔开口于肠管分叉处。虫卵呈椭圆形，淡灰色，卵黄细胞不充满整个虫卵，虫卵大小为（125～132）μm×（70～80）μm。

生活史：前后盘吸虫的成虫在反刍动物瘤胃产卵，卵随粪一起排出体外，在适宜的温度条件下（26～30℃）经 12～13 d 孵出毛蚴，毛蚴进入水中找到适宜的中间宿主即钻入其体内发育形成胞蚴、雷蚴、子雷蚴及尾蚴，尾蚴成熟后离开中间宿主附着在水草上形成囊蚴。鹿等终末宿主吞食了附有囊蚴的水草而感染。幼虫在小肠、真胃及其黏膜下组织、胆管、胆囊、大肠、腹腔液甚至肾盂中移行寄生 3～8 周，最终到达瘤胃内发育为成虫。

2. 症状　病发生于夏秋两季。患病鹿主要症状是顽固性腹泻，粪便常有腥臭；体温有时升高；消瘦，贫血，颌下水肿，黏膜苍白。后期，则可因极度消瘦衰竭死亡。

3. 防治　本病与肝片吸虫病防治类似，主要措施是禁止在低洼地、沼泽地放鹿以及在这些地方收割鹿草，在疫区需进行定期驱虫。治疗可选用硫双二氯酚，其对成虫有 100％的驱虫效果，对瘤胃壁上的幼虫也有一定的驱除效果。给药量根据体重计算，剂量按每千克体重 80～120 mg，口服给药。

（三）棘球蚴病

棘球蚴病是由棘球属绦虫的中绦期棘球蚴寄生于鹿等多种动物及人肝脏、肺脏组织中引发器官受损的一种人畜共患寄生虫病。鹿患本病主要是由细粒棘球绦虫的中绦期棘球蚴寄生而引起的。

1. 病原　细粒棘球蚴属于单房型，以独立的泡囊为特征。泡囊一般呈球状，具体还与所在器官有关。大小不定，一般为 5～10 cm。囊液为无色透明液体。长期寄生可能发生钙化，泡囊内呈现乳白色胶冻状或较为坚硬的钙化块。虫体呈淡红色，长 10～50 cm。成熟体节长 7 mm、宽 2～3 mm，呈长卵圆形，外观如黄瓜籽。每个成熟节片含 2 套雌雄生殖器官，生殖孔开口于体节两侧的中央部。

生活史：棘球绦虫必须依赖 2 种哺乳动物宿主才能完成其生活周期。经过虫卵、棘球蚴和成虫 3 个阶段。

成虫寄生于犬科动物和猫科动物的小肠内，孕节或虫卵随粪便排出。细粒棘球绦虫的虫卵经由中间宿主（有蹄动物如鹿、羊等）吞入发育成棘球蚴，棘球蚴在肝、肺和其他脏器中发育，人因食入孕节或虫卵感染后导致棘球蚴在肝、肺等器官形成占位性病灶。感染棘球蚴的中间宿主的部分寄生器官被终末宿主犬食用后，在犬的小肠内发育为成虫。

2. 症状　当少量寄生时，往往无明显临床症状，可能会出现轻微腹痛等不易察觉的症状，往往被忽视。当出现重度感染时，则表现为渐进性消瘦、被毛逆立、回头顾腹。当感染量极大或个体体质较差时，则表现为极度消瘦、呼吸苦难、咳嗽等恶病质表现，一般预后不良。

3. 防治　从生活史中可以看出，本病与鹿及人与终末宿主犬的接触有关。一般措施为扑杀养殖场附近的野犬及其他肉食动物。对于养殖场内所饲养的犬、猫，定期做好驱虫工作，并对驱虫后犬、猫粪便进行无害化处理。同时减少犬、猫与鹿的接触。妥善处理病鹿器官，做好无害化处理。若需使用病鹿器官，则需高温处理后才可作为饲料等使用。保持饲料、饮水及鹿舍卫生，防止犬猫粪便污染。

（四）细颈囊尾蚴病

细颈囊尾蚴病是由泡状带绦虫的幼虫细颈囊尾蚴寄生于鹿、羊、牛、猪等多种家畜的肝脏浆膜、网膜及肠系膜所引起的一种寄生虫病。

1. 病原　细颈囊尾蚴俗称"水铃铛"，多悬垂于腹腔脏器上。虫体呈泡囊状，内含透明液体。囊体大小不一，最大可至小儿头大。囊壁外层厚而坚韧，是由宿主动物结缔组织形成的包膜；虫体的囊壁薄而透明。肉眼观察时，可见囊壁上有 1 个不透明的乳白色结节，为其颈部和内陷的头节，如将头节翻转出来，则见头节与囊体之间具有 1 个细长的颈部。泡状带绦虫虫体长 75～500 cm，由 250～300 个节片组成。头节上具 4 个吸盘，顶突上的小钩数为 30～40 个，分 2 圈排列。虫体前部的节片宽而短，后部的节片逐渐变长，到孕节则长大于宽。孕节子宫每侧的分支数为 10～16 个，每个侧支又有小分支。子宫内被虫卵所充满，虫卵近似圆形，长 36～39 mm、宽 31～35 mm，内含六钩蚴。

生活史：成虫寄生于终末宿主的小肠内，发育成熟后孕节或虫卵随粪便排

出体外，污染草场、饲料和饮水。当中间宿主羊等误食了孕节或虫卵后，在消化道内孵化出六钩蚴，钻入肠壁血管，随血到达肝脏，由肝实质内逐渐移行到肝脏表面寄生，或进入腹腔内寄生于大网膜、肠系膜及腹腔的其他部位，甚至可移行入胸腔寄生于肺脏。幼虫生长发育 3 个月左右具有感染能力。终末宿主肉食动物如吞食了含有细颈囊尾蚴的脏器后，其在小肠内经过 52～78 d 发育为成虫。

2. 症状　一般情况下，细颈囊尾蚴病为慢性消耗性寄生虫病，多表现为渐进性消瘦、体质衰弱及黄疸等症状。

3. 防治　本病的主要感染来源为患有泡状带绦虫病的犬、狐等肉食动物，因此控制住传染源即可有效控制住本病。主要措施为加强饲料、饮水管理，做好鹿圈卫生工作。对梅花鹿养殖场内饲养的犬做好定期驱虫。对于病鹿要加强饲养管理，对症治疗。药物选择可根据肝片吸虫病相关内容选择。

（五）莫尼茨绦虫病

莫尼茨绦虫病是由裸头科莫尼茨属绦虫寄生于鹿等反刍动物小肠内所引起的一类寄生虫病。本病常呈地方性流行，感染率较高，且对仔鹿危害严重，不仅影响仔鹿生长发育，甚至导致仔鹿死亡，对梅花鹿养殖业造成经济损失。

1. 病原　我国常见的莫尼茨绦虫有扩展莫尼茨绦虫和贝氏莫尼茨绦虫 2 种，它们在外观上很相似，头节小，近似球形，上有 4 个吸盘，无顶突和小钩。体节宽而短，成节内有 2 套生殖器官，生殖孔开在节片的两侧。子宫呈网状。卵巢和卵黄腺在节片两侧构成花环状。睾丸数百个，分布在整个体节内。扩展莫尼茨绦虫的节间腺为一列小圆囊状物，沿节片后缘分布；贝氏莫尼茨绦虫的节间腺呈带状，位于节片后缘的中央。扩展莫尼茨绦虫长可达 10 m，呈乳白色带状，分节明显，虫卵近似三角形；贝氏莫尼茨绦虫呈黄白色，长可达 4 m，虫卵为四角形，虫卵内有特殊的梨形器，器内有六钩蚴。

生活史：莫尼茨绦虫的中间宿主为地螨类。终末宿主将虫卵和孕节随粪便排出体外，虫卵被中间宿主吞食后，六钩蚴穿过消化道壁进入体腔，发育成具有感染性的似囊尾蚴。动物吃草时吞食了含似囊尾蚴的地螨而被感染。扩展莫尼茨绦虫在体内经 37～40 d 发育为成虫；贝氏莫尼茨绦虫在体内经 42～49 d、在犊牛体内经 47～50 d 变为成虫。

2. 症状　本病的临床表现与本寄生虫感染程度及感染个体体质有密切关

系。少量感染时症状不明显。感染较重时则主要表现为腹泻。粪便中带有节片，甚至排出成虫，可见虫体垂于肛门外。部分病鹿会出现虫体堵塞肛门，伴发腹痛。食欲减退、被毛无光泽、发育缓慢，最后卧地不起，预后不良。

3. 防治　消除地螨是防治本病的关键环节，为此要检查敖东梅花鹿养殖场中是否存在地螨的滋生场所，严禁在此放牧或收割牧草。在疫区的敖东梅花鹿养殖场要进行定期驱虫。加强饲养管理，对粪便进行无害化处理。治疗方面可选用硫双二氯胺、氯硝柳胺等进行驱虫。

（六）鞭虫病

鞭虫病又称毛首线虫病，是由鞭虫科鞭虫属的线虫寄生于鹿等反刍动物大肠、胃等器官的一种人畜共患寄生虫病。

1. 病原　鞭虫因虫体呈鞭状又称毛首鞭形线虫。成虫活时虫体呈淡灰色，外形似马鞭，虫体表面覆以透明而有横纹的角皮。虫体前 3/5 细如毛发。口孔极小，具有 2 个半月形唇瓣。在两唇间有一尖刀状口矛，活动时可自口孔伸出。咽管微细，前段肌质性、后段腺性，由杆细胞组成的杆状体包绕。虫体后 2/5 较粗，内有肠管及生殖器官等。雄虫长 30～45 mm，尾端向腹面卷曲，末端有一根交合刺，长 2.5 mm，外有鞘，鞘表面有小刺。雌虫略大，长 30～50 mm，生殖器官为单管型，阴门位于虫体粗大部前方的腹面，尾端直而钝圆，有肛门开口。虫卵呈纺锤形或橄榄形，大小为（50～54）μm×（22～23）μm。

生活史：寄生于鹿等动物大肠或胃内的成熟雌虫产出虫卵随粪便排出，经过 15～20 d 发育成具有感染性虫卵，虫卵中含有成形的幼虫。宿主因食用饲料或饮水经口感染幼虫，幼虫 45～80 d 发育为成虫并于肠黏膜上寄生。

2. 症状　鞭虫的主要危害在于虫体会分泌一种组织液到宿主组织内，溶解宿主组织，造成组织损伤及宿主中毒。同时在移行过程中引发创伤，损伤组织器官并伴随其他病原感染。

轻度感染时，一般不表现明显的临床症状；重度感染时，病鹿呈渐进性消瘦、被毛蓬乱、易脱落、换毛迟缓。同时伴随出现粪便软稀、严重腹泻、食欲减退，有的病鹿出现异嗜。最后极度消瘦、贫血、卧地不起，多数预后不良。

3. 防治　鞭虫病的防治主要在于加强饲养。对于鹿粪，要严格进行无害化处理。

常用药物：敌百虫，每千克体重 150～200 mg，口服给药；左咪唑，每千克体重 5～11 mg，口服给药；羟嘧啶，每千克体重 5～10 mg，口服给药或拌饲。

（七）蠕形螨病

蠕形螨病又称毛囊虫病或脂螨病，是由蠕形螨科蠕形螨属的蠕形螨寄生于毛囊及皮脂腺的一类永久性人畜共患寄生虫病。犬对本寄生虫最为敏感，鹿、牛、猫及人等也可感染。患有本病的毛皮动物的皮不能制革，只能废弃，会造成较为严重的经济损失。

1. 病原　成虫体细长呈蠕虫状，乳白色，半透明，体长 0.15～0.30 mm，雌螨略大于雄螨。颚体宽短呈梯形，位于躯体前端，螯肢针状。须肢分 3 节，端节有倒生的须爪。足粗短呈芽突状，足基节与躯体愈合成基节板，其余各节均很短，呈套筒状。跗节上有 1 对锚叉形爪，每爪分 3 叉。雄螨的生殖孔位于足体背面前半部第 1、2 对背毛之间。雌螨的生殖孔位于腹面第 4 对足基节板之间的后方。末体细长如指状，体表有环形皮纹。皮脂蠕形螨粗短（0.20 mm），末体占虫体全长的 1/2，末端略尖，呈锥状。毛囊蠕形螨较细长（0.29 mm），末体占虫体全长的 2/3 以上，末端较钝圆。

生活史：蠕形螨的整个发育过程都在宿主上。蠕形螨在接触到宿主后，首先侵袭患部皮肤毛囊的上部，而后寄生在毛囊底部，有少数寄生于皮脂腺，有的还寄生于皮组织或淋巴结内，并发育为成虫。

2. 症状　鹿蠕形螨主要发生于头部、颈部、背部、腹部以及四肢中上部。感染初期，一般表现为局部性脱毛，并形成丘疹。丘疹一般为一元硬币大小，扁平并高于正常皮肤。随着病情加重，病灶逐渐扩大，皮肤充血潮红，局部皮肤继续增厚，弹性降低，表面凹凸不平、出现褶皱，并被覆大量有黏性的鳞屑。后期伴发化脓菌感染，病灶形成脓疱。患部出现大量黑色或褐色褶皱，并散发恶臭。病鹿渐进性消瘦，后期因并发症导致恶病质，多预后不良。

3. 防治　本病病原主要以接触传播。健康鹿与患病鹿直接或间接接触而感染，所以要加强鹿舍的卫生管理，定期进行除螨消毒。对于病鹿要及时隔离治疗，并对其所在圈舍、运动场及饲喂用具等进行严格消毒。对于严重患病的个体进行淘汰。引进鹿时需进行隔离观察，确认健康无病方可混群饲养。

（八）弓形虫病

弓形虫病是由刚地弓形虫所引起的人畜共患病。它可广泛寄生于几乎所有的哺乳动物和一部分鸟类及人的有核细胞内。人及多数动物感染呈隐性感染，无明显临床症状。鹿感染一般呈急性经过，其他动物也有出现临床症状，甚至死亡。弓形虫主要侵犯眼、脑、心、肝、淋巴结等，是妊娠期子宫内感染导致胚胎畸形的重要病原体之一。

1. 病原　刚地弓形虫属球虫目肉孢子虫科弓形虫属。生活周期需要 2 个宿主，中间宿主包括爬虫类、鱼类、昆虫类、鸟类、哺乳类等动物和人，终末宿主则有猫和猫科动物。

生活史分为 5 个阶段。①速殖子期（滋养体）：在有核细胞内迅速分裂，占据整个宿主的细胞质，称为假包囊。②缓殖子期：在虫体分泌的囊壁内缓慢增殖，称为包囊，包囊内含数百个缓殖子。③裂殖体期：是由缓殖子或子孢子等在猫小肠上皮细胞内裂体增殖，形成裂殖子的集合体。④配子体期：大配子（雌）和小配子（雄）受精后形成合子，最后发育成卵囊。⑤子孢子期：指卵囊内的孢子体发育繁殖形成 2 个孢子囊，后每个孢子囊分化发育为 4 个子孢子。

弓形虫分为肠黏膜外与肠黏膜内两个阶段发育。肠黏膜外阶段在各种中间宿主和终末宿主的组织细胞内发育，肠黏膜内阶段仅于终末宿主小肠黏膜上皮细胞内发育。

（1）肠黏膜外阶段　弓形虫的卵囊、包囊或假包囊被中间宿主或终末宿主吞食后，在肠腔内分别释放出子孢子、缓殖子或速殖子，虫体可直接或经淋巴和血液侵入肠外组织、器官的各种有核细胞内，也可通过吞噬细胞和吞噬作用进入细胞内。虫体主要在胞质内也可在胞核内进行分裂繁殖。在急性期，速殖子迅速裂体增殖，使受侵的细胞破裂，速殖子又侵入新的细胞增殖。随着机体特异性免疫的形成，弓形虫速殖子在细胞内的增殖减慢并最终发育成包囊。虫体进入缓殖子期。包囊可在宿主体内长期存在。宿主免疫功能低下时，包囊破裂放出大量缓殖子，形成虫血症，并可侵入新的宿主细胞迅速增殖。

（2）肠黏膜内阶段　卵囊、包囊或假包囊被终宿主吞食后进入小肠。子孢子、缓殖子或速殖子可直接侵入小肠黏膜上皮细胞内先进行无性生殖，随粪便排出体外。排出的卵囊经外界 2～3 d 的发育而成熟，具有感染力。

2. 症状　临床症状主要与感染程度、虫体毒力、感染途径、动物种类及免疫系统状态有关。一般能够出现的临床症状为高热、食欲废绝、鼻镜干燥、排泄失禁，还伴随神经症状。初期表现兴奋、敏感、啃咬其他鹿，中后期表现为麻痹，不愿活动，并迅速死亡。

3. 防治　本病的防治关键点在于防止饲料及饮水被污染，同时注意不要饲喂生食。做好敖东梅花鹿养殖场的灭鼠工作，减少弓形虫传播媒介。发现病鹿及时隔离治疗，无治疗意义的需及时淘汰。同时饲养人员注意做好自身防护。

治疗药物一般选用磺胺类药物，配伍维生素等辅药，效果极佳。

磺胺嘧啶＋甲氧苄啶：给药量根据体重计算，前者每千克体重70 mg，后者每千克体重14 mg，每日2次，首次剂量加倍，连用3～5 d，口服给药。

磺胺嘧啶＋乙胺嘧啶：给药量根据体重计算，前者每千克体重70 mg，后者每千克体重2 mg，口服给药。

五、常见中毒病的诊断与防治

(一) 发霉饲料中毒

1. 病因　敖东梅花鹿因食用了由于加工、运输及储存不当导致发霉变质的玉米、大麦、小麦、豆粕等而引起本病。黄曲霉菌、白霉菌、青霉菌等在变质饲料中大量存在，这些霉菌在20～24℃、相对湿度80％下迅速繁殖，菌体本身和其产生的毒素及代谢产物混入饲料中被梅花鹿采食，引发中毒。以黄曲霉毒素为例，该毒素主要是抑制细胞RNA聚合酶，使RNA合成受阻；其次是抑制DNA前体，改变DNA性质，干扰DNA转录，从而使得蛋白质合成也受到抑制。

2. 症状　中毒个体表现精神沉郁、食欲减退甚至废绝、剧烈腹泻，严重者出现腹痛卧地，甚至打滚，目光呆滞、头颈震颤，粥样血便。体温下降至35℃以下的个体多预后不良。

3. 防治　注意防止霉变，饲料储存地要求可通风和晾晒饲料。在饲喂过程中要注意饲料的质量，严禁饲喂变质饲料。对于轻度发霉的饲料，可进行无害化处理，一般采用蒸煮去毒法、发酵中和去毒法等。

（二）亚硝酸盐中毒

1. 病因　敖东梅花鹿因过食富含亚硝酸盐的储藏饲料或因调制不当导致采食后瘤胃内产生大量亚硝酸盐，造成高铁血红蛋白症，引发组织缺氧，造成机体中毒。富含硝酸盐的饲料包括甜菜、萝卜、马铃薯等块茎类；各种牧草、野菜、农作物的秋苗和秸秆等。这些饲料调制或储存不当，均有利于硝酸盐还原菌迅速繁殖，使饲料中亚硝酸盐含量升高，引发亚硝酸盐中毒。

2. 症状　典型症状为高铁血红蛋白症。临床特点是发病突然，血液呈褐色、黏膜发绀、呼吸困难、神经症状明显。轻度中毒的鹿，表现为喜卧、站立不稳、身体摇晃、肌肉震颤、呼吸急促，并伴随瘤胃轻度胀气，排稀血便；心率增加、节律异常、四肢发冷，黏膜暗紫色；重度中毒的鹿无明显前驱症状，一般突然发病、全身痉挛、体温正常或偏低、四肢麻痹、空咽流涎，伴随可视黏膜发绀、心力衰竭，很快窒息死亡。

3. 防治　针对甜菜、萝卜、白菜等富含硝酸盐的饲料在储存时需格外注意，禁止堆放储存。加工及饲喂前，应除去腐烂变质、发霉及混有泥土的部分。

治疗方面，发现敖东梅花鹿养殖场中有中毒鹿，应立即停喂可疑饲料，并用特效解毒药进行治疗，常用美蓝、维生素C，并使用葡萄糖做辅助治疗。小剂量的美蓝是还原剂，可将体内的高铁血红蛋白还原为低铁血红蛋白，使血红蛋白功能恢复正常，治疗效果确实。一般使用1‰美蓝溶液静脉或肌内注射给药。维生素C同理，但效果稍差。

（三）尿素中毒

1. 病因　尿素可作为复胃动物的蛋白质供给饲料，常作为蛋白质添加剂进行饲喂，可节省饲料，降低饲养成本。但在添加尿素的过程中，饲喂方法错误及饲喂过量，则会引发敖东梅花鹿急性尿素中毒，严重者造成死亡。尿素进入瘤胃后，经消化酶作用产生氨。瘤胃微生物可以利用部分氨，剩余的氨经血液循环，由肝脏重新合成尿素，部分经肾脏排除，大部分经唾液重回瘤胃中被再次利用。但如果尿素的摄入量过多，超过鹿所承受氨的能力，则会出现游离氨进入血液循环系统，并在血液中停留，对神经中枢产生毒害，致使鹿发生中毒，甚至造成死亡。

2. 症状　中毒症状出现的时间和程度多与所食入尿素量有关。食入量较大时，血氨浓度迅速升高，常不表现任何临床症状而突然死亡；食入量达到阈值但不是特别大时，通常表现为突然发病，体温升高至 40℃ 以上，肌肉震颤、口吐白沫、惶恐不安、反射消失、呼吸急促，最终倒地抽搐，多预后不良。

3. 防控　本病的预防主要在于调配饲料时注意尿素的含量，要求尿素含量不超过干物质的 1% 或精饲料的 3%，且混合均匀；严禁将尿素溶解于饮水中；妥善放置尿素，防止梅花鹿偷食。

对于中毒的鹿，应立即停止饲喂尿素。发病初期应马上进行催吐或泻下。口服抗生素，抑制肠道微生物，减少氨的产生，同时灌服大量食醋。对症治疗常采用强心、解毒、镇静、补液等手段。

（四）氢氰酸中毒

1. 病因　氢氰酸中毒是由于误食了氰化物或含氰苷类植物引起的急性中毒病。较为常见的氰化物包括氢氰酸、氰化钾、氰化钠等。植物中多以氰苷形式存在，氰苷在高粱及玉米幼苗、木薯、亚麻、苦杏仁等含量较多。鹿采食富含氰苷类植物为主要的中毒原因，如一次性食入大量高粱或玉米青苗，或亚麻籽饼处理方式不正确或错误饲喂，均可引发中毒。

2. 症状　鹿氢氰酸中毒多为急性经过，未见症状而突然死亡。中毒较轻者一般表现为 3 个阶段：前期表现为兴奋不安、意识障碍、呼吸急促；中期表现为呼吸困难、犬坐状、腹痛、呕吐、流涎，并伴随共济失调；末期则陷于麻痹、昏迷、阵发性抽搐，最后倒地不起，多预后不良。

3. 防治　本病防治的关键在于饲养管理。严禁鹿采食高粱苗或玉米苗。因冬季青嫩饲料较少，鹿对青嫩的高粱苗和玉米苗有较高的食欲，易发生偷食，养殖人员需严格看管放牧鹿群，防止偷食。治疗方面，因多呈急性经过，要求梅花鹿养殖场在场兽医及养殖人员及时发现，做出临床诊断，并实施紧急处理，如进行补液、强心。特效解毒药品应用越早越好。可选用 1% 美蓝溶液 30～50 mL 配伍 5%～10% 硫代硫酸钠溶液 50～100 mL 静脉注射，后者每隔 3～4 h 注射 1 次。为增强肝脏解毒功能，可静脉注射高渗葡萄糖溶液等。

（五）有机氯中毒

1. 病因　有机氯农药是较为常用的人工合成杀虫剂，因其性质稳定，易广泛残留于水体、土壤及植物体上，并通过食物链逐渐累积，对动物及人类造成危害。敖东梅花鹿有机氯中毒常因采食被有机氯农药污染或残留过量的农作物或饮水导致，也有因在治疗体外寄生虫时涂布面积过大、外伤渗入或舔食药物导致。

2. 症状　有机氯农药中毒的临床症状一般表现在神经系统、消化系统及皮肤。急性中毒的个体多在接触毒物几分钟或几小时（一般在 24 h 内）出现中毒症状，表现为惊恐不安、不断眨眼、鼻部肌肉痉挛性收缩、敏感性及攻击性增强，肌肉震颤、共济失调，并伴随流涎、腹痛及血便。慢性中毒过程，发病较为缓慢，数周或几个月逐渐出现临床症状，主要表现为口腔黏膜溃烂、牙龈及硬腭增生肥厚。若为经皮肤染毒，可伴发鼻镜溃疡、角膜炎、皮肤溃烂、增厚或结节。毒物在渐进过程中逐渐蓄积，当达到一定量时，病情突然恶化、神经症状迅速加重、痉挛发作剧烈且频繁，多预后不良。

3. 防治　本病的防治关键在于对有机氯农药的正确使用。养殖人员要注意青嫩饲料来源，防止食入被污染的饲料。在对环境杀虫或治疗体外寄生虫时，需慎重用药，防止鹿舔食。本病无特效解毒药，治疗原则为排毒、镇静及保肝。立即停饲可疑饲料和饮水。经口食入性中毒的，可催吐或下泻，严禁使用油类下泻剂，以免加深吸收；经皮肤中毒的，需用温水或碱水彻底清洗体表。镇静可选用相应镇静药。保肝可口服或静脉注射高渗葡萄糖溶液配伍维生素 C，增强肝脏解毒功能。

（六）有机磷中毒

1. 病因　有机磷农药是我国目前应用最为广泛的高效杀虫剂，种类繁多，并且不断更新，包括磷酸酯类、磷酰胺和硫代磷酰胺。有机磷农药不仅可作为农业杀虫剂使用，也可用于动物的体内外驱虫及灭鼠剂。正是因为其应用广泛，敖东梅花鹿更容易接触到农药，从而容易引发有机磷农药中毒。有机磷农药可经消化道、呼吸道或皮肤进入动物机体而引发中毒。常见中毒原因包括采食、误食、偷食刚喷洒过有机磷农药的农作物；使用储藏有机磷农药的器皿饲喂敖东梅花鹿；体内外驱虫时用药不当。

2. 症状　具体表现的临床症状与中毒个体、摄入量及农药毒性有关。一般临床表现为：①毒碱样症状，即有机磷农药进入机体后导致乙酰胆碱大量蓄积，表现为流涎、呕吐、腹痛、腹泻、瞳孔缩小、可视黏膜苍白，排泄失禁，支气管腺体分泌增加，导致呼吸困难，严重时伴发肺水肿。②烟碱样症状，主要表现为中枢神经系统症状，有机磷农药透过血脑屏障，使得脑内乙酰胆碱蓄积，表现为先兴奋不安后高度抑制，严重者发生昏迷。

3. 防治　防治原则同有机氯中毒。治疗方面，首先应用特效解毒药中和毒物，然后尽快去除尚未吸收的毒物。经皮肤中毒的，使用1‰肥皂水清洗；经消化道中毒的，可选用2‰～3‰碳酸氢钠洗胃并灌服活性炭。敌百虫中毒时，不可使用碱性液体洗胃或清洗皮肤，否则易导致中毒加剧。实施特效解毒药时，可配伍阿托品使用，效果加倍。

六、常见营养代谢病的诊断与防治

（一）仔鹿硒缺乏症

1. 病因　硒是动物维持生长和生育能力所必需的微量元素。硒元素和维生素E都能保护生物膜不被氧化降解，从而防止渗出性素质的发生。硒元素缺乏时，往往伴发维生素E的缺乏，所以通常称此病为硒-维生素E缺乏症。一般过量施用磷肥的土壤中硒元素含量较低，使得该地区敖东梅花鹿养殖场的鹿普遍存在硒元素缺乏。与此同时，一些含维生素E较高的饲料如青绿饲料和麦、豆等多种谷物处理不当，也会造成维生素E的大量流失，从而造成鹿出现硒缺乏症。

2. 症状　患有硒缺乏症的仔鹿，初期表现为自主活动减少，喜卧，后期出现站立困难，步态不稳。头颈向前伸直或下垂，脊背弯曲，腰部肌肉僵硬，全身肌肉紧张，有的出现跛行。病程加深会出现呼吸加快，心率增加，每分钟可达140次以上。初期体温正常，后期体温下降。多数病例还伴发排出特殊酸臭味的稀粪、食欲废绝、角弓反张，最终心肌麻痹及高度呼吸困难，预后不良。

3. 防治　本病为渐进性发病，养殖人员可根据仔鹿相关临床表现及时诊断，并进行针对性的治疗。可对患病仔鹿肌内注射0.1‰亚硒酸钠4 mL，间隔1d再次注射，一般治疗效果良好。也可对仔鹿进行预防性补充亚硒酸钠，常在出生后 1～3 d 肌内注射 4 mL 亚硒酸钠，第 12 天再次补充相当剂量，肌内注射。

(二) 维生素 A 缺乏症

1. 病因　维生素 A 有促进生长、繁殖，维持骨骼、上皮组织、视力和黏膜上皮正常分泌等多种生理功能。维生素 A 及其类似物有阻止癌前期病变的作用。缺乏维生素 A 时表现为生长迟缓、暗适应能力减退而形成夜盲症。表皮和黏膜上皮细胞干燥、脱屑、过度角化、泪腺分泌减少，从而发生眼干燥症，重者角膜软化、穿孔而失明。呼吸道上皮细胞角化并失去纤毛，使抵抗力降低易造成继发感染。梅花鹿养殖场的鹿患本病，一般是由于饲料单一、品质低劣或患有胃肠道慢性疾病。仔鹿较成年鹿更为敏感，症状也更严重。

2. 症状　①仔鹿夜盲症，主要表现为夜间视力减退，易误撞栏杆或其他鹿。②仔鹿眼干燥症，主要表现为上皮组织干燥、增生及角化，泪腺上皮角化、泪腺停止分泌泪液，导致眼干燥症。严重者出现角膜混浊、失明。③仔鹿生长发育缓慢，仔鹿表现发育停滞、体质衰弱、精神呆滞、抗病力差，经常患病。

3. 防治　预防主要在于保证新生仔鹿进食足量初乳，特别是对于被母鹿弃哺的人工喂养的仔鹿；保证妊娠期、哺乳期的母鹿吃到足量的富含维生素 A 的青绿饲料；仔鹿圈舍要求宽敞、方便运动、阳光充足；及时补充钙、磷，注意加强饲养管理，减少胃肠疾病的发生。

治疗包括药物治疗和改善饲料营养两方面：①药物治疗可选用浓缩维生素 A 3 万～5 万 IU，肌内注射，口服给药，每天 3～10 mL。②改善饲料营养一般为补饲胡萝卜或鱼肝油。

针对眼干燥症，可使用 1% 浓度的硼酸水洗眼，再涂以青霉素软膏。

(三) 仔鹿佝偻病

1. 病因　佝偻病即维生素 D 缺乏性佝偻病，是由于仔鹿体内维生素 D 不足引起钙、磷代谢紊乱，产生的一种以骨骼病变为特征的全身、慢性、营养性疾病。饲料中维生素 D 含量少或日光直接照射时间短导致自身合成量不够，都会造成仔鹿体内维生素 D 缺乏。妊娠及哺乳母鹿饲料中钙元素含量少或钙、磷元素比例不当，仔鹿患有慢性胃肠道、消化不良、肠道寄生虫均可引发本病。

2. 症状　主要表现为仔鹿生长发育缓慢，食欲降低，消化不良，喜卧，严重者食欲废绝、站立不稳、行走艰难、关节粗大、长骨变形，易发生骨折，肌肉痉挛、骨头肿大、脊柱弯曲。

3. 防治　本病的防治主要在于饲料营养配比，特别是仔鹿饲养过程中，一定要注意观察仔鹿身体状况，及时补充所需微量元素。对于妊娠期、哺乳期母鹿，需提供足够钙、磷元素，从而保证母鹿血清和乳汁中有足够提供给胎儿发育和仔鹿生长所需的钙、磷元素。

治疗方面可在饲料中添加钙、磷和维生素 D，如骨粉、磷酸氢钙；若病鹿临床症状较为明显，可使用 10％葡萄糖酸钙注射液 50～100 mL，静脉注射；对症治疗可选用镇痛药物缓解四肢疼痛，治疗期间可适量运动，提高仔鹿体质。

（四）异食症

1. 病因　异食症是由于代谢机能紊乱、味觉异常和饲养管理不当等引起的一种复杂的多种疾病的综合征。患有此症的家禽持续性地咬食非营养的物质，如皮毛、泥土、纸片、污物等。过去人们一直以为，异食症主要是因体内缺乏锌、铁等微量元素引起的。目前越来越多的学者认为，异食症还与环境及心理因素有关。病鹿所食入的异物会造成皱胃阻塞甚至死亡。

2. 症状　在冬末春初，病鹿临床表现较为明显，病鹿舔食墙壁、粪便，吞噬异物，啃食其他鹿皮毛。一方面被啃食的鹿皮肤变黑、逐渐消瘦，严重者会造成死亡；另一方面病鹿啃食的异物进入消化道形成阻塞物。病情较轻的出现消化不良、代谢功能障碍，严重者食欲废绝、反刍停止、嗳气增多、渐进性消瘦、精神沉郁，多预后不良。

3. 防治　首先采用全价配合饲料，保证各种营养物质供给；增加运动量，定时驱赶运动；保持敖东梅花鹿养殖场环境相对稳定，切勿有过度惊吓等行为；体质较差的鹿需拨出单独饲养，确保营养供给。治疗方面，针对性治疗，如强心、补液，消化道阻塞严重者需手术治疗；没有治疗价值的鹿建议及时淘汰；密切关注鹿群状态，及时纠正饲养管理错误，降低本病的发生率。

七、常见内科病的诊断与防治

（一）食管阻塞

1. 病因　食管阻塞是由于饲料、异物阻塞食管或被其他邻近组织压迫导致吞咽障碍的疾病。食管阻塞常发生于饲喂萝卜、马铃薯等大块饲料时；鹿过饥导致饲喂过程出现抢食粗硬饲料，粗硬饲料未经充分咀嚼而咽下引发食管阻塞；随草吞入的铁丝、骨片等异物刺入食管引发食管阻塞；有些病鹿因患有神经损伤的传染病或中毒病，被神经侵害导致吞咽困难，在进食时也会出现食管阻塞。

2. 症状　食管全段均可发生食管阻塞，咽部后段发生较多，根据阻塞物的形状、大小不同，分为完全性阻塞和不完全性阻塞。

（1）完全性阻塞　完全不能吞咽食物和饮水，反刍停止，嗳气无法排出导致出现瘤胃胀气；严重时病鹿极度骚动不安，拒食，头颈伸直，大量流涎，甚至吐出泡沫黏液和血液，有的甚至因压迫器官而窒息死亡。

（2）不完全性阻塞　能咽下液体饲料及饮水，可排除嗳气，阻塞物刺激食管肌肉导致痉挛性收缩。

3. 防治　加强日常饲养管理，饲喂敖东梅花鹿应定时定量，防止忽饱忽饿，对有贪食恶习的鹿加强管理。饲喂过程中，注意把豆饼块泡软、捏碎，防治鹿吞食豆饼硬块；饲喂萝卜和马铃薯时要洗净切碎，可切成易于吞食的长条状；饲喂草料时要注意草料中是否掺有杂物，注意清除。

治疗方面，若阻塞物位于咽部附近，可将鹿保定，使用开口器，用长钳或铁丝圈固定异物，缓慢拉出。若阻塞物位于颈段，则需注射阿托品，解除食管痉挛；为减小摩擦力，可投以少量润滑油，如石蜡、豆油等，用手将阻塞物推向咽部；若阻塞物为萝卜、马铃薯等较为坚硬的异物，则建议手术治疗。

手术治疗：采用全身麻醉，侧卧保定，创口选择可直接触摸到阻塞物部位，剃毛消毒。若伴随瘤胃臌气，则使用套管针进行缓慢放气。严禁快速放气，防止胃部快速充血，脑部缺血，造成鹿死亡。切开术部，剥离出食管，纵向切开。切勿直接取出异物，首先确定异物阻塞原因，若为异物性阻塞，应小心剥离，再取出异物并进行冲洗。缝合后，用碘酊进行消毒，必要时打结系绷带，防止异物感染。术后全身性抗生素治疗。

（二）瘤胃积食

1. 病因　瘤胃积食是反刍动物贪食大量粗纤维饲料或容易膨胀的饲料引起瘤胃扩张、瘤胃容积增大、内容物停滞和阻塞以及整个前胃机能障碍形成脱水和毒血症的一种严重疾病。敖东梅花鹿患瘤胃积食一般由于采食量过多；采

食易膨胀饲料如大豆后大量饮水，导致饲料过度膨胀；停饲后过食。换饲无过渡期，也会导致瘤胃积食。

2. 症状　一般临床表现出现在大量采食后，病鹿出现腹部容积明显增大，左侧肌窝充满，甚至突出；病鹿出现频繁伸腰、腹痛、回头顾腹、反刍及嗳气减少、精神沉郁，后期反刍及嗳气完全停止、鼻镜干燥、呼吸浅快、黏膜发绀、食欲废绝。触诊瘤胃，质地坚硬或呈捏粉状，拳压留痕；听诊瘤胃，瘤胃蠕动音减弱甚至消失。除个别体质较差或发生其他并发症的鹿外，预后一般良好。

3. 防治　本病的预防关键在于饲养管理，要建立并严格执行饲养操作规程，定时定量，渐进性换饲。在饲喂易膨胀饲料如大豆等时，需预先处理，多采用温水浸泡。同时保障鹿运动及饮水。

治疗方面，初期可采用饥饿疗法，停饲1～2 d，可少量多次给水。若已发生瘤胃臌气，则禁食禁水；也可适量给予促进消化的药物，一般选用口服液状石蜡或皮下注射毛果芸香碱，但注意妊娠母鹿禁用该药品。给药无效时需手术治疗。

经治疗恢复的鹿也需精心护理，多饲喂易于消化的青绿饲料，暂时停饲粗硬饲料，后期慢慢恢复正常饲料配方。

（三）瘤胃臌气

1. 病因　瘤胃臌气分为原发性瘤胃臌气和继发性瘤胃臌气。原发性瘤胃臌气是由于采食了大量容易发酵的饲料，在瘤胃内迅速发酵，产生大量的气体，引起瘤胃和网胃急剧膨胀。继发性瘤胃臌气主要是因食管阻塞、瘤胃积食等引发的并发症。当鹿采食易产气的饲料后，瘤胃内压升高，瘤胃扩张，毛细血管受到压迫，循环血量降低，同时气体使瘤胃壁痉挛，进一步加深血液循环障碍，严重者因腹压增加压迫胸腔，导致胸腔容积下降，肺活动受限，机体供氧不足，最终导致气体代谢失调，窒息死亡。

2. 症状　病鹿表现腹围迅速增大，食欲废绝、反刍及嗳气停止。烦躁不安，回头顾腹，严重者表现为可视黏膜发绀、角膜充血、眼球突出、呼吸加深加快、心律不齐；触诊呈腹壁紧张、拳压无痕，叩诊呈鼓音。

3. 防治　预防方面主要注意饲料品质，饲喂易产生气体饲料需适量；禁止饲喂劣质饲料。

治疗方面需放出胃内多余气体，可使用套管针进行放气。但注意放气速度，切忌快速放气，防止胃部突然快速充血继发脑缺血，导致鹿死亡；同时制止胃内容物继续发酵，可给予鱼石脂 6～8 g，口服给药；同时给予一定的下泻药物，加快胃内容物排除。做好相应的针对性治疗，5%葡萄糖及生理盐水进行补液，平衡电解质，以防自体中毒。

（四）前胃弛缓

1. 病因　前胃弛缓是反刍动物前胃兴奋性和收缩力量降低的疾病。前胃包括瘤胃、网胃、瓣胃。前胃运动机能降低导致消化功能下降。敖东梅花鹿前胃弛缓一般分为原发性和继发性。①原发性前胃弛缓：主要原因是突然更换饲料、饲喂腐败变质或未完全冷却的饲料、饲料配比不均衡、精饲料或尿素过多；饲养管理不科学，不定时、不定量；也与鹿体质有关，经长途运输、老龄体弱者易发生前胃弛缓。②继发性前胃弛缓：多伴发于传染病或消化道寄生虫病。

2. 症状　前胃弛缓病程一般较长，较为顽固。初期无明显临床症状，体温、呼吸等均正常。常表现为食欲不振、伴随便秘、粪便外附黏液、渐进性消瘦、反刍活动减弱、鼻镜干燥并伴随异常性磨牙；听诊蠕动音减弱、蠕动次数减少；触诊瘤胃，下部坚实；叩诊音混浊，上部呈鼓音。

3. 防治　改善饲养管理，严禁突然换饲及饲喂变质饲料；注重营养均衡及饲料的多样性，并适量增加运动量。

治疗方面主要是在于恢复前胃机能，清除胃内容物，需药物治疗及改善饲养管理相互配合。前胃需禁食 2～3 d，期间给予充足饮水，在此期间可配合使用兴奋消化系统及缓泻健胃类药物；同时进行强心、补液，缓解自体中毒。

（五）胃肠卡他

1. 病因　胃肠卡他是胃肠黏膜表层的炎症。一般分为原发性胃肠卡他和继发性胃肠卡他。敖东梅花鹿原发性胃肠卡他主要是因为采食了过冷或过热的饲料、经常喂温食突改凉食、气温已下降未再加温、不定食定量饲喂，过饥或过饱，或饮水不洁，久渴失饮。继发性胃肠卡他一般与心脏、肝脏、消化道及其他器官组织疾病伴发。

2. 症状　患有原发性胃肠卡他，初期体温无变化，表现为食欲减退、咀

嚼缓慢、反刍减少或停止、精神不振，常喜卧于暗处，怕打扰。常呕吐和逆呕，呕吐初为食物，后为泡沫、黏液，有时混有胆汁或少量血液。有时腹痛，继而腹泻，粪便稀薄如水，并附着絮状黏液或血液。有的个体病程较长，表现为渐进性消瘦、腹痛、被毛粗乱，也会突然恶化，因脱水和电解质紊乱导致死亡。继发肠卡他时，突出的症状是腹泻，肠鸣音亢进，严重病鹿排粪次数增多，粪为水样，混有消化不全饲料。肛门尾根全被粪水沾污，可出现脱水与虚脱。

3. 防治　预防关键在于严格执行科学的饲养流程规范；严把饲料和饮水质量关；发现病鹿需及时诊断，并采取有效措施。

治疗方面，首先减少饲料供给，提高饲料品质，饲喂易消化、刺激小的饲料，严禁饲喂精饲料，保证充足饮水。药物治疗一般选用缓泻药物，清除胃肠道内有害物质，使用 50～100 g 硫酸钠溶解成 6‰～8‰ 的溶液，口服给药，也可选用 100～150 mL 液状石蜡；健胃药一般选用人工盐、龙胆末、橙皮酊，温水送服。同时配合强心、补液，加强护理，保证病鹿康复。

（六）异物性肺炎

1. 病因　将由于异物（空气以外的其他气体、液体、固体等）被吸入肺内而引起支气管和肺的炎症，统称为异物性或吸入性肺炎。敖东梅花鹿患异物性肺炎一般是由于抢食饲料和饮水，或因突然静下或骚扰造成误咽，以及送药或胃管投放操作不当误入气管而引发。

2. 症状　该病初期呈现支气管肺炎的症状，呼吸急速而困难，腹式呼吸，并出现湿性咳嗽。体温升高至 40℃ 以上，脉搏快弱，有时战栗。病的后期呼气有腐败性恶臭味，两鼻孔流出有奇臭的污秽鼻液，并含有絮状物，伴有脓液，混有很多肺组织块。显微镜检查时，可看到肺组织碎片、脂肪滴、脂肪晶体、棕色至黑色的色素颗粒、红细胞、白细胞及大量微生物；肺部听诊呼吸音不清；若继发化脓菌感染，发生坏疽，多预后不良。

3. 防治　加强饲养管理，特别是配种期，增加饲养人员进行看管，防止抢食抢水及角斗；并定时对食槽、饮水池等进行消毒，减少病原微生物滋生。

治疗主要在于促使异物排出，并配合全身抗生素治疗。一般选用毛果芸香碱进行皮下注射，并将鹿头固定在低处，促进异物随支气管分泌物排除，同时低头可刺激咳嗽反射，加快异物排出。同时，注意病鹿身体状况，必要时进行强心、补液、兴奋呼吸。

八、常见外科病的诊断与防治

（一）骨折

1. 病因　外伤性骨折主要是由于各种机械外力直接作用而引发，如冲撞、重压、打击，或发生在奔跑、跳跃等活动中；病理性骨折主要是因为营养不良、妊娠后期、代谢障碍等疾病造成骨状态不佳而引发。根据骨折状态一般分为闭合性骨折（皮肤保持完整）、开放性骨折（皮肤发生创伤）、完全骨折（两骨彻底分离）和不完全骨折（两骨间有部分连接）。

2. 症状　①局部畸形：包括扭曲、缩短、弯曲。②疼痛：疼痛程度与骨折所发生的部位及程度有关，一般为持续的剧烈疼痛。③功能障碍：因发生部位不同而不同，四肢骨折表现为不能负重、跛行。④局部肿胀：患部组织或邻近组织因骨折原因造成挫伤，血管或淋巴管破裂，血液或淋巴液渗入软组织间隙，造成软组织肿胀。⑤骨摩擦音：多见于完全性骨折，两断端相互接触所发出的声音。

3. 防治　敖东梅花鹿是胆小易惊的动物，所以在日常饲养过程中，切勿大声疾呼、暴力驱赶；接触鹿前先给信号，切勿突然闯入；分群或拨鹿时，尽量选择鹿群熟悉的养殖人员参与；日常饲料中保证钙、磷元素、维生素 A 和维生素 D 的供应。

治疗方面，根据骨折情况而言，多数需进行骨科手术，若为不完全骨折，首先处理外伤，纠正骨骼，后包扎固定，对病鹿采取一定的保定措施，防止二次损伤；完全骨折，需纠正骨骼，必要时使用钢钉固定，包扎固定后，进行全身性抗生素治疗，必要时进行强心、补液等治疗措施。

（二）创伤

1. 病原　创伤是机械因素引起组织或器官的破坏。引发创伤的因素有很多，主要分为机械性损伤、物理性损伤、化学性损伤和生物学性损伤。在敖东梅花鹿养殖场中，机械性损伤较为常见，多发生于配种及割茸季节。配种季节公鹿因为争夺配偶而发生角斗，易造成躯干及胸部的穿刺伤，并且易发生继发感染；割茸季节，因保定不当或保定不确实而造成身体受伤。

2. 症状　①出血：创口内血管破裂，血液流出创口。出血量与创伤部位、

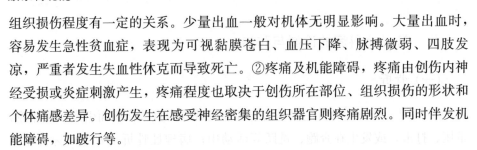
组织损伤程度有一定的关系。少量出血一般对机体无明显影响。大量出血时，容易发生急性贫血症，表现为可视黏膜苍白、血压下降、脉搏微弱、四肢发凉，严重者发生失血性休克而导致死亡。②疼痛及机能障碍，疼痛由创伤内神经受损或炎症刺激产生，疼痛程度也取决于创伤所在部位、组织损伤的形状和个体痛感差异。创伤发生在感受神经密集的组织器官则疼痛剧烈。同时伴发机能障碍，如跛行等。

3. 防治　创伤的预防在于加强饲养管理，特别是在配种期和割茸期。

治疗方面：①止血，发生严重创伤时，首先进行止血，防止失血性休克。局部止血：根据出血部位，采用压迫法、钳压法、结扎法，有条件的可使用电刀止血。全身性止血可选用10%氯化钙50～100 mL 静脉注射。②清创，创口周围10 cm范围内剪毛，并使用过氧化氢冲洗。使用无菌生理盐水冲洗创面，清除血凝块、异物。使用外科手术刀将创内受挫组织切除，要求完全清除，防止后期感染干扰愈合。较深的创伤可进行适当扩创，必要时设置引流管，防止积液影响愈合。清创完成后，可选用粉剂抗生素，撒布后经无菌纱布包扎固定。③缝合，并非所有的创伤都需缝合，一部分小面积浅表的轻度创伤，做好消毒后，可开放创口，易于愈合。一些较深的创伤，为防止破伤风杆菌及腐败菌滋生，除开放创口外，还需适当扩大创口。一些面积较大的重度创伤，特别是骨折伤所产生的创伤，需缝合。若为多层组织的多次缝合，需注意深层组织选用可吸收线。皮肤组织较其他组织更为坚硬，可选用丝线配合三棱针进行缝合。缝合后的创口需每日消毒。设置引流管的，需注意观察引流管内液体状态，若出现脓液，则需重新清创。④全身性治疗，一般的创伤无须全身性治疗。但在损伤严重造成感染或出现炎症反应时，需要进行全身性治疗。针对性进行强心、补液等。创口为锈器所伤或创口较深者，可选择性注射破伤风抗毒素或类毒素等。

（三）挫伤

1. 病因　挫伤是指由钝器作用造成以皮内或（和）皮下及软组织出血为主要改变的闭合性损伤。挫伤的实质是软组织内较小的静脉或小动脉破裂出血，血液主要在皮下疏松结缔组织和脂肪层内。挫伤的临床表现为皮内或（和）皮下血染，挫伤的大小、形态以及出血程度，颜色的深浅，随作用力大小及局部组织的特点而变化。根据挫伤后出血发生的部位可分为皮内出血和皮下出血。通常皮下组织较致密处出血量较少；皮下组织疏松部位出血量较多，血液甚至积聚于局部组织内形成皮下血肿。敖东梅花鹿挫伤多见于公鹿，特别是在配种季节，公鹿争夺配偶激烈，在争偶过程中常发生强壮公鹿撞伤其他公鹿，造成挫伤；也见于由于饲养人员管理不当，用木棍或石头直接击打鹿造成挫伤。

2. 症状　受伤后几分钟内出现边界明显的肿胀，触压有波动感，并伴随轻微疼痛，皮肤温度略高于其他部位。①疼痛，与暴力的性质和程度、受伤部位神经的分布及炎症反应的强弱有关。②肿胀，因局部软组织内出血或（和）炎性反应渗出所致。③功能障碍，引起肢体功能或活动的障碍。④伤口或创面，据损伤的暴力性质和程度可以有不同深度的伤口或皮肤擦伤等。

3. 防治　预防方面，加强饲养管理，在配种期，做好公鹿分群，减少角斗。

治疗方面，若血肿较小，可自行吸收，对机体无大影响，不必治疗；当血肿较大时，可在出血停止后，穿刺排出血液。

（四）脓肿

1. 病因　脓肿是急性感染过程中，组织、器官或体腔内因病变组织坏死、液化而出现的局限性脓液积聚。四周有一完整的脓壁。常见的致病菌为黄色葡萄球菌。脓肿可原发于急性化脓性感染，或由远处原发感染源的致病菌经血流、淋巴管转移而来。

2. 症状　浅表脓肿略高出体表，有红、肿、热、痛及波动感。小脓肿位置深、腔壁厚时波动感可不明显。深部脓肿一般无波动感，但脓肿表面组织常有水肿和明显的局部压痛，伴有全身中毒症状。

敖东梅花鹿的脓肿多位于体表，也有的出现在体内，如胸腔中出现肺脓肿、腹腔中肠系膜脓肿。体内脓肿多见于寄生虫移行或继发于菌血症等。位于体表较小的脓肿一般可自愈；位于体内胸腔或腹腔内的脓肿未经及时治疗，部分脓液侵入胸腔或腹腔，引发胸膜炎或腹膜炎，多预后不良。

3. 防治　预防方面，应加强鹿舍卫生管理、定期全面消毒、避免个体间冲突，减少鹿损伤。对患有外伤的鹿，及时处理，防止形成脓肿。

治疗方面，可选择手术治疗配合全身性抗生素治疗。手术治疗主要是对脓肿部位进行清创，切开脓肿，排净脓液，去除坏组织，并使用过氧化氢反复冲

洗，撒布抗生素后进行包扎。术后进行全身性抗生素治疗，必要时进行针对性治疗，如强心、补液。除个别病情严重的个体，一般预后良好。

九、常见产科病的诊断与防治

（一）难产

1. 病因 难产泛指在分娩过程中出现某些情况，如母鹿或胎儿本身的问题，需要助产或剖宫产结束分娩的情况。

（1）母鹿原因 母鹿发育不良，导致骨盆腔狭窄、体型小；子宫或阴道结构异常，造成胎儿分娩困难；母鹿妊娠期营养不良，子宫收缩无力或异常等；母鹿妊娠期间营养过剩，导致软产道狭窄。

（2）胎儿原因 母鹿妊娠期间营养过剩，导致胎儿过大；胎势、胎位、胎向异常。

2. 症状 阴道分娩时，产程进展不顺利，胎儿不能顺利娩出。因敖东梅花鹿与其他常见家畜有所不同，在分娩过程中包括第一水泡和第二水泡的娩出过程，所以一般认为敖东梅花鹿在分娩过程中出现以下情形之一则是难产：①第二水泡破裂后，母鹿频频努责，经3～4 h后仍不见胎儿娩出。这种情况多见于胎儿过大、胎位异常、胎势异常。②只见胎儿头部甚至仅见鼻端，虽然母鹿频频努责，但产程没有进展。③两前肢腕关节已娩出、两前肢一长一短（肘关节屈曲），未见胎头或仅见一前肢。④两后肢或一后肢娩出，经长时间努责产程无进展。⑤母鹿阴道流出污秽的黄褐色或淡红色黏液，母鹿频频努责，不见胎儿娩出，伴随母鹿精神沉郁。这种情况多为死胎甚至胎儿腐败。

3. 防治 预防方面，主要加强妊娠后期母鹿的饲养管理，多给予多汁饲料，减少精饲料，防止母鹿营养过剩或胎儿过大造成难产。同时，在妊娠期间，需保证适量运动；临产前保持安静，杜绝参观，饲养人员进入鹿舍前先给信号，以免惊群；有发育不全、骨盆及产道狭窄缺陷的母鹿应及时淘汰。

治疗方面，主要是进行助产，有必要时进行剖宫产手术。

助产：可采用侧卧或仁立保定，一般采用侧卧保定。在助产前做好准备工作，包括助产绳、助产套、毛巾、纱布、液状石蜡、凡士林、碘酊、强心药物、抗生素、止血剂等。首先做阴道检查，确定胎位、胎势及难产程度，确定助产方法。纠正好胎儿位置和姿势,可徒手小心牵拉;宫内完成胎势、胎位矫正的,需先使用助产绳拴住已娩出的四肢,后从外部及外产道将胎儿推回子宫内,再次进行牵拉;牵拉节奏要切合母鹿努责,切不可粗暴牵拉,防止阴道撕裂或子宫外翻。

若多次助产无效,可选用剖宫产手术进行取胎。

若多次助产无效,胎儿无法存活时,为保护母鹿,可对胎儿进行切割,分块取出。该方法仅适用死胎。

母鹿分娩后需及时补充营养,有必要进行静脉注射补液,帮助母鹿及时恢复,同时还能促进初乳的产生。

(二)流产

1. 病因　流产即妊娠终止,胚胎或胎儿与母体间正常的生理关系无法正常维持的病理现象。造成流产的因素有很多,包括:①母鹿饲养失宜,母鹿本身因营养供给不足,抵抗力下降,代谢机能减弱,胎儿缺乏营养,都容易发生流产。饲料中缺乏维生素 A、维生素 D、维生素 E、钙元素和磷元素;食用腐败、发霉、酸败的饲料,易引发中毒。②管理失宜,平时缺乏运动的梅花鹿群突然遇到剧烈运动或拨鹿过程引起骚动,妊娠母鹿受到腹部撞击、压迫、抵伤等,外因诱使母鹿子宫收缩导致流产。③母鹿患病,各组织器官疾病、发热性疾病、传染病等。④胎儿异常,胎儿畸形、脐带水肿或扭转、胎膜水肿、胎盘畸形等。⑤其他原因,注射子宫收缩药物、大量失血、喂食大量泻剂等。

2. 症状　具体症状与流产原因有密切关系,包括:①隐性流产,妊娠期短,胚胎死亡后被母体吸收,无明显临床症状,仅表现为发情周期延长。②早产胎儿,妊娠后期流产,排出不足月的活胎儿,类似正常分娩过程,及时采取保温,实施人工哺乳,胎儿也可成活。③排出死胎,最为常见,常发生在妊娠后期,因胎儿过大、胎势胎位异常导致长时间无法娩出胎儿,造成胎儿窒息死亡。④死胎,包括胎儿浸润、胎儿腐败、干尸。胎儿浸润是死亡胎儿未被腐败菌污染而被母体吸收,仅剩下骨骼。母鹿阴道排出黄白色黏稠渗出物,并可能带有碎骨片或组织碎片。胎儿腐败是死亡胎儿被腐败菌污染,胎儿软组织被腐败菌分解,产生大量气体,胎儿体积显著增大。同时母鹿表现为精神沉郁、食欲废绝、体温升高。阴道检查时可见红色恶臭液体。干尸是死亡胎儿因母体子宫颈紧闭，在母体内被吸收、干燥，组织紧致，类似于干尸。母鹿表现为妊娠症状逐渐消失，不发情，到达预产期不分娩。直肠检查时可感知子宫膨大，内有坚硬固体，无弹性和波动性。

3. 防治　加强对母鹿群的饲养管理，保证正常营养供给；经常检查和修缮母鹿圈舍，确保圈舍安全；进入鹿圈前给鹿信号，防止突然刺激；定时驱赶，适量运动。

治疗方面，主要根据流产的不同时期进行针对性的治疗。①有流产先兆的，用药物制止努责及阵缩。可选用 1% 阿托品 3 mL 进行皮下注射；也可选择 10 g 水合氯醛，口服给药；若胎儿或胎衣已经排出，则按正常产后对母鹿进行护理。②发生胎儿干尸或胎儿浸润时，确诊后可进行剖宫产手术取胎，无治疗意义的母鹿可进行淘汰。③胎儿腐败，首先选用 0.2% 高锰酸钾进行子宫冲洗。冲洗完毕后可灌入 38℃ 的温肥皂水，设法取出胎儿及其碎片，也可根据实际情况，特别是母鹿状态，采取剖宫产手术进行取胎，并对该母鹿进行全身性治疗。若无治疗意义，可进行淘汰。

（三）胎衣不下

1. 病因　通常患有布鲁氏菌病的敖东梅花鹿易发生胎衣不下，其绒毛膜与子宫内膜粘连，造成胎衣无法正常排出；同时，老龄母鹿、过度肥胖、胎儿过大、运动不足等也会发生本病。

2. 症状　梅花鹿在分娩 1.5~3 h 会排出胎衣并吞食，超过这个时间即胎衣不下。个别母鹿外生殖器官处悬垂着部分胎衣，不能完全排出。初期症状不明显，后期因胎衣腐败等原因，出现体温升高、鼻镜干燥、精神沉郁、食欲废绝、反刍停止、泌乳减少，严重者可见阴门处有腐败渗出物。

3. 防治　预防方面，主要是加强饲养管理，注意母鹿产后胎衣情况，及时确诊并进行针对性治疗。

治疗方面，可选用催产素，皮下注射，增加子宫的收缩，加快胎衣排出；剪断胎衣脐带，使积聚的血液迅速流出，有助于胎衣的排出；送注浓盐水，浓盐水可夺取胎膜组织中的水分，导致胎膜组织皱缩以及子宫收缩，加快胎衣排出；人工剥离胎衣，术者可将手伸入子宫内进行胎衣剥离，需轻柔、仔细、完全剥离，切勿粗暴剥离，否则易造成子宫内伤。剥离完成后，每日使用 0.1% 高锰酸钾溶液冲洗子宫。

（四）生殖道炎症

1. 病因　生殖道炎症包括阴道炎及前庭的炎症。原发性生殖道炎通常在交配或分娩过程中，生殖道有一定程度的损伤，后感染病原导致。继发性生殖道炎多继发于胎衣不下、子宫内膜炎、子宫脱出等疾病。

2. 症状　本病主要表现为从阴门流出不同性质的炎性渗出物，阴道黏膜充血、肿胀、疼痛，有时发生溃烂或粘连。排泄时呈弓腰、呻吟，伴有不同程度的全身症状。根据炎症性质，还可分为黏液性阴道炎、脓性阴道炎和蜂窝织炎性阴道炎。其中，蜂窝织炎性阴道炎最为严重，若不及时诊断治疗，可能继发全身性感染，预后不良。

3. 防治　预防方面，主要是加强饲养管理，特别是在配种期。分娩期间若出现产科疾病，应及时诊断治疗；助产时动作轻柔，减少刺激。

治疗方面，可选用温热的收敛药物或消毒药液进行阴道冲洗。常用药物包括 0.1％高锰酸钾溶液等。也可选用涂擦类药物，包括碘甘油、磺胺软膏等。

十、常见仔鹿疾病的诊断与防治

（一）仔鹿营养不良

1. 病因　仔鹿营养不良是指由于摄入不足、吸收不良或过度损耗营养素所造成的营养不足，但也可能包含由于暴饮暴食或过度地摄入特定的营养素而造成的营养过剩。如果不能长期摄取由适当数量、种类或质量的营养素所构成的健康食物，个体将营养不良。长期的营养不良可能导致饥饿死亡。仔鹿营养不良一般表现为与同期仔鹿相比，发育缓慢，体型矮小，被毛粗乱，精神迟钝。在梅花鹿养殖场中偶有发生，晚期生产的仔鹿更容易发生。

2. 症状　主要原因是对妊娠、哺乳母鹿饲养管理不良，特别是妊娠后期母鹿体质衰弱时而产出弱生仔鹿。其中饲料中蛋白质、维生素、矿物质影响最为严重。另外，母鹿发育不良、生殖器官疾病、精液品质不良、近亲繁殖，母体及胎儿代谢破坏以及胎盘面积减小，也可导致仔鹿营养不良。仔鹿营养不良，首先是胃肠机能紊乱，使营养物质的消化利用受到破坏，引起营养物质的缺乏以及脑皮质兴奋性下降。机体为了维持生长不得不进行自体消耗，利用储藏的糖、脂肪和蛋白质，因而体重减轻、机体活动力减低，对外界不良因素抵御抵抗力减弱，容易发生传染病和中毒病甚至死亡。

3. 防治　注意选种选配，防止近亲繁殖，加强妊娠母鹿的饲养管理，保持圈舍的清洁干燥，每日适量运动。

治疗方面，对营养不良的仔鹿采取综合性治疗。首先，保证仔鹿吃到初乳及营养丰富的饲料，可在饲料中添加鱼粉、骨粉、胡萝卜、豆浆等。对患病仔鹿要单独饲养管理，要求圈舍宽敞，阳光充足；也可采取输血，此方法可增强机体吞噬能力，提高反应性，加强防御能力，输血后 1～2 d，可见食欲增加、精神活泼、体重增加。

（二）仔鹿窒息

1. 病因　仔鹿窒息是一种常见病，多发生于难产时，应引起足够重视，及时采取救助措施时，多预后良好。母鹿分娩发生难产时，由于助产时间长，羊水流尽，到出生时，脐带受骨盆口压迫，或者分娩时仔鹿吸入羊水等均会导致新生仔鹿窒息。

2. 症状　仔鹿生下后脉搏快而微弱，呼吸停止，呈假死状，口腔黏膜发紫，舌垂于口外。若身体僵硬，则存活率高。若身体软而发白，则预后不良。

3. 防治　治疗时，首先排除口腔及呼吸道黏液、羊水，使呼吸道畅通。可提起仔鹿后腿，轻轻拍打胸部，甩动头部，黏液会自然流出，迅速用纱布擦去口鼻中黏液；也可将人用输液管剪断，插入喉部，用注射器吸出黏液；或采用补氧进行抢救，或活动前肢，拍打胸部做人工呼吸；注射强心剂，使用氨水等复苏。

（三）仔鹿腹泻

1. 病因　新生仔鹿胃肠分泌胃酸。消化蛋白质的功能不健全，5—7 月气温变化大，饲料、饮水不清洁，未被蛋白酶分解的蛋白质对肠道产生刺激等，都容易诱发仔鹿腹泻。仔鹿腹泻一般多发于 3～30 日龄，随日龄增加，发病率降低，症状也有所减轻。如果不采取治疗措施，病死率也极高。

2. 症状　细菌性，排出白色糊状和蛋清样黄色黏稠粪便，臭味不大。初期精神尚好，体温 39～41.2℃，2～3 d 后精神沉郁，被毛松软，卷腹弓腰，昏迷嗜睡，四肢厥冷，眼球下陷，虚脱而死。个别仔鹿在濒死前由于严重的脱水而出现酸中毒，有部分神经症状。腹泻发生后，食欲降低甚至废绝，同时饮欲增强。有的发病仔鹿在中后期继发支气管肺炎，病程一般 3～7 d，若不及时治疗，多预后不良。

3. 防治　防治关键在于对新生仔鹿密切观察。在产仔期间，母鹿圈舍要进一步搞好卫生，定期消毒，每周 1 次，保持干燥。早期补饲高粱面、玉米面和豆饼面。此外，适量增加仔鹿运动量。

治疗方面，原则是对仔鹿进行严密观察，一旦发病，立即治疗。选用促进消化、清肠利醇的药物，调整肠胃机能，抑制细菌，必要时配合强心补液方面的药物。

发病 1～2 d 用药，主要在于消炎杀菌、助消化、促进糖代谢。发病中期除用上述操作外，同时进行全身性抗生素治疗，减少腹泻。

（四）仔鹿便秘

1. 病因　新生仔鹿在出生后 12 h 内可自然排出胎粪。如超过 12 h 仍然不排出胎粪，则认为新生仔鹿发生便秘。主要原因是未吃到初乳、初乳量不足或初乳质量低劣；也有可能是在母鹿妊娠后期饲养管理不当、运动量不足、饮水不足造成的；或由仔鹿先天发育不良、体质虚弱、早产或患有胃肠道疾病造成。

2. 症状　新生仔鹿在 24 h 内不排出胎粪，吃乳减少或不吃乳。精神沉郁、弓腰举尾、回头顾腹，努责却无粪便排出。听诊时胃肠道蠕动音减弱或消失；用手探查肛门，可发现干硬胎粪堵在肛门或直肠中。患病仔鹿的体温、脉搏、呼吸均无明显变化。若未采取治疗措施，则继发全身衰竭，卧地不起。

3. 防治　预防方面，主要在于加强妊娠母鹿饲养管理，保证仔鹿能够吃到足量优质初乳；养殖人员注意观察仔鹿排粪情况，若发现有新生仔鹿发生便秘，应及时治疗。

治疗方面，可选用灌肠法；也可选用口服轻微泻下药物，促进粪便排出。

（五）仔鹿肺炎

1. 病因　新生仔鹿适应性差，免疫系统发育尚不完全，对外界抵抗力较差；气温变化较大，则易发生感冒，继发肺炎；圈舍卫生状况差，易滋生病原，导致新生仔鹿发生肺炎；同时，其他仔鹿病也会引发仔鹿肺炎。

2. 症状　患病仔鹿一般表现为精神沉郁，鼻镜干燥，体温升高，鼻漏呈浆液性、咳嗽、鼻翼翕动、呼吸频率加快，严重者呼吸困难。肺部听诊，初期湿啰音，后期干啰音。

3. 防治　保持新生仔鹿所在圈舍的卫生条件，定期打扫、消毒。空气保持流通，但也要注意保温，防止冷风突袭。增加日照时间，适量运动，增强仔鹿体质。

治疗方面，即采取全身性抗生素治疗，可选用青霉素、链霉素等广谱抗生素。同时针对性治疗，降低体温，适当补液、强心。

（六）仔鹿脐带炎

1. 病因　新生仔鹿断脐后，因消毒不彻底导致脐带感染发炎。梅花鹿产仔季节为 5—7 月，气温较高，更容易滋生化脓性细菌等病原，一旦发生感染，炎症发展迅速，若不及采取治疗，多预后不良。

2. 症状　患病仔鹿表现为精神沉郁、行动缓慢、体温升高、喜卧不起、吮乳减少甚至停止。脐部有液体渗出，初期为色泽清亮的浆液性液体；继而出现血性液体或纤维素性液体；脐带周围肿胀、温度明显高于周围组织，触诊有痛感。感染化脓菌的个体，挤压脐带有脓液渗出；部分体质较弱的个体因免疫力低下而出现继发感染，炎症蔓延至腹腔，导致腹腔内器官炎症或腹膜炎，这种情况多预后不良。

3. 防治　预防方面，在断脐时严格消毒；产房及仔鹿圈舍要定期消毒，保证清洁卫生；饲养人员要仔细查看出生仔鹿精神状态和脐带，及时发现问题并进行诊断治疗。

治疗方面，一经发现，应尽快采取综合性治疗措施。首先肌内注射青霉素、链霉素等抗生素，控制局部感染；其次，处理脐带部感染，彻底清创后，使用过氧化氢进行冲洗。冲洗完成后涂以 1% 龙胆紫，并撒布抗生素，固定包扎，防止二次感染。处理完成后，由专人进行看护，有必要时可注射破伤风抗毒素，并给予镇静、解痉药物。

第八章
敖东梅花鹿养殖场建设与环境控制

第一节　养殖场选址与建设

一、场址的选择

敖东梅花鹿养殖场场址的选择是养殖场建设的首要条件。选择场址应以自然环境条件适合于敖东梅花鹿的生物学特性为宗旨。场址选择、场区布局及鹿舍是否合理，不仅关系到鹿群的健康，对敖东梅花鹿养殖场的发展和经营管理的改善也具有重要影响。场址的选择可以从以下几个条件进行考虑。

1. 地势和土壤条件　在平原选择建设敖东梅花鹿养殖场，应选择地势高燥、向南或偏向东南、背风向阳、沙质或沙石土且排水良好的地方建场。应当注意，为缓解西北风侵袭，在养殖场西北方向应建防护林带作为屏障。在江河沿岸建场，场区最低点应高于河岸的最高水位线，不要建在水库下方，以免受到洪水的危害。特别注意的是山区建场要选在不受山洪威胁、背风向阳、排水良好的地方。

2. 水源　水源条件选择也是敖东梅花鹿养殖场场址选择的重要条件之一，建场前要对场内的地下水位、自然水源、水量和水质进行必要的检测和调查，并对水质进行理化和生物学检验，了解水中无机盐的含量。

3. 气候条件　气候条件（光照、温度、湿度等）对敖东梅花鹿尤其是鹿茸的生长有着综合性的影响，在不同的生长时期，又有个别气候因素起着主导作用。光照是对鹿茸生长起决定性作用的条件之一，应充分利用好春分到夏至这段日照时间不断增长的黄金时节，保证敖东梅花鹿在舍外活动有足够的时间，充分利用这个时期的光照，使鹿茸获得良好的生长和发育。温度对鹿茸的

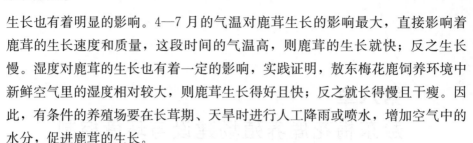

生长也有着明显的影响。4—7月的气温对鹿茸生长的影响最大，直接影响着鹿茸的生长速度和质量，这段时间的气温高，则鹿茸的生长就快；反之生长慢。湿度对鹿茸的生长也有着一定的影响，实践证明，敖东梅花鹿饲养环境中新鲜空气里的湿度相对较大，则鹿茸生长得好且快；反之就长得慢且干瘦。因此，有条件的养殖场要在长茸期、天旱时进行人工降雨或喷水，增加空气中的水分，促进鹿茸的生长。

4. 饲料来源　具有充足饲料的基地是发展养鹿的基础，因此，敖东梅花鹿养殖场附近的饲料来源是能否建场的首要条件。养殖场最好有足够的饲料地或者有可靠的供应各种饲料的基地。在建场之前，要对放牧场植物学和饲料产量进行调查。在山区和半山区建场应具备以下条件：供砍伐枝叶和搂取树叶的高龄柞林面积大，适于各季节放牧的疏林地、荒地和草甸以及供采草的次生林、灌木林和草地的面积大且有充足的能够开垦的荒地。草原地区敖东梅花鹿养殖场的饲料基地包括放牧场和充足的采草场，同时要有相当面积的耕地，以满足青贮、多汁饲料和精饲料的供应，应做到耕地、牧场及采草场的规划和统筹安排。敖东梅花鹿养殖场到放牧场应设有专门的通道，放牧通道不宜穿过农田、住宅区和村庄。按照舍饲与放牧相结合的驯养方式，计算平均每年每只茸鹿所用的草场与耕地面积。舍饲每只敖东梅花鹿平均每年的精饲料为400 kg、粗饲料为2 000 kg。放牧场和采草场面积因地植被、坡度及鹿的种类、数量等具体情况不同，其载畜量和草粮的要求差异很大，应视具体情况而定。

5. 敖东梅花鹿养殖场环境条件　敖东梅花鹿养殖场的场址不应该选择在工矿区和公共设施附近，鹿与牛、羊均为反刍动物，有共患的传染病，所以也不应与牛、羊一起饲养及共同使用相同牧场和饲料场，更不应在被牛、羊污染过的地方建场。鹿群要有单独的放牧场和草场，尽量不要与牛、羊混合放牧。养殖场要建在当地居民区的下风向、下水向3 000 m以上的地方，避免各种复杂环境对鹿造成惊扰或发生传染病。此外，还要注意场址附近的资源条件。

6. 交通与电力条件　敖东梅花鹿养殖场选择地点应具有比较便利的交通条件，场址应远离公路（1.0～1.5 km），距铁路5 km以上，以利于预防疾病。同时还应便于物质、饲料的购运及产品的运输。

二、养殖场的建设

养殖场的建设应考虑以下几个方面：

（1）首先应从敖东梅花鹿的保健角度出发，以建立最优生产和卫生防疫条件为主，尽可能把场地中最好的地段用作生产区，并要考虑好道路规划和绿化设计等问题。

（2）要做到节约用地，尽量少占或不占耕地。敖东梅花鹿养殖场内建筑物之间的距离在考虑防疫、通风、光照、排水、防火要求的前提下，尽量布置紧凑整齐。

（3）规划大型集约化敖东梅花鹿养殖场时，将各功能区进行合理的配置，防止相互交叉和混乱，同时应当全面考虑废弃物的处理和利用。

（4）根据当地自然地理环境和气候条件，合理利用地形地势。如利用地形地势解决冬季防风防寒、夏季自然通风、采光、排水等问题。尽可能利用原有的道路、供水、通信、供电线路及建筑物等，以减少资金投入。

第二节 敖东梅花鹿养殖场 建筑的基本原则

根据敖东梅花鹿养殖场的经营特点、发展规模和饲养数量，结合场地的风向、水向、坡度和饲养卫生等要求，应对梅花鹿养殖场的各种建筑物进行合理配置，做到位置适当、朝向正确、距离合理，以保证鹿群的健康发展和生产操作方便。

专业敖东梅花鹿养殖场一般分为养鹿生产区、饲料生产区、鹿茸加工室、辅助生产区、经营管理区和职工生活区。养鹿生产区包括鹿舍、运动场、寝床、供水设备、饮水槽、料槽等。饲料生产区包括粗饲料棚、精饲料库、饲料加工室和调制室、青贮窖和饲草存放场等。鹿茸加工室包括炸茸室和鹿茸风干室。辅助生产区包括农机库等。经营管理区的建筑包括办公室、物资仓库、集体宿舍、食堂、招待所。有条件的敖东梅花鹿养殖场可建设职工生活区，无条件的可建设简单的职工活动区域。敖东梅花鹿养殖场建筑最好在东西宽广的场地，按照生活区、管理区、辅助区、生产区一次由西向东平行排列，或向东北方向交错排列。

总之，养鹿生产区应建在下风处，经营管理区应建在上风处。管理区距离养鹿生产区不少于200 m，各区内的建筑物之间应保持一定距离，不宜过于密集。通往公路、城镇、农村的主干道路要直通经营管理区，不能先经过养鹿生

产区再进入经营管理区，应有直达养鹿生产区的道路，以便于饲料的运输。养鹿生产区内建筑布局应该遵照鹿舍在中心的原则，采用多列式的方式。

一、养鹿生产区

1. 鹿舍　鹿舍是养殖场的主要生产模式，其作用是保证鹿集群，防止逃跑，冬季躲避严寒风雪，夏季遮蔽炎日风雨，是鹿完成正常生产活动的场所。鹿舍的设计和建筑要符合鹿的生物学特性和生长发育的要求。鹿舍分为公鹿舍、母鹿舍、育成公鹿舍、育成母鹿舍、仔鹿舍和病鹿舍等。鹿舍建筑包括圈舍、寝床、运动场、围栏、产圈、保定圈等。鹿舍及其运动场的建筑面积因鹿的种类、性别、年龄、饲养方式、地区、经营管理体制、种用价值和生产性能的不同而各异。母鹿舍在配种期要进入种公鹿，母鹿在哺乳期与仔鹿在同一个圈舍，且圈舍设有产房、仔鹿保护栏等，所以妊娠母鹿的圈舍应大些；舍饲与放牧相结合的鹿群占用面积可小些；种用价值高和生产性能高的壮龄公鹿应单独用大圈或小圈；光照强、风雪大、寒冷的地方，其棚舍宽度要加大；个体养鹿户的鹿舍面积可小些，但配种圈应保证有足够大的运动场。近年来，鹿舍的建筑面积明显增大，如棚舍长 14~20 m、宽 5~6 m；运动场长 25~30 m、宽 14~20 m。这样的鹿舍可养公鹿 20~30 只、母鹿 15~20 只或育成期鹿 30~40只。运动场长达 40 m 左右，可养殖离乳仔鹿 60~80 只。鹿舍的光照应充足，一般为三壁式砖瓦结构的敞门棚舍，"人"字形房盖，前面无墙壁，仅有圆形水泥柱，前房檐距离地面 2.1~2.2 m，能保证阳光直射到舍内，有利于保证舍内干燥卫生。后房檐距地面 1.8 m 左右，棚舍后墙留有高窗，大小与形状因地而宜，要有窗扇并安装铁栅栏，冬季关上，春、夏、秋季打开，保持棚舍通风良好，气温恒定，易于排除污浊的空气。鹿舍的围墙外墙基深 1.6~1.8 m、宽 60 cm。敖东梅花鹿围墙高度为 1.8~2.1 m，墙厚 24 cm，每隔 3~5 m 要有墙柱，以加固结实，防止变形坍塌，内墙可以稍低一些，墙基明石高度为 30~60 cm，上砌 1.2 m 的石砖墙，石砖墙以上砌花砖墙，墙头应闪檐，并用水泥抹成脊形。有些敖东梅花鹿养殖场的围墙是用木杆围成，但必须坚固，以防被大风刮倒。

2. 运动场　运动场用平砖、卧砖或混凝土铺实，保证坚实耐用、地面平整，便于排水和清扫。其缺点是易损伤鹿蹄，夏热冬凉，对鹿的健康有一定影响。

3. 寝床　寝床用砖铺地，再铺垫 20～30 cm 厚的黏土或沙砾三合土夯实。保证坚实、干燥、排水良好，有利于清除粪便，不影响鹿的四肢发育。

4. 供水设备　水井位于鹿舍、调料室附近地势较高处。建大型贮水池（塔），配置潜水泵，通过管道向鹿舍和调料间送水。

5. 饮水槽　为保证鹿群在冬季能饮到温水，需用铁板焊成长 200 cm、宽 60 cm、深 35 cm 的长方形水槽或将 100 印铁锅固定在炉灶上，冬季可在鹿舍内加热温水供鹿饮用，保证饮用水不结冰。春、夏、秋季使用的水槽可用石槽、水泥槽或铁槽，应设在养殖场运动场前壁下方，便于上水。水槽上缘距地面 80 cm 左右。为了节省材料，也可将水槽置于两个圈舍之间供相邻两舍鹿群饮用。在水槽上口处的围墙一侧留入水口，以便于饲养员在走廊注水。鹿舍内的炉灶一定要坚固，以防公鹿破坏。炉灶烟囱高 1.2～1.5 m，灶门能关闭。

6. 料槽　料槽可用石槽、水泥槽或木槽。水泥槽沉重、坚固，且安全耐用，但在制作时内壁一定要抹光滑，并在槽头留一个排水口，以便于清扫洗刷。采用木槽时，安装要牢固。料槽最好安放在前墙钢筋栅栏的下方或纵向固定在运动场中间，不宜放在棚舍内。一般料槽长 4～5 m、上口宽 60～80 cm，底为圆弧形，深 25～30 cm，料槽底部距离地面 30～40 cm，这样的料槽可喂成年鹿 10～15 只，仔鹿 20～30 只。

7. 排水设施　敖东梅花鹿养殖场排水主要排除剩余饮用水、卫生用水、聚积的雨水和粪尿污水等。由圈外到走廊，再从走廊到运动场，最后到鹿舍（寝床），应逐渐加高，具有 3°～5° 的坡度，以便污水和粪尿能通畅排出舍外，汇入墙外地下排水渠，最后汇集于蓄粪池中。在各栋走廊里最好设有用砖砌成并加盖的通往蓄粪池的排水沟。为了保证舍内地面平整，地面要铺砖。地下水位高、易翻浆的地方最好铺上预制的水泥板，或用白灰、黏土和沙砾混合成三合土夯实地面。

8. 走廊　在每排鹿舍运动场前壁墙外设有 3～4 m 宽的通道，供鹿出牧、归牧及饲养员运送饲料和拨鹿用，这也是防止跑鹿、保证安全生产的防护设备。前栋鹿舍的后壁墙为后栋鹿舍走廊的外墙，每个走廊两端设有 2.5 m 宽的大门。

9. 腰隔　在母鹿舍和大部分公鹿舍寝床前 2～3 m 处的运动场上，常设一道活动的木栅栏或砖墙，平时敞开，拨鹿时将栅栏两侧或中间的门关闭，与运动场隔开，这样可使圈棚间和运动场间形成两条拨鹿通道，在腰隔的一边留门,供舍内外拨鹿用。

10. 圈门 鹿舍前圈门设在前墙一侧或中间,宽 1.5～1.7 m、高 1.8～
2.0 m。运动场之间的腰隔门距离运动场前墙约 5 m。圈棚间的门设在中间或
前 1/3 处,宽 1.3～1.5 m、高 1.8 m。每栋鹿舍的每 2～3 个圈留有 1 个后门
通往后走廊,也有各圈都留后门的,以便于拨鹿和管理。门用钢筋骨架铁皮制
作,1.5 m 以下封严,1.5 m 以上留有观察孔。

11. 产圈 产圈是供母鹿产仔和对初生仔鹿进行护理的圈舍,平时也可以
用来饲养和管理老弱鹿。最好把产圈建在鹿舍中较僻静、平时鹿又好集散的一
角。产圈为面积 9～12 m 的木制小圈,设有简易的防雨雪棚顶,棚下有干燥的
寝床。产圈以 2～3 个相连为好,其间有相通的门,并分别通往两侧的运动场
或鹿舍。

12. 仔鹿保护栏 仔鹿保护栏是确保初生仔鹿安全成活的关键设备。通常
用高 1.2～1.3 m、粗 4～5 cm 的圆木杆或铁筋制成间距 12～13 cm 的栅栏,再
用 4～5 根立柱固定于房架上。栅栏距离鹿舍北墙根 1.4 m,栅栏一端或两端
设有小门供人员进出检查护理、治疗、补饲时用。有条件的敖东梅花鹿养殖
场,若能设带篷的栅栏,使保护栏内较黑暗,可防止大鹿跳进,对保护初生仔
鹿的安全效果尤佳。保护栏清扫消毒后,撒上石灰或草木灰,再铺上较厚的柔
软洁净的干垫草。

13. 保定设备 敖东梅花鹿养殖场的保定设备包括锯茸保定设备,如吊
圈;母鹿难产助产的保定设备,如助产箱;鹿的疾病治疗和人工授精(采精和
输精等)的保定设备。

14. 备用圈 备用圈是指供种鹿配种和护理鹿使用的圈舍。没有固定要
求,根据每个敖东梅花鹿养殖场的要求建设。

二、饲料生产区

1. 粗饲料棚 主要用于贮存干树叶、豆荚皮、铡短的玉米秸、鲜枝叶和
杂草等粗饲料。粗饲料棚应建在地势干燥、通风排水良好、地面坚实、利于防
火的地方,设有牢固的房盖,严防漏雨。饲料棚举架要高些,以利于车辆直接
进出。棚的外周用木杆或砖石筑成,在一端或中间留门。一般棚长 30 m、宽
8 m、高 5 m,可贮存树叶 50 t。粉碎机或铡草机可安装于棚内或棚的附近,以
便于加工饲草。

2. 精饲料库　贮存精饲料的仓库应干燥、通风、防鼠，仓库内设有存放豆饼、豆粕、燕麦、大豆等谷物的贮位，以及放置盐和骨粉、特殊添加剂的隔仓或固定小间。饲料库每间面积 $100\sim200\ m^2$，数量视饲养规模而定。

3. 饲料加工室和调料室　饲料加工室应设在精饲料库附近和调料室之间。室内为水泥地面，设有豆饼粉碎机、地中衡等饲料加工设备。调料室要做到保温、通风、防鼠、防蝇。室内为水泥地面，有自来水供应，主要设备有泡料槽、料池、盐池、骨粉池、锅灶、豆浆机等。

4. 青贮窖和饲草存放场　青贮窖是用来贮存青绿多汁饲料的基础设备。青贮窖有长形、圆形、方形，半底下式、地下式、塔式等多种。以长形半地下式的永久窖较为常见。窖内壁用石头砌成，水泥抹面。其大小主要根据鹿群规模而定；容量则取决于青贮饲料的种类和压实程度。

饲料存放场主要是贮存秋、冬、春三季用的粗饲料。存放的粗饲料要垛成堆，垛周围用土墙或以简易木栅围起，用砖围墙更好。严防火灾和牲畜糟蹋污染。树叶可以打包成垛放，玉米秸不干又逢连续阴雨天气时，不要堆成垛，码成堆即可。

5. 机械设备　敖东梅花鹿养殖场常用的机械设备有汽车、拖拉机或链轨拖拉机、豆饼粉碎机、磨浆机、玉米粉碎机、大豆冷轧机、青饲料粉碎机、青贮或青绿饲料粉碎机、块根饲料洗涤切片机、潜水泵、$5\sim10\ t$ 地中衡、真空泵、鼓风机、电烘箱、冰柜、电扇、电动机等。

三、鹿茸加工室

鹿茸加工室包括炸茸室和风干室。一般设在地势较高、干燥、通风良好、距离鹿舍较近的地方。应备有安全设施，除加工鹿茸外，鹿的副产品加工也在这里进行。

1. 炸茸室　要求房顶设有排气孔，通风良好，直接通往风干室。炸茸室的设备主要有真空泵、炸茸锅灶、烘干箱、操作台等。其面积在 $70\ m^2$ 左右，房顶设有排气孔，室内通风良好。

（1）炸茸锅　炸茸锅应是 $100℃$ 的，最好用铝板焊制成一个长方形槽，一般规格为 $120\ cm×90\ cm×60\ cm$，槽底设有排水孔，锅台应比锅口高一些，并抹上水泥面。吉林省永吉县科技仪器设备厂与中国农业科学院特产研究所共同研制出代替大锅炸茸用的烫茸器。箱体规格 $500\ mm×600\ mm×670\ mm$，电压

380 V，功率6 kW，自动控温，节约能源，操作方便，可减轻加工人员的劳动强度，并可改善作业室的加工条件。

（2）烘干箱　烘干箱是烘烤鹿茸的主要设备，烘干箱有土法制作的烤箱、电烤箱和远红外线烘干箱三种。对烘干箱性能的要求是升温快、温度恒定、均匀、保温性能良好，并且有调温的设施。土烤箱是在炸茸锅的烟道上装上箱罩而成，箱罩下面设有加热用的壁炉，当炸茸锅停火、温度不足时可以点燃壁炉以补充热量。土烤箱升温较快，但散热也快，因此控制恒温较难，一般有条件的养殖场已不再使用。电烤箱升温快、恒温、保湿性能也好，控制方便，但是其排潮性能差，所以鹿茸脱水速度慢。目前，大多数养殖场都使用远红外线烘干箱。远红外线是一种高频电磁波，波长在 $30\sim50\ \mu m$，用其制作的远红外线烘干箱能使茸体水分快速脱掉，功效高，节省能源，控温性能好。

2. 鹿茸风干室　鹿茸风干室是用于风干鹿茸的场所，为了取送茸方便，风干室应直通炸茸室，为避免受炸茸室的烟火与水蒸气影响，风干室应设在炸茸室的上风向处。风干室内要求干燥、通风，备有防蚊、蝇等设施，四周装有宽大窗户，室内设置存鹿茸的台案和挂茸的吊钩，有条件的养殖场最好再增设防盗报警设备。当前大多数养殖场建有加工楼，第一层楼作炸茸室；第二层楼作风干室，可解决通风问题。

第三节　敖东梅花鹿养殖场防疫建设

1. 以疫病防疫为设计中心　虽然养殖小区的发展水平、经济形势以及养殖种类存在差异，但是在设计过程中一定都要以疫病防疫为中心，科学规划和选址。其选址应注意：一是远离居民频繁活动地区，距离至少为 600 m，并且设有防疫屏障；二是与主要公路和铁路距离在 400 m 以上；三是要有沼泽、河流以及山丘等天然屏障；四是尽量选择地势高，并且排水方便，地面平坦的地方，要高出历史洪水线之上；五是远离养殖场、屠宰场、造纸厂等生物污染和工业污染源；六是水源要保证充足，并且水质较好，饲料资源以及电力供应充足，交通便利。

2. 完善防疫设施　在养殖小区内，生产区要与生活区分开，物资、动物以及人员运转要采用单向流动的方式，出粪道和进料道一定要严格区分。在生产区入口处要设有淋浴室、换鞋室、消毒室以及更衣室，并且设有符合国家要求规格的消毒池。同时，在生产区内要设有病死畜禽处理设施、隔离舍、化验室以及兽医室，在养殖小区外还要设有粪便处理设施以及存放场所。

3. 配置专职兽医以及仪器设备　养殖小区一定要配备具有从业资格的专职兽医，同时，兽医室还要配备防疫消毒等兽医器械设备，配有生物制品储存设备，并且对养殖小区物资进行统一供应和管理。化验室要配备兽医检查、药敏试验以及免疫抗体检测等仪器设备，可以针对重点疫病和常发病进行及时的诊治。如果发现疑似重大疫病，要及时做出处理和反应，避免疫病扩大造成更加严重的经济损失。

4. 科学制定防疫制度　养殖小区一定要科学制定防疫制度，并且严格执行，例如扑灭制度、疫病控制制度、监测制度、消毒制度以及免疫制度等。通常情况下，对于普通疫病，要及时处理，进而确保生产的正常进行。如果发生重大疫病，一定要及时上报上级组织，并且配合相关部门对疫病进行妥善处理，尤其要做好免疫抗体检测以及疫病监测工作。应清晰准确地对疫病趋势进行分析，指导养殖户开展防疫工作，做好计划以及科学免疫。各个养殖户的档案资料一定要完整记录，主要包括畜禽死亡原因、发病率、病死率、饲料情况以及来源、实验室检测结果、产品销售以及免疫接种等情况。加强档案的分析和利用，不断进行总结，进而提高养殖小区的防疫水平以及管理水平。

第九章
敖东梅花鹿开发利用与品牌建设

　　敖东梅花鹿是我国的名贵药用动物，鹿茸及鹿产品的应用有着悠久历史。明代《本草纲目》记载，鹿茸可以生精补髓、养血益阳、强健筋骨。除此之外，鹿皮、鹿肉、鹿鞭、鹿尾、鹿筋等，也都有较高的药用价值。

　　鹿茸：梅花鹿的茸角习称"花鹿茸"，在药材中又被称为"黄茸"，是名贵动物中药材，在各种鹿茸中售价最高。敖东梅花鹿鹿茸广泛用于治疗虚弱症和多种妇科疾病。据《中国药用动物志》记载，鹿茸有补精髓、壮肾阳、筋骨的功能，不仅在我国有悠久的药用历史，在亚洲和欧洲的一些国家也被当作珍贵的药物。

　　鹿胎：由梅花鹿的子宫、胎盘、胎水和胎鹿组成。主治妇科疾病，具有补肝肾、止血安胎作用。同时，鹿胎盘有显著的抗疲劳和提高人体运动能力的功效。

　　鹿鞭：又称鹿肾，由公鹿的阴茎和睾丸组成，为较常用中药。具有补肾壮阳益精、强腰补血的作用，主治肾虚、阳痿、耳鸣和宫寒不孕。

　　鹿尾：即梅花鹿的尾巴，有滋补壮阳之功效，可治疗肾虚、遗精、头昏耳鸣和腰背疼痛。用于腰膝疼痛不能屈伸、肾虚遗精、头昏耳鸣。

　　鹿血：梅花鹿血清中的磷、锌、铜、铁、锰5种微量元素均高于人血清的正常值。鹿血中γ球蛋白是人血清正常值的3倍。鲜梅花鹿血有补虚损、益精血、解毒的功能，是治疗肺痿、吐血及崩漏带下的良药。

　　鹿筋：为梅花鹿四肢上的筋。性温、味淡、微咸。可用于治疗四肢无力、风湿关节痛、肾虚等症。有补筋骨、益气力之功效，是治疗风湿性关节炎、劳损挫伤、手脚无力的良药。

鹿骨：理化测试表明，鹿骨营养成分丰富，含有相当高的蛋白质、骨胶原、磷脂质、磷蛋白、软骨素、维生素等，还含有多种矿质元素如钙、镁、铁、锌、钾、铜、磷和硒等。另外，鹿骨的软骨中富含大量的酸性黏多糖及其衍生物，这类物质具有多种药理活性。具有补虚祛风、强筋健骨、安胎的功能。

鹿角：为梅花鹿已骨化的角或锯茸后翌年春季脱落的角基。有温肾阳、强筋骨、行血消肿等功能。

除此之外，鹿茸酒、鹿茸血、鹿角胶、鹿血酒、鹿血米、鹿心、鹿脂、鹿骨胶、鹿骨酒、鹿胎膏、鹿肝、鹿肺、鹿脑、鹿髓、鹿皮和全鹿大补丸等都是一些传统的中药，同样具有较高的药用价值。鹿的其他应用价值也不容忽视。鹿皮夹克、衣裙、靴鞋、手套等都是时髦的高档用品；鹿皮是精密光学仪器的擦拭布；鹿脂、鹿蛋白质是高级美容护肤化妆品的主要原料。敖东梅花鹿还有极高的观赏价值。其性情温驯、形象秀丽，深受人们的喜爱。

第一节　敖东梅花鹿品种资源开发利用

一、敖东梅花鹿养殖优势分析

（一）养殖历史悠久

敖东梅花鹿是特产于我国东北地区的珍贵药用动物，其药用价值及营养滋补作用十分显著，是我国特有的宝贵中药资源。东北三省是我国有史料记载人工养殖梅花鹿的最早区域，拥有 400 多年的养殖历史。

（二）种鹿资源丰富

梅花鹿的饲养以东北地区为主，经数十年培育而成的敖东梅花鹿品种具有高产、优质、早熟、耐粗饲、遗传性能稳定等优良性状，其茸枝头大、质地松嫩、有效成分含量高，在国内外享有很高声誉。作为"关东三宝"之一的鹿茸，其母体梅花鹿名扬海内外。为使"敖东型"梅花鹿这一优良品种性状更加优良和稳定，依托吉林敖东药业股份有限公司，从事研究开发活动，配套种源繁育和推广的科研仪器、设备和设施，建立敖东梅花鹿繁育技术研究所，与国内外大专院校和科研单位的相关专家建立长期合作关系，开展繁育和推广新技术试验。

（三）技术研发优势

敖东梅花鹿产业经过半个世纪的发展，养殖技术有了很大的进步。东北三省养鹿历史悠久，长期养鹿培养了一大批技术人才。在敖东梅花鹿的营养、饲料、管理、疾病防治、防疫、繁殖、育种等方面都研发出了很多新技术、新方法。如饲料配制技术、鹿茸增产技术、疾病防治技术、新防疫技术、人工授精技术、同期发情技术、胚胎移植技术、性别控制技术等，这些新技术、新方法填补了养鹿业许多技术领域的空白，对养鹿业的发展起到了至关重要的作用。吉林省敖东梅花鹿品种选育成果被国家科学技术委员会列为"国家科技成果重点推广项目"。"梅花鹿生产基地"被列为国家级星火计划项目，以吉林省农垦局投资为主，建立了全国唯一的敖东梅花鹿良种繁育中心，首家梅花鹿人工授精品种改良站。吉林敖东药业股份有限公司的"梅花鹿、马鹿高效养殖增值技术"成果获国家科技提高一等奖。其技术已在吉林、黑龙江、内蒙古、山西等16个省份260多个茸鹿养殖场进行了大面积示范推广。

（四）区位产业优势

东北三省的生态条件和区域环境是梅花鹿繁衍的最佳生态区域，是野生梅花鹿的原产地，也是人工养殖梅花鹿的发源地。从生物学和进化论的角度看，敖东梅花鹿的地理、气候和生态环境非常适合鹿的生存，气候冷凉，降水量充沛，林木茂盛，是养鹿的最佳生态环境，具备培育优质种鹿的客观条件。同时有充足的林叶和玉米秸等食物资源，为养鹿业提供了大量的精饲料。

（五）政策鼓励优势

国家产业政策积极鼓励开发敖东梅花鹿产品及精深加工，敖东梅花鹿发展已被纳入国家重点发展的10种中药材之一，各级政府和各部门给予了大力的支持，国家高度重视敖东梅花鹿产业的发展，始终将其作为特色产业来抓，已形成了"龙头企业＋基地＋养殖户"的发展模式。建设了种源繁育、规模养殖和精深加工三大基地，国家林业局于2003年颁布的《关于发布商业性经营利用驯养繁殖技术成熟的梅花鹿等54种野生动物名单的通知》（林护发〔2003〕121号），规定"梅花鹿等54种陆生野生动物的商业性经营利用驯养繁殖技术成熟，按照我国有关法律法规规定，依法具有驯养繁殖资格的可以从事经营利用性驯养繁殖和经营。"此后，林护发 185 号文件强调对于梅花鹿可以驯养繁殖，鼓励有条件的主体积极参与，进行科学化、规模化、集约化的驯养繁育。为此，逐步简化了对敖东梅花鹿进行驯养繁育管理的一系列程序，提高了广大农民参与养殖的积极性。2004 年，国家林业局进一步下发了《关于促进野生动植物可持续发展的指导意见》的通知（林护发〔2004〕157 号），大力推进从以利用野生动植物野外资源为主向以利用人工培育资源为主的战略性转变，继续推行《关于发布商业性经营利用驯养繁殖技术成熟的梅花鹿等 54 种野生动物名单的通知》措施，明确对名单所列野生动物的驯养繁殖予以大力支持，并为其进入市场提供相应的保障措施。

（六）药用品牌优势

敖东梅花鹿是我国特产的珍贵药用动物，作为野生动物已属濒危，但在我国已经形成规模的人工养殖。敖东梅花鹿全身是宝，其产茸质量佳，具有极高的食用价值和药用价值。我国是利用鹿茸治病最早和养鹿历史最久的国家。鹿茸是养鹿业的主产品，是久享盛名的名贵滋补药品，也是出口创汇产品之一。

吉林敖东药业集团股份有限公司目前每年可生产优质梅花鹿成品茸近 2.0 t，以鹿茸为主要原料所生产的"安神补脑液"等高科技产品，为企业创造了巨大的经济效益。此外，吉林敖东药业集团股份有限公司养鹿业的规模不断发展和生产水平的不断提高，还带动了养鹿业和以鹿茸及鹿副产品为原料的制药行业的迅猛发展，同时为社会创造了巨大的经济效益和社会效益。迄今为止，我国已有鹿的原料型产品几十种，它们被广泛应用于营养保健和医疗等领域。

二、敖东梅花鹿产业主要开发利用途径

我国自 2003 年开始允许商业性经营利用驯养繁殖梅花鹿，多年来，敖东梅花鹿产业得到了长足的发展，但仍存在许多问题亟待解决。随着人民生活水平不断提高，对保健品需求也越来越多，鹿茸已不是奢侈品，而成为大多市民首选的保健必需品。鹿茸及鹿副产品尾、肾、筋、心、胎、骨、血、肉、皮等和以此为原料生产的系列产品在国内、国际市场上非常畅销，品种供不应求。

另外，我国鹿茸在国际市场声誉高、价格好，特别是韩国和东南亚等国对我国鹿茸印象好，出口有很强的竞争能力，敖东梅花鹿及鹿副产品还远远没有

敖东梅花鹿

满足国内外市场需求，所以敖东梅花鹿发展具有光明前景，市场潜力不可限量。我国梅花鹿的驯养繁殖与经营利用历史较长、资源条件也得天独厚，这使得敖东梅花鹿养殖产业发展较快，已形成规模。但由于存在诸多矛盾和制约因素，敖东梅花鹿产业遇到了前所未有的困难。根据调研的情况，提出建议如下。

（一）因地制宜建立符合当地实际的产业模式

我国目前养鹿企业的小作坊式的经营模式缺乏生产效率和抵御市场风险的能力，也使得敖东梅花鹿养殖企业的国际竞争力大大削弱，可以根据实际情况，因地制宜建立符合当地实际的产业模式。

1. 培育大型骨干龙头企业，发展规模养殖　推进敖东梅花鹿养殖业产业化经营的关键是发展有竞争优势、带动力强的现代化的龙头企业。政府要加大扶持力度，支持有条件的龙头企业、养殖基地，由分散小作坊式的饲养向规模养殖转变，建设高标准的规模养殖场，提高专业化生产水平。管理部门要根据实际情况，制定优惠政策，从资金、税收、技术等多方面加大扶持力度，鼓励龙头企业在扩大生产规模基础上，逐步由初级加工低端产品向精深加工高端产品转变，提升产品质量和产品附加值，加快敖东梅花鹿产业效益，增强抵御养殖、市场风险的能力。

2. 建立专业经济合作组织，完善利益联结机制　对于当地没有培育大型骨干龙头企业条件的，可以通过建立统一的专业经济合作组织，增强小规模敖东梅花鹿养殖企业的抗风险能力和市场竞争力。具体做法是在各户分散经营敖东梅花鹿难以面对社会化生产市场时，由敖东梅花鹿养殖大户将周围农户联合起来，以形成规模优势，提高市场竞争力。这些合作组织在龙头企业的带动下拥有资金、技术、销售及服务等优势，农户面对的市场风险相对较小，利润较高，而且通过与企业签订寄养合同，可以将劳动力解放出来，从事其他经营或扩大养殖规模，企业通过服务获取利润，是农户"双赢"的合作模式。

3. 提高鹿产品的质量、积极宣传鹿文化

（1）强化优良品种繁育和推广，提高养鹿整体水平　以吉林敖东梅花鹿为基地，扩繁和推广梅花鹿优良品种，建立敖东梅花鹿的繁育基地，通过人工授精、胚胎移植扩繁等新技术，把优良品种快速推广到各地区。此外，还要加快肉茸兼用型新品种鹿的选育进程,争取早日对其进行品种审定。

(2)积极推进饲养改良,着手降低养鹿成本　研制和推广鹿全价配合饲料,种植和饲喂高蛋白质的牧草及高能高油玉米,逐步取代豆饼等高成本饲料;积极推广袋贮饲料和加工转化的玉米秸秆,推广应用秸秆软化、发酵新技术,提高秸秆利用率,降低饲养成本。

(3)鼓励建设养鹿小区,提高集约饲养水平　敖东梅花鹿饲养需要有较强的责任心,应以发展民营养殖场为主要模式,政府要鼓励扶持农民养鹿致富,同时要有政策引导,创造条件,尽可能建立集中的饲养小区,以利于统一防疫,防止人畜交叉感染,并提高集约化水平。

(4)弘扬鹿业文化,充分挖掘利用古代宝贵的鹿业遗产,推动鹿产业开发利用　我国古代鹿文化历史悠久,宝藏丰富,各种古籍对鹿的养殖、鹿药食用配方菜谱、典故轶事等多有记载,这些宝贵的挖掘和弘扬利用,对于现代敖东梅花鹿产业的开发建设具有推动作用。

4. 加大科技养鹿力度,努力攻克产业化发展关键技术　科技创新是发展进步的关键所在,要把科技养鹿作为敖东梅花鹿养殖业发展的依托。

(1)企业与学校、科研单位合作　与专业科研院所密切合作,大力推进产、学、研一体化。国家应鼓励有能力的企业与就近的科研单位、大专院校建立科研和人才培养合作机制,国家可以牵头并且对这种企业给予一定的政策优惠和资金支持。

(2)积极争取科技立项,解决科技难题　积极争取各级科技和农业部门给予支持立项,组织专家重点解决鹿产品精深加工开发、肉茸兼用型品种选育、饲料配方精选、冷冻胚胎繁育等产业化所需关键技术难题,并加速应用推广,提升产业的经济效益和社会效益。同时对鹿产品的有效成分进行科学研究,将鹿产品特别是鹿茸中的化学成分进行精确的理化分析,研究其中的有效成分,通过精确的科学试验得出权威结论,从而对鹿茸等鹿产品的质量进行分级,大力推广,形成世界先进的、统一的国际标准。

(3)强化人才培训,打造一批高质量的鹿业发展队伍　以鹿业协会为组织者,各级政府给予必要的培育经费,组织鹿业生产各类人员在饲养管理、品种改良、饲料配方、防病灭病等方面有针对性地进行考察、学习、辅导和培训。定期举办技术培训班,邀请专家学者和有实际经验的技术人员授课研讨交流,注重人才培养,提高养鹿人员的科技水平。

5. 建立健全管理部门的职责

（1）建立现代化的鹿产品批发交易市场，扩大影响力　以政府支持、企业化运作的方式在敖东梅花鹿产业发展比较成规模的地区建设现代化的鹿产品批发交易市场，扩大辐射范围，带动当地敖东梅花鹿养殖业的发展。

（2）建立鹿产品质量监督检测中心，制定科学的技术标准　建立鹿产品的质量监督检测中心，加强第三方公正检验，确保投放到市场的鹿产品质量安全。鹿产品进入市场要严格实行持证准入制度，严格惩戒假冒伪劣产品，确保消费者和守法厂商的基本权益。科学制定鹿业行业的技术标准，并且通过有关部门，将这一标准上升到法律的高度，国家直接设置或者支持建立专门的机构负责标准的实施推广，组织行业内企业对该标准进行学习，管理监督运行。这样整个鹿产业才能在规范的标准的基础上进一步发展包括种质、饲料、饲养、防疫、产品收获加工、产品质量监测、包装储运、营销及售后服务等在内的一系列标准化体系，规范市场，增强国际竞争力。

（3）严格准入制度，维护梅花鹿养殖企业和养殖户的利益　针对目前的鹿产品市场混乱、可信度低的问题，通过认证防伪来控制假货问题。建立敖东梅花鹿标识溯源系统，推行敖东梅花鹿耳标佩戴，以耳标为载体，以移动信息技术为手段，通过标识编码、标识佩戴、身份识别、信息录入与传输、数据分析和查询，实现养、加、销全程监管。工商、质量监督等部门要认真做好敖东梅花鹿产品品牌认证工作。规模养殖场（小区）要普遍建立养殖档案，详细记录敖东梅花鹿品种、谱系、产地、数量、免疫日期、免疫人员、疫苗名称、养殖代码、标识顺序号、饲料、用药等情况，做到问题产品有源可溯、有责必究，保障敖东梅花鹿产品质量安全。

6. 完善相关政策法律法规，积极扶植敖东梅花鹿养殖产业　政府不仅要从政策上支持梅花鹿养殖产业的发展，而且也应完善相应的法律法规，促进敖东梅花鹿养殖业健康持续发展。

（1）加大扶持力度，落实优惠政策　各级政府应适当增加养鹿产业发展的资金投入，支持敖东梅花鹿产业的发展，重点扶持良种繁育体系建设、标准化规模养殖、疫病防控体系建设、敖东梅花鹿产品市场开发和建设。加大对敖东梅花鹿产业重点项目扶持力度，在项目立项、审批程序、资金投放、建设用地、企业注册、商标培育等方面给予优惠。要坚持财政专项资金和金融信贷资金相结合，充分利用畜牧业贷款担保公司，构建敖东梅花鹿产业投融资平台，创新金融产品，增加对敖东梅花鹿产业的信贷投放规模。

（2）野生梅花鹿与人工驯养敖东梅花鹿应分开界定、区别对待　应将梅花鹿的野外种群和经过几代人工驯养繁殖的敖东梅花鹿区分开来，放宽对后者经营利用行政许可审批的要求和限制。我国人工养殖梅花鹿已有 300 多年的历史，繁殖饲养应在 50 代以上，人工养殖的梅花鹿在行为、外貌、繁殖和产茸等性状与野生梅花鹿存在很大差异，建议国家林业主管部门协调修改法律法规，制定相应的标准将野生梅花鹿与人工饲养的敖东梅花鹿分开界定，并对野生梅花鹿与人工饲养敖东梅花鹿采取不同的管理手段。

7. 加强敖东梅花鹿野外资源保护，建立敖东梅花鹿野外种质资源基地

建议由国家给予资金支持，林业主管部门可以采取保护管理和工程措施，在生态环境适于敖东梅花鹿栖息繁殖的地区建立敖东梅花鹿野外种质资源基地，加强敖东梅花鹿野外资源的保护，对人工驯养的敖东梅花鹿进行野化训练，然后放归到原生环境中去，实现梅花鹿的自然繁殖，逐步建立起新的野外种群，为改进敖东梅花鹿人工种群的品质、维持优良的遗传性状提供种源基础。

三、敖东梅花鹿鹿茸产品质量特点

敖东梅花鹿饲养方式主要为圈养、放牧或圈养与放牧相结合。人工养殖主要在山区、半山区和丘陵地区，这些地区天然林资源丰富植被品质好；食物多为天然饲草树叶，绿色无污染。鹿茸饱满肥嫩，含血液，药用保健价值高。现代科学研究进一步证明，鹿茸具有调节机体新陈代谢、促进各种生理活动的功能，如增强耐力及抗寒能力、增加血液供给、增强心肌收缩力、延缓衰老、加快恢复体力、促进伤口愈合、调节神经等多种功效。这里所说的鹿茸是指我国原产的梅花鹿茸和马鹿茸。新西兰、澳大利亚的赤鹿茸及俄罗斯的驯鹿茸是不在其列的，它们之间有无区别、效果如何还没有可信服的理论根据。所以，我国还是以我国原产地的鹿茸为主要原料入药和加工保健品。

四、敖东梅花鹿鹿茸及鹿副产品深加工的问题

鹿类动物是享誉世界的名贵食药兼用的经济动物，全身都是宝，除主产品鹿茸外，其他副产品如鹿心、鹿肉、鹿胎、鹿鞭、鹿血、鹿尾、鹿筋、鹿皮、鹿骨等均具有较好的保健功能。在敖东梅花鹿鹿茸及鹿副产品深加工研究方面人们没有突破，目前实际上还是停留在原始的原料应用上。究其原因主要是

以下方面的因素的影响：一是在敖东梅花鹿品种培育初期，人们的生活水平还不是很富裕，选用鹿茸作为保健品对很多人还是一种奢望，对于鹿及鹿茸对人体的保健作用宣传引导得不够；二是从保护野生动物资源的角度考虑，我国对梅花鹿及其产品的开发利用给予很大的限制，所以制约了产品的开发应用；三是销售不规范，鹿茸及产品标准不清晰，机制不健全，诚信度不高，消费市场培育缓慢。客观地讲，在鹿茸及鹿副产品加工方面，韩国近些年来进行了很多很好的探索，取得了一些可喜的成绩，在人体保健方面，以鹿茸及鹿不同部位的副产品为原料，开发出了一系列好产品，值得我国学习和借鉴。

五、敖东梅花鹿产业的发展方向

1. 走产业化之路　我国目前的敖东梅花鹿人工养殖分布广，养殖户多，但多规模较小，生产力低下，产品质量标准不统一，缺乏国际市场的竞争能力。这一点在今后的发展上将随着市场的逐步完善，通过自我调节加以解决，逐步实现生产的规范化和标准化。

2. 依靠科技进步进一步提高养鹿业生产开发水平　我国将继续在品种选育、饲料营养、疾病防治、产品开发等方面加大投入，建立集敖东梅花鹿资源保存、利用、研究与开发于一体的生态效益型养鹿科技示范区，大力发展敖东梅花鹿养殖，使之科学化、正规化。加强研发工作，逐步降低生产成本，提高产品质量。

3. 建立敖东梅花鹿行业协会，促进敖东梅花鹿产业的持续发展　行业协会是行业的群众组织，协会的职责是为本行业制定各项技术标准，进行内外的信息交流和组织协调生产技术攻关等。行业协会的成立有利于协调政府与行业之间的关系，解决行业内出现的问题；有利于建立和完善养鹿专业服务体系；协调产业链中各个环节，合理布局，指导敖东梅花鹿产业有序发展。

4. 抓好产品深加工，培育国内消费市场　必须重视敖东梅花鹿产品质量的提高，树立"以质量和信誉求生存、求发展的意识"，树立"以质取胜"的观念，提高市场竞争力和经济效益，这对于敖东梅花鹿深加工产品来说尤为重要。我国在政策上要逐步放开对梅花鹿药用、食用的限制，给予政策上的扶持，积极培育国内消费市场。加强基础研究工作，特别是敖东梅花鹿鹿茸有效成分、结构的研究工作，从理论上找出鹿茸对人体保健及医疗发生作用的科学依据，为人类合理有效地开发利用敖东梅花鹿产品提供依据。

5. 敖东梅花鹿产品深加工前景　我国是养鹿大国，也是鹿茸销售大国。目前存栏梅花鹿 60 余万头，年产鹿茸约 600 t。梅花鹿鹿茸除内销外，还出口日本、韩国和东南亚等国家。我国港澳台市场也频频从内地进货。发展养鹿业、开发鹿产品深加工是企业创收、农民增收新的经济增长点。目前，敖东梅花鹿在鹿茸及鹿产品深加工方面还处于初级阶段，只是以鹿茸片等初加工产品的形式上市，市场上缺少以鹿茸为主要原料的保健品、食品和化妆品等深加工产品。深加工产品可使鹿茸增值几倍、几十倍，为养鹿业和鹿产品加工业带来无限商机，其发展前景十分广阔。此外，鹿肉、鹿尾、鹿筋、鹿皮、鹿毛绒等还是食品、轻工、纺织等行业的重要产品原料，开发前景很好。因此，敖东梅花鹿产业应走出只能生产单一鹿茸的误区，在鹿产品的深加工上下功夫，加大技术开发力度和生产规模，增加科技含量，提高附加值，满足市场对鹿产品多元化的需求。随着我国养鹿业的发展，国家和省、市在养鹿上有一定的科技投入，自 20 世纪 80 年代以来进行有关鹿的研究项目达百余项，取得了一定的成果。在敖东梅花鹿的人工授精方面取得了一定的进展，人工受胎率为 50% 左右。其他方面研究还不全面、不系统，尤其是敖东梅花鹿的基础研究和鹿产业的深加工方面研究得非常少，仍有许多问题值得研究。

第二节　敖东梅花鹿主要产品加工工艺及营销

一、敖东梅花鹿产品

梅花鹿产品入药在我国有悠久的历史，早在《神农本草经》中就有鹿茸、鹿角药用价值的系统记载。近年来，伴随敖东梅花鹿产业的发展，以及国际市场的竞争，敖东梅花鹿产品深加工及鹿产品开发成为人们关注的热点。

（一）鹿茸

鹿茸为公鹿未骨化密生茸毛的幼角，具有壮肾阳、益精血、强筋骨、调冲任、托疮毒之功能，用于阳痿滑精、冷宫不孕、羸瘦、神疲、畏寒、眩晕耳鸣耳聋、腰膝冷痛、筋骨冷软、崩漏带下、阴疽不敛。传统鹿茸产品多为散剂、丸剂，有鹿茸散（《备急千金要方》）、白蔹丸（《济生方》）等，也有鹿茸酒

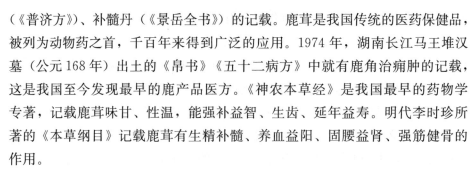
（《普济方》）、补髓丹（《景岳全书》）的记载。鹿茸是我国传统的医药保健品，被列为动物药之首，千百年来得到广泛的应用。1974年，湖南长江马王堆汉墓（公元168年）出土的《帛书》《五十二病方》中就有鹿角治痈肿的记载，这是我国至今发现最早的鹿产品医方。《神农本草经》是我国最早的药物学专著，记载鹿茸味甘、性温，能强补益智、生齿、延年益寿。明代李时珍所著的《本草纲目》记载鹿茸有生精补髓、养血益阳、固腰益肾、强筋健骨的作用。

现代医学研究证明，鹿茸含有多种生物活性物质，能促进机体的生长发育、新陈代谢，增强机体的免疫功能，对神经系统、心血管系统有较好的调节作用，有助于恢复和保持机体健康。鹿茸能提高机体工作能力，改善睡眠和饮食，对全身虚弱、久病之人有良好的复壮作用。临床上鹿茸能治疗多种疾病。亚洲国家是传统应用鹿茸国家。我国有100余种中成药中含有鹿茸成分。现代医学研究表明，鹿茸中化学成分多而复杂，其含19种以上氨基酸（包括人体不能合成的必需氨基酸）、糖、固醇类、激素样物质、前列腺素、三磷酸腺苷、硫酸软骨素、多胺、肽类、脂蛋白、维生素、酶类和各种无机宏量及微量元素等。

国内外学者还研究发现鹿茸中含有多种生长因子，如胰岛素样生长因子、神经生长因子、表皮生长因子及具有促进成骨、软骨细胞增殖的鹿茸多肽等。鹿茸作为强壮滋补药物，一直以来被人们视为延年益寿的佳品。现代药理学研究表明：鹿茸具性激素样作用，能促进性机能，起到壮阳振痿之功效；鹿茸可以提高人体免疫力，防治肾虚及抗衰老，鹿茸蛋白有抗肿瘤作用；此外，鹿茸对心血管系统具有保护作用，对组织创伤具有修复和再生作用。

鹿茸作为天然生长因子库，近年来针对其生长因子的研究也成为人们关注的热点。生长因子在组织修复和再生以及蛋白质的合成方面均发挥重要作用，王本祥在研究多肽因子过程中研制出治疗骨折、骨质疏松的注射用鹿茸生长素和治疗创伤愈合的伤愈素。如今学者对鹿茸的研究从宏观到微观，正在逐渐深入，这为鹿茸产品的开发提供了坚实的理论基础。由于人们对鹿茸的认识大多仍停留在中药传统用法上，所以目前国内的鹿茸大多仍以鹿茸片和鹿茸粉入药，除注射用鹿茸生长素和伤愈素及吉林敖东药业集团股份有限公司生产的颐和春、安神补脑液等鹿产品外，其他以鹿茸为基础的新药和新剂型较少。

（二）鹿血

现代医学研究表明，鹿血、鹿茸血的药用价值与鹿茸趋近。鹿血可以大补虚损，易精血。在古代养鹿取血生饮是皇室和达官贵人的滋补之道。鹿血有补虚、补血、益精之功，主治虚损腰疼、贫血、心悸、失眠、阳痿等症。鹿血多被制成各种酒类或干粉，用于虚损腰痛、心悸失眠、肾虚阳痿、肺痿吐血、崩漏带下等症。

现代医学研究表明，鹿血可以促进新陈代谢，增强体质，促进机体总体机能的效应，对神经衰弱、失眠及各种虚损症的疗效甚佳。对鹿茸血中的营养成分进行分析，结果表明鹿茸血中富含多种氨基酸，此外还含多种脂类、游离脂肪酸类、固醇类、糖脂类、磷脂类、激素类、嘌呤类、维生素类和多糖、γ 球蛋白、胱氨酸和赖氨酸、超氧化物歧化酶和谷胱甘氧化酶，以及与心脏机能相关的磷酸肌酸激酶、α-羟丁酸脱氢酶和磷酸肌酸激酶、辅酶类等。

现代药理研究表明：鹿血有性激素样作用，可以提高人体性机能；鹿血还可延缓衰老、增强免疫力；此外鹿血能激发骨髓造血，对失血性贫血具有明显的补血作用。而杨怀江、李瑞敏对鹿血制品——梅花鹿血粉胶囊（成年雄性活鹿新鲜血液，运用现代冷冻低温真空干燥，加工成血粉后制成）研究表明，其有抗缺氧、抗疲劳的作用。宋胜利、葛志广对梅花鹿鹿血药用机制的初步研究表明：梅花鹿鹿血中富含人体必需的微量元素，且鹿血中的酶和球蛋白含量均高于人体正常值。鹿血作为传统名贵中药，当前对其的应用仍主要采用传统的鹿血粉和鹿血酒形式，虽也有茸血精和复方茸血胶囊等，但主要局限于保健品方面。

（三）鹿鞭

鹿鞭来源于敖东梅花鹿的干燥阴茎和睾丸。具补肾阳、益精血之功效，能治疗劳损、腰膝酸痛、肾虚、耳鸣、阳痿、宫冷不孕等症。当前，人们已检测出鹿鞭中含脂肪酸类、氨基酸类、多肽与蛋白质、磷脂类、生物胺类、激素类、维生素、无机元素和糖类等九大成分。现代药理研究发现，鹿鞭具性激素样作用，能提高机体机能；具有抗衰老、抗疲劳作用；有增强机体免疫力、促进创伤愈合、预防贫血等作用。目前，鹿鞭产品主要有鹿鞭胶囊、鹿鞭酒、鹿鞭丸等，这些产品的应用都是中药传统用药的形式。由于鹿鞭产品短缺，研究开发其替代品以及如何充分利用鹿鞭的价值成为鹿鞭产品开发的焦点。

（四）鹿肉

大量的鹿骨化石证明，早在人类茹毛饮血时代，人类食物主要来源之一就是靠猎取鹿类动物获得。我国养鹿最早的文字记载是殷纣王建筑的"大三里，高千尺"的鹿台，目的是食用、祭祀，也用于观赏、狩猎、娱乐等。敖东梅花鹿鹿肉味道鲜美、营养丰富、易于烹饪。古代鹿易于捕捉，鹿肉是人们的主要食物，周代《礼记·内则》篇记述了贵族阶层用鹿肉做菜。周代已将鹿肉作为家宴的主要食品，唐代州县官员宴请得中的举子设"鹿鸣宴"。北魏贾思勰《齐民要术》记载了鹿肉的烹饪技术。清朝将鹿肉作为贡品，《奉天通志》记载：盛京（今沈阳附近）每年宴供七次，贡品有鹿舌、鹿尾、大肠、鹿胎、汤肉块、晾肉块、鹿肠、鹿肝、活鹿、羚子、獐子、狍子、嘎拉哈，其量大得惊人，证明当时鹿数量之多。

近代由于养鹿业的发展，鹿肉数量增多，鹿肉烹饪技术也不断改进。《本草纲目》称鹿的鲜肉或干燥肉有养血生容、治产后风虚邪僻的作用。敖东梅花鹿鹿肉的营养价值极高，鹿肉的粗蛋白质、磷脂、维生素 B_{12} 及必需氨基酸含量均高于牛肉，而脂肪、胆固醇的含量则显著低于牛肉，其胆固醇含量比牛肉低 30.88%。鹿肉能补五脏、调血脉。医学临床上应用于阳虚宫寒、精神疲倦、气血不足、阳痿遗精、心悸不安等症状。成品有鹿补丸、鹿补膏等。敖东梅花鹿鹿肉的这种优质结构成为开发健康滋补品的前提。目前，敖东梅花鹿鹿肉在国际市场上往往供不应求，未来鹿肉必将成为人民生活中的高级肉食品之一。

（五）鹿胎、鹿胎盘

鹿胎、鹿胎盘是健康敖东梅花鹿新鲜或干燥的胎仔或胎盘。《本草新编》记载：鹿胎益肾壮阳、补虚生精，治虚损劳瘵、精血不足、崩漏带下、不孕。鹿胎在古代被列为"妇科三宝"（鹿胎、乌鸡、阿胶）之一，可见其在治疗妇科疾病方面的重要作用。敖东梅花鹿胎盘具有补肾壮阳、补虚生精、提高人体运动能力、改善某些生化指标的功效。现代医学研究揭示，鹿胎盘脂质对老年小鼠具有抗衰老作用。敖东梅花鹿胎盘提取液对 D-半乳糖衰老小鼠免疫功能的影响表明，其提取液具有提高机体免疫力和抗衰老的功效。

（六）鹿脑

鹿脑是敖东梅花鹿的新鲜或干燥大脑。功能为补骨髓、益脑、补虚劳。主要用于神经衰弱，偏、正头痛等。现代有以鹿脑为主要成分，配伍高山红景天、刺玫果等研制成梅花鹿脑胶囊。现代药理研究表明，鹿脑胶囊无毒、无致突变作用；有耐缺氧的作用趋势，其药理作用仍需进一步深入研究。

（七）鹿皮

古代人多以鹿皮为衣遮寒。鄂温克族穿鹿皮衣服；用鹿皮做成小孩摇车样的袋子，外出打猎时将孩子装在里面挂在树上。现代的鹿皮夹克、皮鞋、手套、挎包等都是高档耐用消费品。鹿皮由于细柔、富于弹性，也用来擦拭高级精密化学仪器、高档汽车等。敖东梅花鹿鹿皮有补气收涩作用，用于治疗肾虚滑精、白带血崩等症。

（八）其他敖东梅花鹿产品

敖东梅花鹿的多种部位有医疗保健功效或其他功能。敖东梅花鹿产品除鹿肉、鹿皮、鹿血、鹿茸之外，还有鹿角、鹿角盘（及其加工的鹿角胶、鹿角霜）、鹿骨、鹿齿、鹿筋、鹿胆（鹿无胆囊系胆管）、鹿肾、鹿尾、鹿心、鹿乳、鹿肝、鹿胎粪等。

二、敖东梅花鹿产品精加工

敖东梅花鹿的全身都是宝，用于食用药用的部位多达 28 个，同时敖东梅花鹿产品富含种类齐全的氨基酸和特殊活性物质，在医学和食品上都具有很高的使用价值。我国利用梅花鹿做食品（药品）有悠久的历史，然而由于基础及加工技术研究不够，目前敖东梅花鹿保健产品品种数量少，层次低，科技含量低，产品附加值不高，国内外市场上缺乏服用和携带方便、科技含量高的鹿系列天然营养保健产品。随着人们生活水平的提高，以传统敖东梅花鹿原料为主的精深加工必然成为新的市场消费热点。同时敖东梅花鹿产品的精深加工对调整农村产业结构，实施乡村振兴战略，增加农民的收入具有重要意义。为满足市场多元化的需求，对敖东梅花鹿产品的精深加工是未来的发展趋势。

（一）敖东梅花鹿产品加工业的现状

随着人们生活质量的不断提高，滋补强身、延年益寿成为人们的生活追求。个人自我保健意识的增强，为了延年益寿，服食抗疲劳、抗衰老滋补品已成为时尚。尤其当今世界人口趋向老龄化，特别是近年来，随着医疗保健业的迅速发展，医疗保健品需求不断增加，人们不但在食品结构上有优质肉食的要求，而且在营养保健方面千方百计探索营养价值高、疗效好、无毒副作用的天然补品。从国外市场的角度看，以敖东梅花鹿鹿茸以及鹿茸血为主要成分的药用品的需求一直比较平稳，备受国外客商的青睐，长期保持畅销而不衰。从国内市场来看，目前以敖东梅花鹿产品为原料的各种滋补品、保健品越来越多。

1. 以敖东梅花鹿鹿茸为原料的产品　鹿茸为我国传统名贵中药，其性温，具有生精补髓、养血益阳、固腰益肾、强筋健骨的作用，春秋时代医籍上都将鹿茸称为"药中上品"，可见其功效奇特。现代医学研究证明，敖东梅花鹿鹿茸具有促进肌肉发育、强身健体、提高耐力、增加红细胞、提高血液溶氧量、使外伤迅速愈合、促进手术后的恢复、提高免疫力、延缓衰老、抗癌、美容养颜的作用，且对关节炎有良好的疗效。目前敖东梅花鹿鹿茸以及鹿产品的精深加工方面还处于初级阶段，只是以鹿茸片等初加工产品的形式上市。现有的鹿茸加工产品包括鹿茸胶囊、鹿茸口含片、鹿茸口嚼片、鹿茸酒、鹿茸茶、鹿茸口服液，市场上缺少以鹿茸为主要原料的保健品、食品和化妆品等精深加工产品。

2. 以敖东梅花鹿鹿茸血为原料的产品　鹿茸血具有补虚、壮阳、增强体质和增强新陈代谢的作用，有促进机体总体机能的效应，对心悸、失眠、崩漏带下、神经衰弱和各种虚损症状疗效甚佳。由于工作压力，社会上出现各种职业病，失眠的人数高增不下。失眠对人体的危害是很严重的：失眠能导致人体迅速衰老，使人的面色憔悴，皱纹增多；同时能导致机体免疫力下降，抵抗力下降，诱发各种疾病。使用以鹿茸血为原料的鹿产品对失眠症的患者具有很好的疗效。现有的以敖东梅花鹿鹿茸血为原料的加工产品包括鹿茸血酒和鹿茸血口嚼片。这些产品大部分采用传统的鹿产品加工工艺，导致市场上缺乏以鹿茸血为原料的精深加工，不能满足人们的需求。

3. 以敖东梅花鹿鹿血为原料的鹿产品　鹿血具有抗衰老、补血、抗辐射、抗疲劳作用，同时具有增强性功能、促进性器官的生长发育以及抑制中枢神经系统的作用。对于治疗风湿病、失眠症、阳痿、早泄、腰疼、形寒肢冷、妇女性冷淡、头晕目眩、精神不振均有较好的效果。目前以敖东梅花鹿鹿血为原料的鹿产品包括鹿血酒、鹿血口服液、鹿血口嚼片、鹿血滋补胶囊。

鹿产品在我国用于营养保健、防病强身已达数千年，其功效显著，盛誉内外。但目前敖东梅花鹿国内产品主要是初级原材料或直接应用简单加工，产品层次低，精深加工产品少，技术含量较低，导致产品附加值低，制约养鹿产业健康发展，必须进行深度开发。

（二）敖东梅花鹿鹿产品的研发

1. 敖东梅花鹿鹿茸胶囊及鹿茸膏产品加工工艺　将新鲜的鹿茸进行干燥处理后切成片状；利用蛋白酶处理破坏血红蛋白结构，使血红蛋白便于人体的吸收利用；将温度设置在 70～80℃ 进行低温预干燥，磨碎再进行气流干燥；将所得的超细鹿茸粉加水、糖、增稠剂，高压高温短时处理再冷却成冻状即成鹿茸膏或者把超细鹿茸粉制成胶囊。

2. 敖东梅花鹿鹿茸血胶囊及含片加工工艺　将新鲜鹿茸血进行处理；利用除臭脱腥技术使异味消失；利用酶处理破坏血红蛋白结构促进蛋白质的消化吸收；冷冻干燥再进行包装即成胶囊或含片。

3. 敖东梅花鹿鹿茸血粉加工工艺　利用除臭脱腥技术使异味消失；新鲜鹿茸血进行预处理，敖东梅花鹿鹿血预处理是血粉加工工艺中的关键步骤之一，它直接关系到成品品质的优劣，因鹿茸血成分复杂及营养丰富，为达到尽可能保存其营养成分，同时又适合后序工艺要求的目的，取血后必须立即处理；把经过预处理的鹿茸血进行低温浓缩，同时防止蒸汽压过高造成热敏性物料，出现料结现象；按配比加入填充剂及辅料然后混合均匀；冷冻干燥后将鹿茸血粉碎，采用紫外线照射方式消毒再进行包装即成敖东梅花鹿鹿茸血粉。

4. 敖东梅花鹿鹿血粉（丸）的加工工艺　将采集的新鲜的敖东梅花鹿鹿血，经过预处理同时利用除臭脱腥的技术达到除臭脱腥的目的；利用现代分离技术将鹿血中的血清、血浆、血细胞分离开；将分离物进行低温预干燥保留有机活性成分，再进行真空冷冻干燥；利用微生物技术进行处理，提高铁的消化吸收率；然后粉碎形成超细鹿血清粉、血浆粉、血细胞粉，或者利用现代食品加工技术把超细鹿血清粉、血浆粉、血细胞粉制成敖东梅花鹿鹿血清丸、血浆丸、血细胞丸。

（三）精深加工敖东梅花鹿鹿产品的市场前景

1. 敖东梅花鹿鹿茸胶囊及鹿茸膏产品　将敖东梅花鹿鹿茸经特殊工艺技术开发成胶囊及鹿茸膏等高端产品。由于我国的传统习惯，亲友互赠存在着巨大的市场。鹿茸口服液及鹿茸膏产品的开发存在巨大的商机，同时这样可以满足不同消费层次人员的需求。

2. 敖东梅花鹿鹿茸血胶囊及含片、鹿茸血粉　敖东梅花鹿鹿茸血胶囊及含片，采用现代生物工程技术结合冷冻干燥工艺，有效保存了敖东梅花鹿鹿茸血中的活性成分。

该产品采用纯鹿茸血精心制作，有效成分含量高，功效确切，迎合现代社会人们追求天然、养生、保健的心理，拟定高价位切入市场，专门针对高收入人群销售。

3. 敖东梅花鹿鹿血粉（丸）　敖东梅花鹿鹿血清丸、血浆丸、血细胞丸可以作为高级营养补品；同时也可以将超细鹿血清粉、血浆粉、血细胞粉直接投入市场或作为中间产品添加于饼干、饮料食品中，提高普通食品的营养价值和经济价值，作为低端产品。

（四）敖东梅花鹿鹿产品加工技术要点

1. 敖东梅花鹿鹿茸血的加工　敖东梅花鹿鹿茸血是指锯茸时由锯口流出的血液和加工时由茸内流出的血液。敖东梅花鹿鹿茸血加工是将新鲜鹿茸血液按1∶5比例，放在50°～55°白酒中保存，即得敖东梅花鹿鹿茸血酒。将凝固的血块切成薄片或小块，连同析出的血浆一起倒入方瓷盘或者带木框的玻璃盘中，摊成薄薄的一层，放在日光下晾晒，到全干酥碎时收集起来保管，阴雨天可于50～60℃干燥箱内烘干，切不可高温烤干鹿血及茸液。

2. 敖东梅花鹿鹿尾的加工　冬季将敖东梅花鹿鲜尾用湿布包上，在20℃左右温度下放置1～2 d，拔掉长毛，搓去柔皮，放在凉水中浸泡片刻取出，用镊子和小刀拔净刮光尾皮上的绒毛，去掉尾根残肉和多余尾骨，用线缝合尾根皮肤，呈荷包形，挂在阴凉处风干。在炎热的夏季为防止腐败，可将鲜鹿尾放入烧酒中浸泡12～24 h，然后再按上述方法加工，或在60～80℃烘干箱内烘干。为了达到优级商品，在尾半干时应进行整形，使边缘肥厚、背面隆起、腹面凹陷，到60～80℃烘箱中烘干，加工花鹿尾多用此法。

（1）取尾　鹿屠宰后立即在荐椎与尾椎相接处用刀将尾割下，去掉残肉脂肪和第一尾椎骨。

（2）脱毛　将鹿尾浸入 80～90℃ 水中浸泡 30～50 s。或用沸水浇烫拔尾毛，如没有拔净可用刀刮去绒毛和表皮，然后将尾断端用棉线缝合。

（3）干燥　将修整好的鹿尾放在 50～60℃ 烘箱中烘烤至干，冬季、春季可阴干。

（4）保存方法　用一大铁桶，置生石灰于桶底部，用纸或布隔离，上面即可放置鹿尾，既防虫蛀又干燥。也可放在 0℃ 以下保存，相对湿度不超过60%。保质期为 2 年。

3. 敖东梅花鹿鹿筋的加工　将敖东梅花鹿砍茸鹿或淘汰鹿的躯体放到剥皮案上，将鹿的四肢（主要是蹄部）用清水洗净擦干。操作人员洗净手后开始剥皮，除在跗蹄上保留 3～4 cm 的皮肤外，将全身皮肤剥掉，解下四肢，准备剔筋。

（1）剔筋方法　前肢：在掌骨后与肌腱中间挑开，挑至跗蹄以下蹄踵部切断，跗蹄及种子骨留在筋上，沿糟向上挑至腕骨上端筋膜终止处切下；前侧的筋也在掌骨前筋腱与骨肉的中间挑开，向下至蹄冠部将一块约 3 cm 的皮割断，复向上剔至腕骨上端，沿筋膜终止处割下。后肢：从趾骨后与肌腱中间挑开至跗蹄，再由蹄踵部切断，蹄与种子骨留在筋上，沿筋糟向上通过跟骨直至胫骨肌膜终止处割下，后肢前面，从趾骨前与肌腱中间挑开至蹄冠以上，留一块皮肤切断，向上剔至趾骨上端到跗关节以上切开深厚的肌群，至筋膜终部切下，另外把脊椎两侧的背最长肌的肌膜（脊筋）也随之剔出。由颈基部起沿胸腰椎棘突、横突至腰荐椎割下背最长肌腱。

（2）浸泡刮洗　剔除四肢骨骼后，把筋腱与所带的肌肉放在清洁在剔筋案上，大块肌肉沿筋膜逐层剥离成小块，凡能连在长筋上的肌肉尽量保留、不要切掉，然后逐块把肌肉的筋膜纵向切开，刮去肌肉切掉腱鞘。将剔好的鹿筋用清洁的冷水洗 2～3 遍，放入水盆里置于低温阴暗处浸泡 2～3 d。每日早晚各换 1 次水，泡至筋膜内部已无血色时可进行二次加工。将腱膜上残存的肌肉刮净，再浸泡 1～2 d，以同样方法再刮洗 1 次即可。

（3）挂接风干　鹿筋通过上述加工后，在跗蹄和留皮处穿一小孔，用树条穿上挂起，把零星小块分成 8 份，分别附在四肢的 8 根长筋上，脊筋分成 4 条，包在不带跗蹄的 4 根长筋外面，接好后 8 条鹿筋的长短、粗细基本一致，使之整齐美观，阴凉 30 min 左右，挂到 80～90℃ 的烤箱内，直到烤干为止。鹿筋干好

后捆成小把，放在干燥箱中烘烤跗蹄与皮根，至全干时入库保存。

（4）保存方法　同鹿尾。保质期为2年。

4. 敖东梅花鹿鹿鞭加工　敖东梅花鹿鹿鞭由公鹿的阴茎和睾丸组成，公鹿被屠宰后，在剥皮时自坐骨弓处取出阴茎，破阴囊取出睾丸，用清水洗净带包皮皮肤，将阴茎拉长，连同附着阴茎基部的睾丸钉在木板上，放到通风良好处自然风干，炎热夏季也可用沸水浇烫一下后放入烤箱烘干。鹿鞭加工分为取鞭子、整形、干燥、保存四步。

（1）取鞭子　鹿屠宰后立即剥皮，留少量包皮于阴茎上，加工后使鹿鞭带一撮包皮毛，便于与伪制品区别。

（2）整形　去掉阴茎上的残肉、脂肪及筋膜，将龟头和阴茎自然拉长，钉在木板上。

（3）干燥　将整形好的鹿鞭及睾丸放在烘干箱中用50～60℃烘烤或自然风干。

（4）保存方法　同鹿尾。保质期为2年。

5. 敖东梅花鹿鹿茸片的加工（原茸片加工）　敖东梅花鹿鹿茸加工分为取角、软化、切片、保存四步。

（1）取角　先用无烟火（酒精、电炉等）燎去茸毛，用竹刀刮净，然后将叉分解。

（2）软化　用50°～55°酒浸法，亦可灌酒，通过毛细作用使鹿茸浸润，浸润后的鹿茸可用锅蒸，使其软化后再切片，边切边烤，直至切完。

（3）切片　工具有手刀、切刀。切片厚度为0.5～1cm，边切边摆放，再用吸潮纸吸干放于本子的各页上，然后压平干燥，进行分类包装即可。

（4）保存方法　同鹿尾。保质期为2年。

6. 敖东梅花鹿鹿茸加工

（1）水煮技术　鹿茸经过封血处理后，用布带系在虎口上，手提水煮即可，反复数次，煮透为止（每次50～60s）。

（2）回水与煮头技术　1～3水要连日进行，2～3水要十分小心，每次水煮30～40s，凉30s，直至茸毛耸立、茸头有熟蛋黄香味为止，然后烘烤。

（3）烘烤技术　茸的脱水主要靠烘烤，1～4水每次烘烤1～2次。温度70～75℃，时间2～3h，每次烘烤结束，擦去油脂冷却，送入风干室。

（4）保存方法　同鹿尾。保质期为2年。

7. 敖东梅花鹿鹿胎膏加工　敖东梅花鹿鹿胎膏指以敖东梅花鹿鹿胎为主原料加工而成的膏状物。具体步骤如下：

（1）煎煮　此法是梅花鹿养殖场的传统加工方法。先用热水烧烫胎儿摘去胎后，加干净清水 15 kg 左右进行煎煮。煮至胎儿骨肉分离，胎浆剩 4～4.5 kg 时用纱布过滤到盆里，放到通风良好的阴暗处，低温保存（冷却后呈皮冻样）备用。

（2）粉碎　骨与肉分别放到锅内用文火焙炒，头骨与长轴骨可碎后再烘炒，到骨肉均已酥黄纯干时粉碎成 80～100 目 * 的鹿胎粉，称重保存。

（3）熬膏　先将煮胎的原浆入锅煮沸，将胎粉加入搅拌均匀，再加比胎粉重 1.5 倍的红糖，用文火煎熬浓缩，不断搅拌，蒸到呈牵缕状不粘手时即可出锅，倒入抹有豆油的方瓷盘内，置于阴凉处冷凉后即为鹿胎膏。

（4）保存方法　同鹿尾。保质期为 2 年。

8. 敖东梅花鹿鹿肉的加工

（1）鹿屠宰后，将鹿肉上的肥肉、筋去除干净后，分解成 50～100 g 的条形块。

（2）将鲜鹿肉与盐、酒按 2：0.5：100 的比例腌制 24 h。

（3）将腌制好的鹿肉用铁钩挂起，送入烤箱内烘烤，烤至鹿肉含 30% 水分即可。

（4）将干鹿肉切割成 3～5 cm 小块，分装于塑料袋内，用真空机封口。

（5）消毒，用大铁锅将水烧沸，将包装好的鹿肉干放入锅内煮 15 min，取出晾凉即可。

（6）保存方法　放置阴凉干燥处，20℃以下或 0℃冷藏。

第三节　敖东梅花鹿品种资源开发利用前景与品牌建设

地方特产往往是一方经济发展的主力，在地方经济中占很大的比重，为一方繁荣做贡献，经过包装和品牌形象设计的地方特产更是具有不可估量的经济价值。

---

　* 筛网有多种形式、多种材料和多种形状的网眼。网目是正方形网眼筛网规格的度量，一般是每 2.54 厘米中有多少个网眼，名称有目（英）、号（美）等，且各国标准也不一，为非法定计量单位。孔径大小与网材有关，不同材料筛网，相同目数网眼孔径大小有差别。

一、敖东梅花鹿发展前景分析

为了敖东梅花鹿产业的健康发展，促使其尽快走出低谷，从以下三个方面进行分析。

1. 敖东梅花鹿养殖技术方面　第一，在敖东梅花鹿种鹿的利用上，加强选择优良高产种公鹿，推广鹿冻精的应用，利用鹿人工授精技术，乃至将鹿胚胎移植等技术应用到养鹿实践中去，提高梅花鹿下一代的整体质量。第二，在敖东梅花鹿饲料配制方面，大力开发地区性粗饲料资源，尽量利用青贮饲料，把氨化、微贮和丝揉等技术利用起来，降低精饲料的饲喂量，调整精粗饲料比例，在保证生产效率的前提下，尽量降低饲养成本。第三，在敖东梅花鹿的饲养管理技术方面，先进的管理技术对鹿茸的生产成本与生产效率有明显的提高，推广先进的技术势在必行。

2. 敖东梅花鹿行业发展方面　敖东梅花鹿现有企业大致分为五类：第一类是产业型。这类企业，在养殖敖东梅花鹿的同时，承办了中药加工企业，养殖的鹿产品大部分自产自销，生产的经济效益进行了延伸，受鹿产品市场的影响较小。第二类是生态型。在敖东梅花鹿养殖的基础上，在生态旅游等方面下功夫，同样将生产的经济效益进行了延伸，受鹿产品市场的影响也较小。第三类是纯养殖型。这个类型占敖东梅花鹿养殖企业的绝大多数，而且多为中小型企业，受鹿产品市场波动的影响很大。第四类是纯加工销售型。这类企业并不涉及敖东梅花鹿养殖，只收购鹿产品，进行鹿产品的深加工与销售，增加鹿产品的附加值。第五类是其他类。这类企业有的是出于对敖东梅花鹿的喜爱搞鹿养殖，不注重经济效益。敖东梅花鹿产业当前首先要解决的技术问题就是敖东梅花鹿产品有效成分的研究。将敖东梅花鹿鹿茸中的化学成分进行精确的理化分析，研究其中的有效成分，通过精确的科学试验，得出权威结论，从而根据科学试验结果，对鹿茸等鹿产品的质量进行分级、大力推广，形成世界先进的、统一的国际标准，使敖东梅花鹿产品真正地走入国际市场。

3. 敖东梅花鹿产品质量控制方面　针对目前鹿产品市场混乱、可信度低的问题，通过数量普查来控制假货问题。比如，在某地饲养鹿数量登记后，通过打芯片或耳标或者全球定位系统（GPS）动态追踪，对正当产品进行权威标记，不给假货以可乘之机。建立完善的可追溯体系将对打击假货、欺诈和走私等活动有着里程碑般的意义。对鹿产品的加工炮制技术进行更深入的研究，是控制鹿产品质量的又一有力手段。比如鹿产品产地、采收季节、采收时鹿的生理状态和加工方法等的不同，鹿产品的质量也会产生差异。

二、敖东梅花鹿品牌建设

(一) 科学选择食品类别，实现从药品剂型向食品形态的转变

目前市场上敖东梅花鹿食品产品，产品剂型（存在形态）多模仿药品或保健品的形态出现，表现为胶囊类（含硬胶囊与软胶囊类）、片、颗粒剂、膏剂等，随着行业监管的日益严格，这些剂型的食品将不会被批准，这些类产品标准备案将不会被受理。因此，如何选择敖东梅花鹿副产品食品类别是每一个产品研发人员都要面临的一个选择。实际上，未来敖东梅花鹿副产品食品类别的选择有很多，如可选择饮料类中的固体饮料和其他类饮料；代用茶中固态速溶茶和液态速溶茶；滋补膏、配制酒、营养液等形式。以此扭转目前的敖东梅花鹿深加工产品似药非药、似食非食的局面，实现真正的食品回归。

(二) 强化产品标准的升级，以提升产品的质量等级

目前市场上敖东梅花鹿深加工产品，企业执行的标准除少数国家标准、行业标准外，大多数企业执行的是企业标准，是企业自行制定的，在省主管部门备案。多数产品企业标准中，对梅花鹿副产品的投入量没有定性及定量鉴定分析方法的规定，这样的产品是否使用敖东梅花鹿副产品，使用量是多少，都没有进行有效的控制与监督，这样的产品很难形成品牌效应。如果强化产品的品质，就必须从产品的标准入手，在制定产品的标准时，将所使用的敖东梅花鹿副产品的定性、定量的鉴别及检测方法纳入标准中，使其成为敢于接受监督的产品。

因此，须改变目前敖东梅花鹿深加工产品标准回避所加工副产品检测的现状，使企业主动标示检测手段、接受公众监督，使梅花鹿深加工产品成为知名的产品。

(三) 严格控制投入副产品原料的种属，实施地理标志商标

原料的品质决定了产品的品质。在梅花鹿的人工培育品种中，吉林省占了5 个，包括双阳梅花鹿、敖东梅花鹿、四平梅花鹿、东丰梅花鹿和长白山梅花

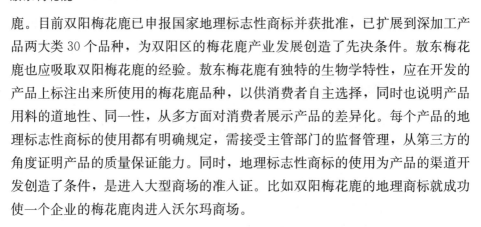

鹿。目前双阳梅花鹿已申报国家地理标志性商标并获批准，已扩展到深加工产品两大类 30 个品种，为双阳区的梅花鹿产业发展创造了先决条件。敖东梅花鹿也应吸取双阳梅花鹿的经验。敖东梅花鹿有独特的生物学特性，应在开发的产品上标注出来所使用的梅花鹿品种，以供消费者自主选择，同时也说明产品用料的道地性、同一性，从多方面对消费者展示产品的差异化。每个产品的地理标志性商标的使用都有明确规定，需接受主管部门的监督管理，从第三方的角度证明产品的质量保证能力。同时，地理标志性商标的使用为产品的渠道开发创造了条件，是进入大型商场的准入证。比如双阳梅花鹿的地理商标就成功使一个企业的梅花鹿肉进入沃尔玛商场。

（四）建成开放式工厂，全方位展示构筑信任

目前敖东梅花鹿深加工企业还没有一家企业对公众开放整个加工过程，可能是因为存在工艺技术的保密因素，但如果建成开放式工厂供客户及外来人员参观，同时在企业网站上实时展示产品的生产加工过程，从产品的投料、加工、生产设备等生产全过程地展示，这样可大大地提升产品的公信度，为产品的市场开发助力。

（五）建立敖东梅花鹿深加工产品原料的追溯体系，展示食品安全性的优势

原料的追溯体系具有保障食品安全的基本功能，要让消费者知道企业的产品原料来源，了解原料的生存养殖环境，这样对于有梅花鹿养殖的加工企业具有不可替代的优势。如果一个企业建立了产品原料的追溯体系，那就证明了这个产品的安全性及品质的保证能力。产品的品质和安全从原料开始，从养殖开始，应严格控制各个环节。

（六）科学地确定生产工艺，实施现代高科技工艺确保产品的有效性

现代制药工艺为开发出高品质的敖东梅花鹿深加工产品提供了保障。目前敖东梅花鹿加工产品从副产品开始，大部分实施传统的加工工艺，主要是为了降低加工成本，另外企业不掌握现代制药工艺，导致一些先进加工工艺很少被使用。一部分敖东梅花鹿副产品的功能性成分为蛋白质类物质，在温度超过80℃时，蛋白质通常变性失活，将导致产品功效下降，因此冷冻干燥技术、低温真空干燥技术的应用可大大提升产品的功能性品质。对于功能性成分的提取

分离，膜分离技术及超临界萃取技术的应用较多。配伍药食同源中药成分的加工可利用低温真空提取技术或超微粉碎技术，以增加成分的溶出。现代制药工艺多数可应用到梅花鹿深加工产品的加工过程，从有效成分的提取分离，到保持生物活性、提高生物利用度等多方面为梅花鹿深加工提升技术保障。

（七）科学依据中医理论

应严格依据中医理论，选择药食同源的原料，科学组方。一部分企业标准在制定过程中是委托他人制定的，企业不提供基本的配料及工艺，没有经过科学的论证及定位，产品标准的水平完全决定于受托人员的专业水平，这样制定出的产品标准，在产品定位、功能效果、理论基础等方面存在严重的不足，影响了产品品质的提升。产品定位的成功在很大程度上决定了一个产品市场的成功。创意产品的过程是一个科学的过程。因此企业在策划产品及产品开发过程中，需要专业人员进行科学的论证。

（八）产品需要第三方的检测报告或验证报告

目前市场产品除第三方的检验报告外，基本上没有第三方的检测报告或验证文件。如果在市场经营过程中，一个产品能提供其营养成分检测报告、功能模拟验证报告，对提升产品市场的竞争力的作用是巨大的。

综合上述，运用多因素方法，强化敖东梅花鹿产品的精深加工的手段和途径，促进产品的优化升级，将敖东梅花鹿产品精深加工作为企业发展的战略重点，逐步由初级加工的低端产品向精深加工的高端产品转变，提高产品附加值，加快敖东梅花鹿加工企业的提质增效。培育精品名牌，打造敖东梅花鹿品牌效应，是促进敖东梅花鹿深加工产业经济发展的有效方法。

参 考 文 献

白庆余, 1978. 关于我国梅花鹿亚种分化问题的探讨 [J]. 农业科技资料 (1): 6-7.

邴国良, 李和平, 郑兴涛, 等, 1997. 中国茸鹿育种的成就与展望 [J]. 经济动物学报, 1 (2): 53-58.

邴国良, 郑兴涛, 俞秀, 璋, 等, 1988. 东北马鹿与东北梅花鹿杂交 F1 遗传性状的研究 [J]. 畜牧兽医学报, 19 (4): 244-250.

程世鹏, 刘彦, 2006. 我国养鹿业的现状和发展方向 [J]. 草食家畜 (4): 1-3.

段成方, 1960. 鹿的种间杂交 [J]. 畜牧与兽医 (1): 42-43.

高秀华, 金顺丹, 王峰, 等, 2001. 饲粮不同蛋白质能量水平对四岁梅花鹿生茸的影响 [J]. 特产研究 (1): 1-4.

高秀华, 金顺丹, 杨福合, 等, 2001. 饲粮营养水平对五岁以上生茸期梅花鹿公鹿的影响 [J]. 特产研究 (3): 1-4.

郭延蜀, 郑惠珍, 2000. 中国梅花鹿地史分布、种和亚种的划分及演化历史 [J]. 兽类学报, 20 (3): 168-179.

郭延蜀, 郑慧珍, 1992. 中国梅花鹿地理分布的变迁 [J]. 四川师范学院学报 (自然科学版), 13 (1): 1-9.

国家畜禽遗传资源委员会, 2012. 中国畜禽遗传资源志特种畜禽志 [M]. 北京: 中国农业出版社.

胡鹏飞, 刘华淼, 邢秀梅, 2015. 中国家养梅花鹿种质资源特性及其保存与利用的途径分析 [J]. 中国畜牧兽医, 42 (10): 2732-2738.

吉林省梅花鹿类型调查组, 1979. 吉林省梅花鹿类型调查简报 [J]. 特产科学实验 (1): 20-28.

蒋洁, 1990. 鹿茸增产饲养技术研究 [J]. 中国畜牧杂志, 26 (2): 48.

鞠贵春, 2008. 吉林省养鹿业的现状及发展养鹿业的几点建议 [J]. 特种经济动植物 (5): 8-10.

李和平, 2002a. 中国茸鹿品种 (品系) 的遗传繁殖性能 [J]. 东北林业大学学报, 30 (3): 35-37.

李和平, 2002b. 中国茸鹿品种 (品系) 间的杂交效果 [J]. 东北林业大学学报, 30 (2):

87－89.

李和平，2003. 梅花鹿优良品种产茸性能研究［J］. 中国畜牧杂志，39（2）：31－32.

李和平，师守堃，李生，2000. 中国茸鹿品种（品系）的随机扩增多态 DNA（RAPD）研究［J］. 应用与环境生物学报，6（3）：237－246.

李和平，郑兴涛，邴国良，等，1997. 中国茸鹿人工培育品种（品系）种质特性分析［J］. 遗传，19（增刊）：76－75.

李永安，赵世臻，2010. 关于梅花鹿培育品种外貌特征的探讨［J］. 吉林农业科技学院学报，19（4）：32－33.

梁凡修，吴振明，梁卫青，等，2009. 梅花鹿、塔里木马鹿种间杂交效果初探［J］. 特种经济动植物（2）：6－7.

林仲凡，1985. 有关鹿茸（角）的生物学研究进展［J］. 国外畜牧学（草食家畜）（4）：7－10.

马昆，施立明，俞秀璋，等，1988. 东北马鹿和东北梅花鹿 F1 杂种精母细胞联会复合体分析［J］. 遗传学报，15（3）：197－200.

马雪云，2003. 复方中草药饲料添加剂对鹿茸产量的影响［J］. 当代畜牧（3）：381.

孟婷，周路，徐椿慧，等，2015. 梅花鹿的繁殖现状及改善措施［J］. 黑龙江畜牧兽医（4）：134－136.

米丁丹，刘爽，李和平，2014. 我国养鹿生产中主要杂交类型［J］. 特种经济动植物（11）：7－10.

秦荣前，1975. 东北梅花鹿的某些生物学特性调查［J］. 动物学杂志（3）：28－30.

任战军，2000. 中国鹿科动物遗传资源的现状［J］. 西安联合大学学报（自然科学版），3（4）：51－55.

盛和林，1992. 中国鹿类动物［M］. 上海：华东师范大学出版社.

唐宇，王文东，王海玉，2005. 我国养鹿业的现状与发展前景［J］. 吉林畜牧兽医（10）：1－3.

王立春，宋宪宗，2014. 中国的梅花鹿生态现状［J］. 特种经济动植物（3）：12－14.

王美楠，刘艳华，张明海，2013. 梅花鹿（*Cervus nippon*）保护遗传学研究现状及其保护愿景展望［J］. 野生动物，34（2）：111－114.

俞秀璋，1986. 东北马鹿和东北梅花鹿染色体核型的比较观察及其五种杂交组合后代的组型分析［J］. 遗传学报，13（2）：125－131.

俞秀璋，胡振东，1983. 东北梅花鹿的染色体组型 C 分带和 G 分带［J］. 动物学研究，4（4）：301－307.

俞秀璋，胡振东，马昆，等，1990. 东北梅花鹿与东北马鹿种间杂交 F1 能育性的细胞遗传学基础的研究［J］. 中国农业科学，23（4）：69－73.

张金宝，2001. 鹿用加硒维生素和微量元素对鹿茸生产效应的研究 [J]. 辽宁畜牧兽医
　　(2)：27 - 28.

张九如，杨建红，丁国民，等，1983. 光照、温、湿度对换毛生茸的影响 [J]. 特产科学
　　实验 (4)：11 - 13.

张良和，朴海仙，金一，2010. 中国梅花鹿种群演化史研究进展 [J]. 延边大学农学学报，
　　32 (4)：73 - 76.

张明海，朴仁珠，于孝臣，等，1995. 光照强度对梅花鹿茸生长的研究 [J]. 畜牧兽医学
　　报，26 (5)：391 - 396.

赵列平，韩欢胜，赵广华，2011. 东北梅花鹿与天山马鹿种间杂交效果 [J]. 经济动物学
　　报，15 (3)：153 - 156.

赵世臻，2001. 鹿育种工作之我见 [J]. 黑龙江畜牧兽医 (8)：29.

赵世臻，2014. 对梅花鹿品种的再认识 [J]. 特种经济动植物 (9)：6 - 8.

赵世臻，程世鹏，1995. 长白山梅花鹿简介 [J]. 畜牧与兽医，27 (1)：20.

郑兴涛，邰国良，焦振兴，等，1995. 杂交育种技术在茸鹿中的推广应用 [J]. 中国畜牧
　　杂志，31 (1)：25 - 27.

郑兴涛，李春义，刘彦，等，1989. 鹿茸产量与鹿年龄关系的研究 [J]. 中国畜牧杂志，
　　25 (3)：31 - 34.

郑兴涛，赵蒙，赵列平，等，2000. 种公鹿茸重性状与年龄相关的统计分析 [J]. 经济动
　　物学报，4 (2)：30 - 31.